植物界

藻类植物门	苔藓植物门	裸子植物门
 红藻门红藻纲珊瑚藻科：珊瑚藻	 苔藓植物门苔纲地钱目地钱科：地钱	 银杏纲银杏目银杏科：银
 褐子纲海带目海带科：海带	 苔纲绒苔属：绒苔	 苏铁纲苏铁目苏铁科：苏

矿物

自然元素矿物	硫化物及其类似化合物矿物	矿
 金属元素：自然金	 硫化物：辰砂　 硫酸矿物：斑铜矿	 岛状硅酸盐：橄榄

链状硅酸盐：透辉

卤化物矿物	氧化物及氢氧化物矿物	
 卤化物：石盐	 氧化物：赤铜矿　 氢氧化物：水镁石	 层状硅酸盐：白云

被子植物门	蕨类植物门	### 植物界

五桠果亚纲杨柳科：胡杨

水龙骨目桫椤科：桫椤

植物是生物界中的一大类，它们一般有叶绿素，没有神经。主要分藻类、菌类、蕨类、苔藓植物和种子植物几类。其中，种子植物又分为裸子植物和被子植物。

矿物晶体

百合亚纲兰目兰科：兰花

蕨纲真蕨目鹿角蕨科：鹿角蕨

矿物晶体，指的是因地质作用而形成的天然单质或化合物。目前已知的矿物约有4 700种，绝大多数是固态无机物。其中，有一类石头来自于地球内部，常年不受外力作用却天赋神韵，出落得棱角分明，姿态万千，它就是矿物晶体。

酸盐矿物	含氧盐矿物

环状硅酸盐：电气石

钨酸盐：白钨矿

硫酸盐：石膏

钼酸盐：钼铅矿

片状硅酸盐：硅灰石

钒酸盐：钒铅矿

磷酸盐：磷灰石

架状硅酸盐：奥长石

铬酸盐：铬铅矿

硼酸盐：四水硼砂

碳酸盐：方解石

文化伟人代表作图释书系

Cultural greats masterpiece emoticons book series

非凡的阅读

从影响每一代学人的知识名著开始

　　知识分子阅读，不仅是指其特有的阅读姿态和思考方式，更重要的还包括读物的选择。在众多当代出版物中，哪些读物的知识价值最具引领性，许多人都很难确切判定。

　　"文化伟人代表作图释书系"所选择的，正是对人类知识体系的构建有着重大影响的伟大人物的代表著作，这些著述不仅从各自不同的角度深刻影响着人类文明的发展进程，而且自面世之日起，便不断改变着我们对世界和自然的认知，不仅给了我们思考的勇气和力量，更让我们实现了对自身的一次次突破。

　　这些著述大都篇幅宏大，难以适应当代阅读的特有习惯。为此，对其中的一部分著述，我们在凝练编译的基础上，以插图的方式对书中的知识精要进行了必要补述，既突出了原著的伟大之处，又消除了更多人可能存在的阅读障碍。

　　我们相信，一切尖端的知识都能轻松理解，一切深奥的思想都可以真切领悟。

■ 文化伟人代表作图释书系

Natural
History

赵 静/编译

自然史 （全新修订版）

〔法〕乔治·布封/著

重庆出版集团 重庆出版社

图书在版编目（CIP）数据

自然史 /（法）布封（Buffon, G.L.L.）著；
赵静编译. —重庆：重庆出版社，2014.8（2024.6重印）
书名原文：Histoire naturelle
ISBN 978-7-229-07182-0

Ⅰ.①自… Ⅱ.①布… ②赵… Ⅲ.①自然科学史—世界 Ⅳ.①N091

中国版本图书馆CIP数据核字（2013）第274322号

自 然 史（全新修订版）
ZIRANSHI

[法] 乔治·布封 著　赵静 编译

策 划 人：刘太亨
责任编辑：张立武
责任校对：夏　宇
封面设计：日日新
版式设计：梅羽雁

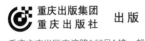 出版

重庆市南岸区南滨路162号1幢　邮编：400061　http://www.cqph.com
重庆市国丰印务有限责任公司印刷
重庆出版集团图书发行有限公司发行
全国新华书店经销

开本：720mm×1000mm　1/16　印张：26　字数：452千
2008年1月第1版　2014年8月第3版　2024年6月第15次印刷
ISBN 978-7-229-07182-0

定价：65.00元

如有印装质量问题，请向本集团图书发行有限公司调换：023-68706683

版权所有，侵权必究

PREFACE 前言

18世纪，法国著名博物学家布封的巨著《自然史》一经问世，立即轰动了整个欧洲，随后各种译本相继出现，在科学界、文学界和哲学界受到一致好评。直至两百多年后的今天，这本集科学性与文学性于一身的博物学巨著，已然成为备受世人喜爱的经典著作。

在《自然史》中，布封以大量实物标本作推论，对自然界作了精确、详细、科学的描述和解释；提出许多有价值的创见，其中首推他的"唯物论"思想。当时人们尚以"创世记"的观点解释宇宙的起源，布封却"第一个把宇宙的历史科学地描绘了出来"。书中，布封论述了宇宙、太阳系、地球的演化史。他认为，地球是由炽热的气体凝聚而成的，它的诞生时间比《圣经·创世记》中所说的公元前4004年要早得多，地球的年龄至少在10万年以上。生物是在地球自身的历史演进中形成的，并随着环境的变化而变异。他还大胆地提出，人应该把自己列为动物的一属，他说："如果只注意面孔的话，猿是人类最低级的形式，因为除了灵魂外，它具有人类所有的一切器官。""如果《圣经》没有明示的话，我们可能要去为人和猿找一个共同的祖先。"与此同时，他观察和研究大地、山脉、河川和海洋，寻求地面变迁的根源，开创了现代地质学的先河。在物种起源方面，他指出：物种是变动的，古代物种没有现代多；弱者被强者淘汰，而生存的物种又因环境、气候、营养的影响逐渐改变，或者变质，或者变形；旧的物种总会被新的物种所取代。总之，在那"不断的消灭和更新的循环过程中"，这位伟大的博物学家已经隐约发现了"物竞天择"的许多规律，这对后来达尔文的进化论思想有着直接的影响。

除了具有高度的科学价值外，《自然史》的文学价值同样备受瞩目。书中，布封用他优美细腻的文笔和极富人性的浪漫情怀，赋予了自然万物以灵性。例如在"动物篇"中，他将各种动物拟人化，使描述变得妙趣横生，读来总令人莞尔。从古至今，对自然的探索与关注，是人类永恒的话题，而关于这方面的著作也不计其数。但能做到像布封这样，将科学与文学巧妙融合在一起的人，却寥若星辰。卢梭曾称赞布封"有本世纪最优美的文笔"。格林兄弟也曾评价《自然史》"是最卓越的小说之一，最优美的诗歌之一"。鉴于此，让读者"在诗意的世界里探讨宇宙及生命的神奇奥秘"，便是我们编译此书的初衷。

为了使经典作品呈现出更为丰富的层次，我们在尊重原著的基础上，为全书配制了百余幅精美的插图，以彰显本书高超的文学性和艺术表现力。祝愿阅读本书的人，都能在布封异常平静、悠然自得的语言中，感受到自然的魅力和造物的尊严与灵性。

编者
2014年5月8日

导 读
REVIEW

《自然史》是布封以毕生精力撰写的一部皇皇巨制。这是一部说明地球与生物起源的作品，是一部传世的博物志，全书包括地球篇、矿物篇、动物篇、植物篇和人类篇等几大部分。布封以科学的观察为基础，用形象的语言描绘出了地球、人类以及其他生物的演变历史。

18世纪，博物学开始发展，认识自然的风气盛行。在这股狂热浪潮中，最受欢迎的博物学家首推法国学者布封。

1707年，布封出身于孟巴尔城一个律师家庭，原名乔治·路易·勒克莱克，因继承关系，改姓德·布封。布封从小受教会教育，爱好自然科学。1730年，他结识了一位年轻的英国公爵，在这位公爵的家庭教师、德国学者辛克曼的影响下，他开始刻苦钻研博物学。1733年，他入法国科学院任助理研究员，不仅发表了有关森林学的报告，还翻译了英国学者的植物学论著和牛顿的《微积分术》。1739年，他担任副研究员，并被任命为"皇家御花园"和御书房总管。上任后，他除了扩建御花园外，还建立了"法国御花园及博物研

□ 布封

布封（1707—1788年），原名乔治·路易·勒克莱克，因继承关系改姓德·布封，又译作蒲丰、比丰。法国博物学家、数学家、生物学家、作家。布封是最早对"神创论"提出质疑的科学家之一，也是第一个提出广泛而具体的进化学说的博物学家。他的博物学著作包括《论自然史的研究方法》《地球论》《动物史》和《自然通史》等。

室通讯员"的组织，吸引了国内外许多著名专家、学者和旅行家加入其中，共同搜集大量的动植物标本和矿物样品。他利用御花园的优越条件，开始从事博物学的研究，每天埋头著述，40年如一日，终于在1788年完成36卷的巨著——《自然史》。

如果说一百年后的《物种起源》奠定了进化论的科学基础，那么布封的《自然史》所提出的进化论观点，就是为"系统进化论"的形成和发展铺平了道路。1859年，《物种起源》在英国伦敦出版，其作者是英国生物学家达尔文。全书以全新的进化思想挑战了神创论和物种不变论，提出了震惊世界的论断——生命只有一个祖先——生物是从简单到复杂、从低级到高级逐渐进化而来的。在《自然史》的论述中，布封虽然并未详细描述物种变化的根本原因和进化方法，但他倡导生物转变论，指出物种受环境、气候、营养的影响而变异。这些观点对后来的进化论有着直接影响，达尔文因此称布封是"现代以科学眼光对待这个问题的第一人"。

《自然史》的前三册出版后，由于文中用唯物主义的观点解释了世界的起源，被巴黎大学神学院斥责为"离经叛道"，布封也险遭宗教制裁。但此后，他在《自然史》中仍然坚持自己的唯物主义立场，对整个自然界作了唯物主义的描述和解释，给教廷的权威以重创。如在地球的形成和人类的起源问题上，他描写了从太阳分裂出来的火团如何冷却为地球，地球上的物质如何变化而有了植物与动物，最后有了人类；人类的发展也并非《圣经》所说，是由于亚当、夏娃偷吃了智慧之果，而是在生存过程中增长了才智。在整个《自然史》中，是根本没有上帝的位置的。

《自然史》热情洋溢地为人类唱着颂歌：凭着人的智慧，许多动物被驯养、被驾驭、被制服，永远服从于人；凭着人的劳动，河道被疏通、森林被开发、荒地被开垦；凭着人的思考，时间被计算出来、空间被测量出来、天体运行被识破；凭着人的科学技术，海洋被横渡，高山被跨越，各地人民之间的距离被缩短，一个个新大陆被发现，千千万万孤立的陆地都置于人的掌握之中……总之，今天的大地几乎都打上了人力印记。

也许这部作品在科学性上有些过时，但它在文学性上却始终值得我们细细品读。书中文字所吸引我们的，不仅仅是壮丽、典雅和雄伟的独特风格，还有那细腻而富于人性的描绘，特别是一幅幅洋溢着诗意而又细致入微的动物肖像。布封对动物形态的描绘极富艺术性，他不是用完全客观的态度去介绍这些动物，而是带着一种特殊的情感，用形象的语言替它们画像，所有的描写都是那么生动具体、饶有趣味。他将动物拟人化，在他笔下，小松鼠善良可爱，大象温和憨厚，鸽子夫妇相亲相爱。他还赋予动物们以某种人格：马像英勇忠烈的战士，狗是忠心耿耿的义仆；啄木鸟像苦工一样辛勤劳动；海狸之间和平共处，毫无争斗；狼凶残而怯懦，是"浑身一无是处"的暴君；天鹅则被描绘为和平、开明的君主。除此之外，布封还以唯美的手法对动物的肖像进行了寓言式描写。如书中《动物篇》写道："人类曾做到的最高贵的征服，就是征服了这豪迈而剽悍的动物——马。它和人类分担着疆场的劳苦，同享着战斗的殊荣；它和它的主人一样，具有无畏的精神，它眼看着危险当前而慷慨以赴；它听惯了兵器交接时的铿锵之音，喜欢并追随着这种声音；在狩猎或赛马时，它都以出众的表现给主人带来种种欢愉。它不会肆意表现出自己的烈性，而是懂得克制自己的行为，不但屈从于驾驭人的手下，任他操纵，还仿佛懂得察言观色，总能按照主人的表情来选择奔腾、缓步或止步，它的一切动作都是为了满足主人的愿望。"更妙的是，他明明指出所谓的"天鹅之歌"是自然史上的"一个杜撰的故事"，却又说，"我们应该原谅他们杜撰这种寓言；这种寓言十分可爱，也十分动人。其价值远在那些可悲的、枯燥的史实之上"。科学与文学，就这样融合在了一起。

埃罗·德·塞歇尔曾揭示布封的写作秘诀："他把文笔的主要注意力放在思想的精确性和连贯性上，然而，如同他在入选法兰西学院的演说《论风格》中所推荐的那样，他尽量用最通俗的术语去命名事物，随后才是绝不能忽视的协调性，但是，这种协调性应该是文笔最后关注的一点。"

《自然史》涉及了18世纪自然科学的广阔领域。即使在今天阅读这部两百多年前的著作，我们仍然可以从书中透露的细节，从字里行间，体会当时的布封被不断涌现的新发现所激起的探索热情和难以抑制的喜悦，当然，也有他对尚未明晰的自然现象的困惑。

1777年，法国政府为布封建了一座铜像，座上用拉丁文写着："献给与大自然一样伟大的天才。"这是对布封这位一生热情地赞美大自然，探索大自然的奥秘，对人类的智慧和才能无私赞颂的伟大博物学家的崇高赞誉。

目录 CONTENTS

前言 / 1

导读 / 1

第一编 自然的世代

第 1 章 地球及其组成 / 3

自然的分类 …………………………… （4）
地球 ………………………………… （6）
大海与沙漠 …………………………… （8）

第 2 章 自然的各个世代 / 11

宇宙的发展 …………………………… （12）
洪荒时代 ……………………………… （15）
最古老的物类 ………………………… （17）
海流与火山对地形的影响 …………… （19）
初民生活 ……………………………… （22）
科学与和平 …………………………… （24）

第二编 矿 物

第 1 章 自然元素矿物 / 35

金、银、铜、铂 ……………………… （36）
砷与锑 ………………………………… （38）
硫、金刚石与石墨 …………………… （39）

第 2 章 硫化物及硫酸矿物类 / 41

方铅矿与辰砂 ………………………… （42）
闪锌矿、硫镉矿与辉锑矿 …………… （44）

斑铜矿、黄铜矿与辉铜矿 …………………（46）
黄铁矿、磁黄铁矿与白铁矿 ………………（48）
脆银矿、深红银矿与车轮矿 ………………（50）
黝铜矿与砷黝铜矿 …………………………（52）

第3章　卤化物 / 53

石盐与氯银矿 …………………………（54）
光卤石、冰晶石与萤石 ………………（56）

第4章　氧化物和氢氧化物 / 59

尖晶石、红锌矿与赤铜矿 ……………（60）
磁铁矿、钛铁矿与赤铁矿 ……………（62）
红宝石与蓝宝石 ………………………（64）
水镁石、褐铁矿与水锰矿 ……………（65）

第5章　碳酸盐、硝酸盐和硼酸盐 / 67

文石、方解石与白云石 ………………（68）
孔雀石、蓝铜矿与钠硝石 ……………（70）
硬硼酸钙石、钠硼解石与四水硼砂 …（72）

第6章　硫酸盐、铬酸盐、钼酸盐 / 73

石膏、天青石与硬石膏 ………………（74）
重晶石、胆矾与明矾石 ………………（76）
杂卤石与青铅矿 ………………………（78）
铬铅矿与钼铅矿 ………………………（79）

第7章　磷酸盐、砷酸盐和钒酸盐 / 81

天蓝石、蓝铁矿与独居石 ……………（82）
绿松石、银星石与磷灰石 ……………（84）
砷铅矿与臭葱石 ………………………（86）
钒钾铀矿与钒铅矿 ……………………（87）

第8章　硅酸盐 / 89

橄榄石、硅镁石类与黄玉 ……………（90）

十字石、硬绿泥石与红柱石 …………………… （92）
蓝晶石、蓝线石与蓝柱石 ……………………… （94）
异极矿、符山石与绿柱石 ……………………… （96）
电气石、黑柱石与斧石 ………………………… （98）
锂辉石、硬玉与阳起石 ………………………… （100）
针钠钙石、硅灰石与柱星叶石 ………………… （102）
白云母、锂云母与黑云母 ……………………… （104）
中长石与奥长石 ………………………………… （106）
青金石、白榴石与方柱石 ……………………… （107）

第三编　动　物

第1章　家畜禽 / 111

马与驴 …………………………………………… （112）
牛 ………………………………………………… （117）
羊 ………………………………………………… （120）
猪 ………………………………………………… （123）
狗与猫 …………………………………………… （125）
鸡 ………………………………………………… （130）

第2章　野兽篇 / 133

鹿与狍子 ………………………………………… （134）
兔 ………………………………………………… （137）
狼与狐狸 ………………………………………… （140）
獾、松貂与白鼬 ………………………………… （145）
鼠 ………………………………………………… （148）
刺猬与河狸 ……………………………………… （152）
狮与虎 …………………………………………… （156）
豹与熊 …………………………………………… （162）
象、犀牛与骆驼 ………………………………… （165）
斑马、驼鹿与驯鹿 ……………………………… （171）
羚羊 ……………………………………………… （174）
河马与貘 ………………………………………… （176）

羊驼与小羊驼 ……………………………（179）
树懒与猴子 ……………………………（181）

第3章 飞禽篇 / 185

鹰与秃鹫 ………………………………（186）
鸢与䴔、伯劳、猫头鹰 ………………（189）
鸽子、麻雀 ……………………………（192）
金丝雀、莺、红喉雀 …………………（195）
南美鹤 …………………………………（199）
鹲鸽与鸫鹟 ……………………………（201）
蜂鸟、翠鸟与鹦鹉 ……………………（204）
啄木鸟 …………………………………（210）
鹳与鹭 …………………………………（213）
鹤、野雁与野鸭 ………………………（217）
山鹬与土秧鸡 …………………………（220）
凤头麦鸡与鸻 …………………………（223）
鹈鹕 ……………………………………（225）
军舰鸟 …………………………………（227）
天鹅与鹅 ………………………………（229）
孔雀、山鹑与嘲鸫 ……………………（234）
夜莺与戴菊莺 …………………………（238）
燕子与雨燕 ……………………………（241）

第四编　植 物

第1章　植物的概念与作用 / 247

植物的细胞 ……………………………（248）
植物的组织与器官 ……………………（252）
光合作用 ………………………………（254）
蒸腾作用 ………………………………（257）

第2章 藻类植物 / 259

蓝藻门与红藻门 ………………………（260）

　　　　甲藻门、紫菜与轮藻门 …………………（262）
　　　　绿藻门与褐藻门 ………………………（264）

第3章 苔藓植物 / 267

　　　　苔藓植物的结构与生殖 …………………（268）
　　　　真菌类植物 ………………………………（271）

第4章 蕨类植物 / 273

　　　　蕨类植物的特征与结构 …………………（274）
　　　　桫椤与铁线蕨 ……………………………（276）
　　　　鳞木与鹿角蕨 ……………………………（277）

第5章 裸子植物 / 279

　　　　裸子植物的形态 …………………………（280）
　　　　裸子植物代表 ……………………………（282）

第6章 被子植物 / 285

　　　　根与茎 ……………………………………（286）
　　　　叶与花 ……………………………………（290）
　　　　果实与种子 ………………………………（294）

第五编　人　类

第1章 人的一生 / 299

　　　　童年 ………………………………………（300）
　　　　成年 ………………………………………（308）
　　　　老年与死亡 ………………………………（310）

第2章 人类本性的丧失——习俗的恶果 / 313

　　　　割礼——习俗对男性的迫害 ……………（314）
　　　　贞操——习俗给女性的枷锁 ……………（319）
　　　　习俗对女性的压制 ………………………（325）

第 3 章 论 人 / 327

　　人的表情 …………………………………（328）
　　人的本性 …………………………………（332）
　　人的双重性 ………………………………（335）

第 4 章 人的感觉 / 341

　　第一个人最初的感觉 ……………………（342）
　　感觉的产生与传递 ………………………（347）
　　幸福——对长寿的体验 …………………（350）
　　快乐与痛苦 ………………………………（354）

第 5 章 论 梦 / 357

　　梦：模糊的回忆 …………………………（358）
　　梦与想象 …………………………………（361）

第 6 章 人类的社会 / 365

　　野蛮人与社会 ……………………………（366）
　　社会的形成 ………………………………（369）

第 7 章 人的优越性 / 373

　　人与兽的比较 ……………………………（374）
　　人力改造自然 ……………………………（377）

附：布封的进化观

　　物种演变 …………………………………（382）
　　飞虫社会 …………………………………（388）

地球形成阶段一览表 / 393

NATURAL
HISTORY

第一编 | 自然的世代

人们普遍认为，大自然是既不变质也不变形的，它永远保持着原来的状态。事实上，大自然的进程并非绝对固定。如果仔细辨别，我们会发现，它有着相当显著的变形，它不但会接受一些持续变化的物质，还会以一种新的化合形式和一些实体的变更为模型发生变化。因此，我们确信，今天的大自然与大自然的原始形态是大不相同的，它与后来在时间的嬗变中陆续表现出来的大自然的差异也是极大的。我们把大自然的这种不同变迁，称为"自然的世代"。

白垩纪时代

第 1 章
地球及其组成

CHAPTER 1

布封坚持以唯物主义观点解释地球的形成,他指出,地球与太阳有许多相似之处。比如,他认为地球是冷却的小太阳;认为大海和沙漠是由地球上最初产生的物质逐渐演变而成,接着才产生了植物和动物,最后才孕育了人类。在他的论述中,地球的进化不是如《圣经·创世记》中所说的,是上帝创造的,而是在漫长的岁月中逐渐演变而成的。

自然的分类

自然界中所有有生命的物质和无生命的物质可以分成三类：动物、植物和矿物。其中动物主要分为四足兽类、鸟类和鱼类；植物主要分为树木和其他植物；矿物主要分为自然元素矿物、硫化物、氧化物及氢氧化物、卤化物和含氧盐类。

如果把一个忘掉一切或是对周围的事物只残存一点意识的人放到自然中，那么自然界的一切对他而言无疑都是新奇的。最初，他什么也分不清，但如果我们反复加深他对同一事物的感受，他很快就会对有生命的物质产生比较总体的感受，也能轻易分辨出这些有生命物质与其他无生命物质的区别。进而，他会逐渐轻松地区分不同物质，也会在脑海中形成三个分类——动物、植物和矿物。他还会对土地、空气和水这三种截然不同的事物，获得一种清晰的概念。在他的脑海中，也会产生对生活在地上、水里、天空中的动物比较特殊的概念，进而轻易地作出第二种划分：四足兽、鸟类和鱼类。在植物界，他同样可以划分出树木和其他植物，他的划分会逐渐变得清晰、明确，这种划分主要有三种方式：一是按照高度；二是按照材料；三是按照外形。这种方式是建立在他对事物的简单考察的基础上——也是我们在对自然

□ **自然的分类**

自然界存在着从非生物、植物到动物的连续序列，它们组成了一个从最不完善的事物上升到最完善事物的线性链条，每个事物都是链条中的一环，这就是自然界等级。在所有等级中，每一大等级所包含的不同物种之间存在着高低之分，这一看法后来被发展为"自然界阶梯"或"事物大链条"。下图所表现的，是人类将有生命的物质和无生命物质加以区分而形成的一种大的分类：动物、植物和矿物。

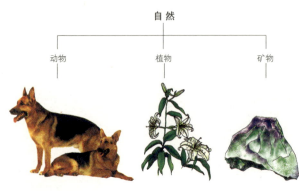

中的事物划分时应当遵守的原则。

我们设想一下，如果他获得了更多的知识，一定会以一种与原来不同的视角看待整个自然。例如，在对自然界中的兽类作研究时，他首先会把那些他认为重要的、感兴趣的、熟悉的物种排在首位，如果他偏爱兽类中的马、狗、牛等，就会把所有的精力放在观察这些家畜上；而对于那些他不太熟悉的物种，则会弃之不顾；对于那些生活在奇特气候条件下的兽类，如大象、羊驼等，只有他获取了相关的知识之后，在好奇心的驱使下才会作进一步的研究。同样，对于自然界的其他物种，如鱼类、鸟类、虫类、贝壳类、植物、矿物等，他也会选择最熟悉的、对自己最有用和最必要的事物进行研究，并在脑海中按自己的知识类型来划分它们。

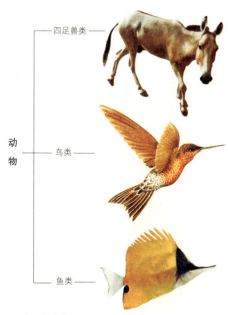

□ 动物的分类

动物的分类，是依据物种的进化过程和彼此之间亲缘关系的远近来分门别类地加以系统整理，再按物种或类群之间所具有的共同特征的不同程度，用门、纲、目、科、属、种等级别来划分等级序列的科学系。知道了一种动物的分类地位，也就能知道它和其他动物在进化上的关系。图为人们对生活在陆地、天空和水中的动物的特殊概念形成的一种分类：四足兽、鸟类和鱼类。

以上所述的分类法是所有分类中最规范的，也是我们确信应该遵守的划分原则。我们最初对事物分类的方式与之前所举的例子是相同的，我们会根据这些事物与我们的关系以及我们对它们的熟悉程度，逐步地选择不同的研究对象。实际上，这种最简单、最自然的观察方法，比其他精细、复合的方法更有用。因为在所有方法中，它最能让我们随心所欲。因此，这种研究方法更适合考察与我们有关的物种。

地球

地球上的所有物种，总是以一定的次序不断循环着：大地固定地向人类提供丰富的生活资料；大海有着其固定的范围和运动规律；大气正常地流动；季节有其固定的周期交替……安宁与和谐是这里的主旋律，一切都充满着生机。

□ 地球 摄影

地球是太阳系九大行星之一，诞生于45.4亿年前。当时大地上火山遍地，岩浆横流，生命根本无法生存。但由于地球与太阳的距离恰到好处，且自转周期合理，这就为生命的形成奠定了基础。直到34亿年前，目前已知的地球最早的生命形式——蓝菌[1]出现了。

辽阔的地球表面，向我们展示了高地、幽谷、平原、大海、沼泽、江河、洞穴、火山等似乎没有任何排列规律的事物。而地球内部，似乎也存在着偶然的、不规则的物质，如金属、矿物、沙石、沥青、泥土、水等。

然而，只要我们认真观察喷发后的火山，会发现一些从未发现的景象——布满裂缝和断裂的岩石、新生的岛屿、被火山灰淹没的平地、填满火山灰烬的岩洞……从这些景象中，我们意识到，地球上所有景象的产生都具有一定关联。地球早期，比重较大的物质会压在比重较轻的物质上，坚硬的物质会被柔软的或坚固的物质包围，干的、湿的、热的、冷的、易碎的物质全都混在一起，处于一种混杂状态。

---

[1] 蓝菌：又名蓝藻、蓝细菌、蓝绿菌或蓝绿藻。原被认为是一种藻类植物，后有人将其划为原核生物的一门，称为蓝菌门。蓝菌为单细胞个体、群体或细胞成串排列组成藻丝状的丝状体，不分枝、假分枝或真分枝；颜色有绿、蓝、红等。它是最早的光合放氧生物，对地球表面从无氧的大气环境变为有氧环境起了巨大作用。

这些景象如同一堆垃圾或一个废墟的世界，但我们依然十分安全地生活在这片废墟之上，在这里，人类、兽类、植物代代相传，生生不息。地球上的所有物种，以一定的次序不断循环着：大地固定地向人类提供丰硕的生活资料；大海有其固定的范围和运动规律；大气正常地流动；季节有其固定的周期交替……安宁与和谐是这里的主旋律，一切都充满着生机，我们不得不为造物主的力量和智慧所震撼。

大海与沙漠

在巨大的海洋帝国里,生活着千百万不同种族的生物和一些奇特的草木。而在辽阔的沙漠里,却没有苍翠的树木和清澈的水,有的只是灼热的太阳和永远干燥的天空,以及多沙的荒原和光秃秃的山脉。

大 海

如果我们站在高处眺望地球,会发现,首先呈现在我们眼前的,是覆盖地球大部分面积的水。这些水占据着地球最低洼的地方,并总是水平的,似乎永远维持着平衡和静止的状态。然而现在,我们却发现它们以一种强大的力量在波动着,也正是这种力量的存在才能对抗平静,才能使大海有周期性地均衡运动——使水面交替涨落,使巨浪翻腾。

接着,我们将目光转向海底。与起伏的地表一样,海底也不平坦,其中也存在着山峰、低谷、深谷和各种岩石。如果我们把海面突起的岛屿看作是大的山峰,那么这座大山的脚下全是水,不过,也有些山峰的高度几乎与海面持平。我们还会发现,海中似乎存在着一种不同于普通运动的急流,这些急流时而朝着同一方向运动,时而走向相背的方向,但似乎有一种力量使它们永远无法超出界限,这种限制力量与限制大地江河的力量一样,永恒不变。出现急流的地方通常是

□ 大海

大海,海洋的别称,为世界上最广阔的水体的总称。今天的世界海洋总面积约为3.6亿平方千米,约占地球表面积的71%;其总含水量约为13.5亿立方千米,约占地球总水量的97%,但其中仅有2%可供人类饮用。由于世界海洋面积远远大于陆地面积(约1.49亿平方公里),因此人们把地球形容为一个大水球。

风暴地带，狂风加速了暴风雨的侵袭，大海和天空都会显得激荡、混浊；风暴引起了沸腾的海底内部的运动，它使火山不再沉睡，开始从海底喷出火热的气浪，这气浪会混合着水、硫黄和沥青冲向天空。

然后，我们离开大山，来到始终平静但同样充满危险的广袤海底平原。在那里，风暴也会施展它们的威力，即使优秀的驾驶技术也变得无能为力，我们的小船要么赶紧停泊，要么沉没。

最后，我们将目光转向地球的极地，我们会看到庞大的冰块脱离了冰山，就像漂浮在海上的山峰一样，在移动中逐渐消融，一直漂浮到气候温和的地区才会彻底融化成水。

以上就是巨大的海洋帝国呈现给我们的景象。这里生活着千百万不同种族的居民，它们有的裹覆着贝壳，轻盈地在不同的地方穿越；有的身负厚重的甲壳，缓慢地行走在沙土上；有的则依靠大自然赋予它们的翅形的鳍来行走；还有一些，拒绝任何别的活动方式，只是在海里游来游去，依附在各类岩石上生活，这些生存在大自然中的各种生物都可以在这片水域中找到自己的食物。海边，生长着各种茂盛的植物和一些奇特的草木；海底，则由沙子、砾石组成，不过最多的是泥土，一些海底也由硬土、贝壳或岩石组成，这一切都与我们生活的陆地相似。

沙 漠

让我来描述一个不存在苍翠的树木和清澈流水的地方吧！在这里，远处是灼热的太阳和永远干燥的天空，近处则是多沙的荒原和光秃秃的山脉；在这里，我们视野所能触及的地方，到处是迷离的黄沙，没有任何鲜活的生灵；在这片死寂的土地上，展现给我们的只有骨骸、石头以及矗立或侧卧的岩石；在这个通体裸露的

□ 沙漠

沙漠，指地面完全被沙覆盖、缺乏雨水、气候干燥、植物稀少的地区，一般为风成地貌。它是干旱气候与丰富的沙源条件下的产物，多分布于干旱区。目前，全世界沙漠面积约为3 140万平方千米，约占陆地总面积（约1.49亿平方千米）的21%，除此之外，仍有43%的土地正面临着沙漠化的威胁。

沙漠中，穿越此地的旅行者从来无法呼吸到阴凉的空气，这里没有什么能与他作伴，更没有什么能使他联想到活跃的自然，这里只有绝对的孤寂。这种孤寂远比森林的沉寂可怕，因为对于一个无人作伴、形单影只的人来说，森林中的树木也是生灵。而在这空空如也、漫无边际的地方，他只会更孤独、更疲乏、更迷茫，这里的任何地方都有可能成为他的坟墓。

在这里，白昼的光线比夜间的黑魅更为凄凉，这些光线似乎只是为了照亮沙漠的光秃和贫瘠；为了将荒漠之地的空旷显示得更加清晰；为了向旅行者表明其处境的恐怖，使他看到自己与居住地之间的广袤土地的阻隔是如此之大。任何经过这个地区的旅行者都不愿待在这里，因为充斥此地的饥饿、干渴和酷热随时都会将人的生命剥夺。

第 2 章
自然的各个世代

CHAPTER 2

我们的地球，曾有3.5万年的时间都处于一团热气和火焰炽烈的状态，在此期间，任何有生命的物种都无法生存。之后，又有一段1.5万年至2万年的时期，地表完全被汪洋覆盖……地球的演化总是需要一段漫长的时间，因为只有这样，地球才能冷却，洪水才能退去，地球各个大陆的表面才能逐渐形成。当最初的人类诞生以后，为了躲避洪水的侵袭与火山的爆发，他们开始依靠自己的智慧和劳动，与大自然抗衡，利用并改造大自然。总之，今天大自然的全部面目，都已被烙上了人力的印迹。

宇宙的发展

大自然曾经历过不同的类型，大地的表面曾陆续表现出不同的形态，即使天空也曾变动。宇宙中的所有物体，包括精神界的一切事物，都处于一种持续变化、绵延不绝的运动中。

在我们追忆逝去的历史时，如果没有编年纪事在黑暗的洪荒时代上点燃"路灯"或"火炬"，那么我们会如同处于无边的海洋，看不到终点。然而，尽管有这些编年纪事指引和照耀我们，当我们去追溯几世纪以前的历史，仍会在无涯的洪荒中遇到繁多的疑难，在对事变的原因进行判断上犯下无数的过错。如果我们上溯的历史更为久远，其内容更是漆黑一团。

而且，人类所记载的历史内容，也只覆盖了关于少数几个民族的活动状况，更确切地说，只覆盖了很小一部分人类的行为；对于那些没有被记录的人们，我们的了解几乎为零。对于我们来说，他们如同海市蜃楼般突显出来，又如同幻影一样稍纵即逝，不留痕迹。但愿那些仅仅依靠滔天罪恶，或者以血腥的光荣而为人们所称颂的"英雄"，也能如同那些一去无踪的人们一样，永远埋没在时间的洪荒中！

之所以出现上述状况，是因为我们对人文史的界定存在着两重限制：一方面，体现在时间

□ **宇宙**

宇宙是广袤空间和其间所有天体及弥漫物质的总称，是由空间、时间、物质和能量所构成的统一体。宇宙中有4.9%的普通物质、26.8%的暗物质和68.3%的暗能量。其目前的密度极小，大约为9.9×10^{-30}克/立方厘米。据估计，宇宙的年龄约为137亿年。

上，因为距离我们生存的时代，即使不远处便是一片虚幻；另一方面，则体现在空间上，因为它只能扩散至极小部分的地域。而对自然史的界定却不同，它虽然同样包括着一切空间和时间，但除了宇宙的极限外，却没有任何其他的限制。

既然大自然是与物质、时间和空间共存的，那么大自然的历史也就是关于一切存在、一切时期、一切地点的历史。乍一看，我们会感觉大自然是多么伟大，它似乎既不变质也不变形，即使在那些最脆弱、最易消逝的的物种中，我们也似乎可以看到它们永远地、频繁地保持着原来的状态，因为每时每刻它都是最初的原型，如旧戏重演般再现在我们面前。但是，如果我们仔细去辨

□ **宇宙大爆炸**

近百年来，关于宇宙的起源，"宇宙大爆炸"理论一直被天文学界普遍认同。该理论提出，大约在137亿年前，宇宙内的所有物质和能量高度密集在一点，温度极高，密度极大，从而发生了巨大的爆炸。宇宙间的物质随之四散出去，空间不断膨胀，温度也相应下降，便形成了我们今天所看到的宇宙。

别，会发现，大自然的进程并非绝对固定。它已相当显著地变形，它也会接受一些持续变化的物质，它甚至还会以一种新的化合形式以及一些实体的变更为模型发生变化。总之，就其整体而言，大自然表面是固定的；但就其部分而言，大自然确实在不断发生变化。因此我们确信，今天的大自然与大自然的原始形态是大不相同的，与后来在时间的嬗变中，陆续表现出来的大自然的差异也是极大的。

大自然的这种不同变迁，我们把它称为"自然的世代"。大自然曾经历过不同的类型，大地的表面曾陆续表现出不同的形态，即使天空也曾变动。宇宙中的所有物体，包括精神世界的一切事物都处于一种持续变化、绵延不绝的运动中。大自然之所以是现在这种状态，一方面是它自己的功劳，另一方面也有人类的功劳。因为我们已经学会怎样去节制它、改变它、驾驭它，从而使它能够迎合我们的需要，满足我们的欲望。我们曾探测大地、耕耘大地、扩展大地，因此，今天的大地面目，与它在各种技艺发明前的面目，是具有极大差别的。道德地，或者更恰当地说，寓言的黄金时代只是科学与真理的黑暗时代罢了。生活在那一时代

的人们还处于半野蛮状态,他们为数不多,分散生活,还没有完全发掘自己的潜力,尚未意识到自己的真正能力,他们的智慧还未得到全面的开化,他们还不知道团结的力量,更不会想到利用群体的力量去进行协同劳动,让宇宙万物实现自己的意旨。

因此,我们必须到那些刚被发现的地区,到那些从未有人居住的地带去寻找和观察自然,这样才能获得关于自然往昔情况的一些概念。然而,如果我们把这种"往昔"与五大洲还被水覆盖的时代进行比较,与鱼类尚在平原上居住的时代进行比较,与高山还只是大海中一块礁石的时代进行比较的话,它充其量也只能算是很近代的事物。从没有文字记载的远古时代算起,一直到有史时代,这段时期又曾陆续经历多少变迁,多少不同的状况啊!我们不知道已经埋没了这段时期里的多少事情,也不知道有多少变迁被我们完全遗忘掉,更无从得知有多少激变在人类拥有记忆之前就已发生。人类在经过长久的连续观察,经过近三十个世纪的培养后,才仅仅能认清大自然的现状,至于整个地球,更是无法完全认识。地形被确定也只是发生在不久以前,我们把对地球内部的认识提高到理论的水平,以及分清地球构成元素的次序与分布,都只是现在的活动。也是在当代,人们才开始拿原始的大自然与现今的大自然进行对比,才开始依照它已知的现状去追溯它过去几个时代的状况。

然而,由于这里是要洞穿时间的黑暗;是要利用对当前事物的观察,来推测过去事物的存在状态;是要仅仅凭借现存事实的力量,来推演被淹没的事实真理,因此我们要集合一切力量,去利用三大依据——能使我们了解大自然起源的一切事实,在大自然的原始时期中就已经存在的一切运动,以及能提供给我们关于大自然的后续各期概念的一切传统,然后再努力去使用类推法将它们连贯成一个系统。如此一来,我们对自然才能有正确而全面的认识。

洪荒时代

> 在洪荒时代，洪水几乎覆盖着整个地表，它们不断由于自身的骤然降落而发生搅动，由于受到月球对空中气层与地上洪流的吸力而翻动，同时被猛烈的狂风袭扰……它顺从于这一切的外力而纷纷流窜。

在论述洪荒时代时，为了使陈述不迷失方向，我们必须从较早的世纪说起。在那个世纪，水最初是被烧成蒸气漂浮在空中的，而后它们凝聚起来，开始落向炽热的、萎缩的、干燥的、龟裂的大地。在大地开始凝固时，即在它初步冷却的进程中，那些所有属于挥发性的物质都被分解、化合、升华，甚至迅疾地陨落下来，我们可以想象一下，那种陨落的样子是多么奇特、多么骇人！空气的元素与水的元素互相分裂，风暴与浪涛互相激荡，并以漩涡的姿态倾泻到冒着缕缕青烟的大地上；空中的大气层，原先起着阻止太阳光线的作用，后来却逐渐得到净化；这些被净化的大气层，现在又重新被浓烟的云雾遮蔽，黯淡起来；洪水，落

□ 洪荒时代

洪荒，指"混沌初开，生灵万物俱无"的远古时代。传说中，在遥远的洪荒时代，天地处于混沌、蒙昧的状态，没有沙石，没有大海，没有天空和大地。在这一片混沌中，只有一道深深开裂着的鸿沟，整个鸿沟里面是一片空荡和虚无，没有树木，也没有野草。

影响人类文明进程的文化与科学巨著

□ 洪水　油画　19世纪

上古的神话传说和早期宗教里有着关于史前洪荒的记载：地球北半球突然被来历不明的洪水包围，高千米的洪峰来势汹汹，咆哮着吞没了陆地上的所有生灵……它铲低山峰、冲塌高地、冲断山脉，进而沉积到地下，浸塌地下的洞穴，产生深渊，使大地表面的水位逐渐降低。但它并未就此停息——人类诞生后，它又经常侵袭人类的家园。图中描绘的是洪水吞噬了人类的家园，人们纷纷爬到高处避难的情景。

下又涨起，涨起又落下，持续地沸腾着，反复地蒸馏着；空气里那些已被升华过的具有挥发性的物质，现在都从空气中分裂出来，或疾或缓地陨落，冷一阵热一阵地侵袭着空气。

我们很容易想象到，当时的洪水几乎覆盖着整个地表，它不断由于自身的骤然降落而发生搅动，由于受到月球对空中气层与地上洪流的吸力而翻动，被猛烈的狂风等袭扰，并顺从于这一切外力而纷纷流窜。在这纷纷流窜的过程中，它附带地冲袭着地上的沟谷，使其变得更深；冲塌了那些不够坚实的高地，铲低了不够坚固的山峰，冲断了绵延山脉最脆弱的部分。洪水稳定后，沉积到地下，又在地底冲出伏流的道路。它侵蚀着地下洞穴的穹隆，使之崩塌；它涌入新形成的深渊，使大地表面逐渐降低。这些地下洞穴原是地火燃烧的杰作，现在却被水继续冲击，直至冲塌、毁灭。这个结果使我们相信，地下洞穴的坍塌就是洪水降落的直接原因，而事实证明，这也是洪水降落的唯一原因。

最古老的物类

现在,我们在海拔很高的地方所发现的贝类以及其他海产品都属于大自然最古老的物类。大量搜集这种出现在较高地区的海产品,把它们与那些出现在较低地区的海产品进行对比,对于自然史的考察,是极为重要的。

我们可以断定,现在我们在海拔很高的地方发现的贝类以及其他海产品都属于大自然最古老的物类。大量收集这种出现在较高地区的海产品和那些出现在较低地区的海产品进行对比,对于考察自然史来说是极为重要的。我们确信,构成丘陵的那些贝壳,有一部分是属于未知的种类,即在任何人迹所至的海洋里都不存在类似的活贝壳。如果有一天,我们能够将海拔最高处的这些贝壳化石收集起来编成一个系列,我们或许就可以判断出哪些贝类是古老的,哪些贝类是现代的。若干化石证明,某些陆生和海生的物种,在遥远的古代确实存在过,但现在我们却不能发现与其类似的物种生存在地球上了。这些化石还证明,它们比同属的、现存的任何一种都要大得多:那些尖锐粗钝的大臼牙化石,每一个都重达六千克左右;那些长着巨牙的生物,以及在岩石中留下印记的鹦鹉螺,它们的身躯长七八英尺,高达一英尺……这些物种一定都是兽类或贝类中的庞然大物,在它们生活的时代,大自然正当年轻

□ 化石

化石是指保存在岩层中地质历史时期的古生物遗物和生活遗迹,最常见的是骸骨和贝壳等。人们可以通过化石来探索古代生物的形状和它们生活的情况。这些生物死亡后,遗体中的有机质分解殆尽,坚硬的部分如外壳、骨骼等与包围在周围的沉积物一起经过石化变成石头,但它们依然保留着原来的形态、结构,同样,它们生活时留下的痕迹也可以这样保留下来。

□ 蛇化石

我们一般按照化石的保存特点和大小来对其进行分类。古生物遗体本身几乎全部或部分保存下来的化石，叫作实体化石；生物遗体在地层或围岩中留下的印模或复铸物，叫作模铸化石；当造岩物慢慢取代了原来动物的部分尸骸后，它们就形成为矿化化石；古生物活动在地质沉积物表面或内部留下的痕迹和遗物，叫作遗迹化石。图中的蛇化石属于实体化石。

力壮，能以更充沛的精力在更高的气温中揉造有机物质。这些有机物质比较分散，不易与其他物质相组合，但它们能够自己聚集，自相组合，构成庞大的体积，形成较大的躯体。这就是为什么在宇宙初期，地球上只存在许多庞大物种。

大自然一边形成海洋，一边又在那些水不曾浸到或迅速退去的陆地上散播生命。这些陆地与海洋一样，只能培育耐热的生物，因为当时的地表温度，要比今天适宜生物生存的温度高一些。我们现在发现的一些古生物遗迹，都是从地下，特别是从煤矿和青石矿的矿坑里面发掘出来的，这些遗迹表明，古代的某些鱼类和植物，并非现存种类。因此，我们相信，海中有动物存在的时间并不早于陆地有植物生长的时间。尽管在海生动物方面，存在着较多显著的遗迹和佐证，但陆地方面的佐证也同样可靠，它们似乎向我们证明，海生动物和陆生植物中的远古种类都已灭绝，因为一旦海洋和陆地不再具有它们生存和繁殖所必需的温度，它们便不再存在。

海流与火山对地形的影响

海流运动的普遍后果，是将各大洲的西海岸都堆积得高耸起来，在东海岸则形成平坦的斜坡。当海水逐渐下落，各大洲便开始露出最高点，这些最高点最后形成了火山。

我曾论述过，我们的地球有3.5万年的时期都是处于一团热气和火焰炽热的状态，在这一时期，任何有感觉的物种都无法生存。后来，又有一段1.5万年到2万年的时期，地表只是一片汪洋。地球的演化总是需要一段漫长的时间，因为只有这样，地球才能冷却，洪水才能退去，地球各个大陆的表面才能渐渐形成。

然而，在海洋对地球产生作用之前，还存在着其他几个更普遍的作用，影响到整个地表的若干区域。我曾论述，洪水大部分来自南极，把各大洲的南端冲尖；当洪水完全覆盖地表后，当那覆盖全部地表的海洋已经保持平衡状态的时候，海洋自南向北的运动就停止了。从此以后，海洋只会在月球永恒不变的引力下才会运动，这种引力与太阳的引力相结合，便产生了潮汐和经常自东往西的海流运动。

洪水在泛滥之初，先是自地球的两极流向赤道。由于两极地区比其他地区冷得早些，洪水便先在两极降落，再逐步淹没赤道地区。当赤道地区和其他地区一样被洪水淹没，洪水自东往西的运动就确立了，且恒久不变。这种运动不仅在洪水未退的那段漫长的时期内发

□ 潮汐

潮汐是指在月球和太阳引力作用下，海洋水面周期性的涨落现象。人们习惯把海面垂直方向的涨落称为潮汐，把海水在水平方向的流动称为潮流。古代人则称白天的河海涌水为"潮"，夜间的为"汐"，总称"潮汐"。

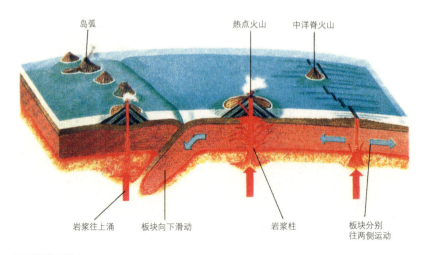

□ 即将爆发的火山

地壳之下100~150千米处,有一个"液态区",区内存在着熔融状硅酸盐物质,即岩浆。岩浆沿着山脉隆起造成的裂痕上升,当熔岩库里的压力大于岩石顶盖的压力时,便向外迸发。火山在地球上分布很不均匀,它们多出现在地壳中的断裂带。就世界范围而言,火山主要集中在环太平洋一带和印度尼西亚向北经缅甸、喜马拉雅山脉、中亚细亚到地中海一带。

生,就是现在,它也依然发生着。海流的这种自东往西的运动是普遍的,其带来的后果也是普遍的——将各大洲的西海岸都堆积得高耸起来,在东海岸则形成平坦的斜坡。

当海水逐渐下落,各大洲开始露出最高点时,这些最高点就如同许多被拔去塞子的风眼一样,开始冒出许多新的火焰,这些火焰是因一些元质在地心里沸腾而产生,而这些元质是火山喷发时的燃料。这种嬗变发生在那延亘2万年的地表汪洋期,这时地表被火和水分别占据着,水与火的狂怒共同摇撼、吞噬着大地,地球上无一处可以获得安宁。在此期间,根本没有旁观者目睹这一恐怖情形,因为陆生动物是在这一时期完全结束时才出现的,而这时洪水已经退去(当时的欧洲、美洲两个大陆在北端是连成一片的,这一点可以作为洪水减退的证据)。这时,火山的数量大大减少,因为它只在水火交融时爆发,当洪水减退,距离火山较远时,火山自然会停止爆发。我们也可以想象,地球在这一时期刚刚结束时,即在地球形成4.5万~6万年以后,它会呈现一种怎样的景象呢?海拔较低的地方全是深水滩、急流和漩涡;地下洞穴的坍塌伴随着海底及地表火山的频繁爆发,带来持续不断的地震;泛滥的洪水溃决的江河以及由于这些震荡而产生的洪流,加上熔化了的玻璃质、沥青和硫黄汇成的激流,共同摧残着高山,流向平原,毒蚀着平原上的水;天空中的太阳,也被水气结成的云块、以及火山冲起的灰尘与碎石所形成的浓雾所遮掩。我们必须感谢造物主没有使我们亲眼目睹这种狂烈恐怖的景象,因为这些景象是发生在聪明而敏感的动物出生之前,但从另一个角度来说,这些景象也预示了聪明而敏感的动物即将诞生。

初民生活

初民对于他们最初生活环境中的各类灾害仍心有余悸,他们对这些苦难经历留存下一种持久的甚至永恒的记忆,他们认为人类最终要么被一次漫天的洪水淹死,要么被一次凶猛的大火烧死。

最初的人类,能看到地表如同痉挛一般频繁地抖动。为了逃避洪水的侵袭,他们只有栖身在高山上。然而,火山的频繁爆发又将他们从高山上驱赶下来,他们只能无助地站立在大地上,而脚下的大地也在颤栗着。

他们一无所有,甚至没有基本的智慧,只能任凭各种灾害摧残,并承受来自猛兽的疯狂袭击,很多人因此而丧命。迫于这种恶劣的生存形势,初民充满悲哀恐怖之感,他们逐渐意识到团结的力量。他们开始学着依靠群力来御侮图存,一起建造住宅、制造武器。这种武器,是将那些硬石块、玉石以及"雷石"磨成斧形(古代的人们认为雷石是由雷火构成的、从云端掉下的物质,实际上它只是纯自然状态下人类艺术的最初成果)而成。接着,初民发现用石块互相击打,可以擦出火花,于是将火苗传播开来,在森林和荒野中创造出自己的世界。他们用自己制造的工具将即将居住的地方清扫干净;用石斧削下树枝和树干,截成木块,制造其他必需的武器和工具。初民既然能制造大锤和其他防御性的笨重武器,自然也能制造较轻的武器,便于从远处击中目标。他们利用兽筋做成绳子,然后将一

□ 原始帐篷

最初的人类,开始学会制作帐篷。帐篷是他们用木框架撑开野牛皮搭建而成,帐篷有门盖和排烟口。西部大平原上的夏延族、科曼切族和苏族就住在这种帐篷里。

根富有弹性的树枝用绳子连接起来，制成弓；削尖一些小木块，制成箭；不久，又造出了木筏与小舟。

如果初民的社会一直是由几个家庭构成，或者是由一个家庭里发展出来的亲属构成，那么他们的社会无疑会一直停滞不前。因为直至今日，我们发现，许多野蛮人仍以这样的方式生活着，只要他们乐意，他们就可以继续保持这种状态，因为他们生活的地方有足够的空间和充足的猎物、鱼类和果实来保证他们的生存。但是，那些生活在被洪水或高山限制的人们，如果人口过多，就不得不去瓜分土地。于是，从这时起，土地成为了私有产业，个人利益逐渐成为民族利益的一部分，秩序、规则和法律随之产生，社会也变得稳定，种种社会力量随之体现出来。

□ 石器时代原始人的生活

公元前250万年，旧石器时代开始，原始人类逐渐学会了制造专用的工具，他们用锋利的石头制作武器杀死猎物，再充分利用这些猎物的皮毛和骨头。公元前3 000年，金属工具和武器代替了石器。

然而，这些初民对于他们最初生活环境中的各类灾害仍心有余悸，他们对这些苦难经历留存下一种持久的甚至永恒的记忆，他们认为，人类终究要被一次漫天的洪水淹死，或是被一场凶猛的大火烧死。他们曾因为躲避水灾而逃到某座山，并对这座山产生了尊敬之情；但当他们看到有些山居然喷出比雷火还可怕的火焰时，又会对这些山产生恐怖之感；当他们看见大地用水和火与上天作斗争时，便编造了关于提坦（希腊神话里的一些巨人，曾经想爬上天进攻天神）等神话；他们相信凶恶的神祇的存在，便构成了畏惧和迷信的根源。这一切的情感，都建立在恐惧的基础之上，因此它们牢固地盘踞在人们的心灵和记忆里，就算经过漫长时间的经验积累，经过暴风雨后的宁静，就算能够认识大自然的活动与效果，人们的心依然无法安定下来。

科学与和平

自古以来，人类似乎总是将荣耀看得很重，在行善方面考虑得很少，只是到了后来，那种导致虚幻的荣名与无聊的欢笑的方法用得太长久了，人们才悔悟到真正的光荣是科学，真正的幸福是和平。

从人类开始把自己的力量与大自然的力量进行结合，并把这种结合大部分扩展到地球上时，至今也不过三千年左右的时间。在这之前，大地的许多宝藏一直隐藏着，直到人们把它们挖掘出来。尽管仍有许多埋藏更深的财富未被发现，但它们最终也不能逃脱人类的搜寻，成为人类劳动的成果。因此，人们只要能够明理安分，就能收到自然的恩赐，就能在大自然的无尽宝藏中选择对自己有用的、满足自身需求的一切物品。

人类依靠自己的智慧，驯养、驾驭、制服了许多动物；人类依靠自己的劳动，疏干沼泽、控制江河、消灭险滩急流、开发森林、开垦荒地；人类依靠自己的思考，计算出时间、测量出空间、了解测绘天体的运行，比较天体与地球，扩展宇宙；人类依靠在科学基础上产生出来的技术，横渡海洋、跨越高山、缩短世界各地人民之间的距离、发现一个个新的大陆、占据千千万万孤立的陆地。总之，今天大自然的全部面目，都已被烙上了人力

□ 哥伦布航海

人类依靠科学技术，横渡海洋，发现了多个新大陆，比如意大利航海家哥伦布在1492—1502年的航海运动。在西班牙国王的资助下，哥伦布先后4次出海远航，开辟了从大西洋到美洲的航路。美洲新大陆的发现，使当时人口膨胀的欧洲人有了可以定居的两个新大陆，即有了能发展欧洲经济的矿藏资源和原材料。但另一方面，它也导致了美洲原住民印第安人文明的毁灭。

文化伟人代表作图释书系

的印迹。

人力虽然是自然力的衍生,却常常表现出比自然力还要伟大的力量——它以奇妙的方式改造了大自然。可以说,大自然之所以能够得到全面发展,能够进展得如此完善和辉煌,都是人力作用的结果。

的确,就如我们用原始状态的自然,与经过人类改造的自然相比;或拿一些数量较少的野蛮种族,与数量众多的文明民族比较,通过他们各自生活过的土地情况,就可以轻易发现两者的差别。前者在土地上遗留的认知痕迹不多,这与他们的愚昧或懒惰不无关系。

□ 战争

自人类诞生以来,战争就从未停止过。据考证,最早的战争出现于原始社会末期——部落与部落之间为了争夺生存条件而战。进入奴隶社会以后,奴隶主之间为了争夺奴隶、掠夺财富和兼并土地而战;封建社会时期,封建地主阶级之间又为了掠夺财富、兼并土地、剥削农民的劳动成果而战……这些战祸蹂躏了一片片乐土,摧毁了乐土上刚刚萌芽的幸福,给人类带来了巨大的灾难。

他们曾经蹂躏了一片片乐土,摧毁了这片乐土上刚刚萌芽的幸福,破坏了科学的成果。我们可以翻阅各国历史,那里面大量的篇幅记载的是两千年的战祸,只有少量篇幅记载了只有几年历史的和平生活。

大自然为了创造出一幅伟大作品,为了使地表温度由炽热降低到温暖,为了使地表成形并达到安定的状态,已经耗费了6万年的时间。可是,还需要耗费多长时间,人类才能达到安定状态,不再互相讹诈和残杀呢?什么时候才能领悟到平静、安定地享受自己的领土就是幸福呢?什么时候他们才能变得足够安分,能够控制自己的欲望,放弃那些有害无利,或者至少是害多利少的远方殖民地呢?西班牙帝国的国土面积与同属欧洲的法国同样大,但其在美洲的殖民地却比法国大10倍,难道这能代表他们比法国强大10倍吗?我们甚至还可以问,难道这个豪迈而伟大的民族从事远征的结果比尽量开发本国资源更能够使自己富强吗?英国本是一个具有绅士风度和深谋远虑的国家,但他们也在海外大肆开辟殖民地,岂不也正犯一个严重的错误么?也许古人对殖民活动的看法,比现代人更正确更科学。古人的殖民活动，只在他们的人口使他们的土地负担不起，在土地和商业供不应求时才会发生。现在，人们一提到蛮族南侵就会感到后怕，而实际上，当时的蛮族生活在贫瘠、寒冷、贫乏的土地上，靠近他们生活区域的就是富饶的土地，那里有他们生存所需的一切资源，因此，他们的历次南侵掺杂着生存的需要。但不可否认，他们的南侵带来的始终是血腥的杀戮。

这些充斥着死亡与血腥的巨变都是在愚昧的基础上产生的，我们不必再去谈论这些悲惨的历史。我们期望每个文明的民族之间，其现有的势力能够均衡，虽然这并不是最完美的状态，却是能使我们维持安定的状态。当人们能够更正确地认识自己的真正利益，并因此而变得稳定时，我们期望，人们能够理解和平与安宁的真正价值，并把它们作为自己的一个目标。因此，我希望君主们能够抛弃那种征服者的虚荣，去批评谋士们的名利思想，因为他们只是在怂恿着君主去攻城掠地，以使自己从中牟利。

我们假设世界处于一个和平的状态，然后来仔细观察人力究竟能对自然力产生多大的影响。我们已经论述过，地球的温度是在逐渐下降的，要想将这种趋势扭转过来，把地球温度变暖，唯有人力可以做到，并且已经做到。巴黎和魁北克几乎处于同一纬度，因此，如果法国像加拿大一样人烟稀少、森林遍地，那么巴黎一定会和魁北克一样寒冷。改善生态环境、开发草地、迁徙人口就足以使一个地方的温度保持固定状态达数千年之久，而这一点，也正是人们对于我的"地球冷却说"（确切地说，是对于地球冷却的事实）所提出的唯一疑问的合理解释。

这时，有人可能会提出质疑："按照你的观

□ 帕维亚之战

战争与文明始终交错，一方面给人类带来灾难，威胁着人类的生存；一方面又对人类文明的发展和进步起着催化和促进作用。图为发生于1525年的帕维亚之战。为了争夺意大利土地，西班牙国王查理五世率领军队在意大利的帕维亚与法军交战。最后，西班牙在敌强我弱的情况下，充分发挥火枪的优势，大败法国，成为西欧第一强权。

文化伟人代表作图释书系

点,今天整个地球的温度应该比两千年前要冷些,但一些传统的事例却给了我们相反的证据。在古代,高卢(法国的古称)和日尔曼(德国的古称)都出产麋、大山猫、熊等动物,但这些动物后来都到北方各地生活了,这种向北的趋势,与你所假定的由北向南的进程是相反的。另外,以前每到冬季,塞纳河[1]通常有一部分时间会结冰,现在却不是这样。这些事实不都证明你那所谓的'地球冷却说'是错误的吗?"我承认,这些事实的确与我的"地球冷却说"相悖,但如果现在的法国与德国还像古代的高卢与日尔曼一样;如果人们并没有砍伐森林、疏干沼泽、控制急流、疏导江河,把荒芜的土地开发出来,这些情况便不会出现。而且,人们难道不应该去思考,地心热的减退,是缓慢到感觉不到的程度吗?不应该去想想,地表温度下降到现在的温度,已经耗费了七万六千年的时间吗?不应该去想想,就算再过七万六千年,地球也不会冷到使生物灭绝的程度吗?除此之外,难道我们不需要把这种缓慢的冷却,与来自空中的迅猛的寒冷比较一下吗?我们也不要忘记,夏天的最高温度和冬天的最低温度之间的差别,也不过是三十三分之一罢了!这样,我们就能明白,各种外因对温度的影响比内因的影响要大许多,高空寒气被潮湿吸引下来或被风压到地面等特殊原因,对气温下降的影响要远远超过地球冷却。

由于生物的每个运动或动作都会产生热量,再加上凡是具有新陈代谢的生物本身都是一个小型放热点,因此,在一切其他条件都相等的情况下,某一区域温度的高低取决于人与动物的数量和植物的数量之间的比例,因为前者散发热量,后者产生冷气。另外,人们习惯用火,这也大大增加了人口密集地区的人工气温。在巴黎寒冷的季节里,圣豪诺勒郊区要比圣马索郊区的气温低二三摄氏度,这是由于圣马索郊区人口比较密集,北风经过这个地区时吸收了烟囱散发的热量,从而变得温和。在同一地区,多一个或少一个森林,就足以使温度发生变化,因为只要树是活着的,它就吸收太阳的热力,然后产生湿气,湿气又形成云朵,最后以雨的形式飘落下来,云层越高,雨越冰冷。假如这些树木都是以自然的状态生长着,那么树木老死时,就在地上腐朽掉,如果这些树落到人的手里,它们就会成为烧火的材料,增加这一地区的温度。

---

[1]塞纳河:法国北部大河,全长780千米,包括支流在内的流域总面积为78 700平方千米;是欧洲有历史意义的大河之一,其排水网络的运输量占法国内河航运量的大部分。

□ 豢养狗　摄影

狗是人类豢养的最古老的动物之一，由一万多年前的狼驯化而来。尽管人们研究出了各种理论，但仍然无法确定，为什么人类和狗能够这样融洽相处。是需要互相保护？需要结伴狩猎？还是需要友谊？或者是三者兼备？爱狗的人可能更喜欢这样一种说法：上天创造了人，看到人类如此怜弱，便又创造了狗与之相伴。

大自然能量的大小取决于温度的不同，一切有机体的成长、发育乃至整个生命，都是总因的特殊效果。因此，人类操控总因，改变温度，既可以消灭那些对自己有害的东西，又可以培育对自己有利的东西。有些地域构成温度的全部要素都很平衡，并且很好地配合起来，发挥着良好效果，这是何等的美妙啊！但是，世上没有一个地方一开始就具有这样好的特殊条件，也不存在一个人力不发挥作用就能导引水流、铲除害草、驯养并繁殖有用动物的地方。生活在地球上的300种兽类与1 500种禽类中，人类特别选出20种禽兽：象、骆驼、马、驴、黄牛、绵羊、山羊、猪、狗、猫、骡马、南美羊、水牛、鸡、鹅、火鸡、鸭、孔雀、雉和鸽以供自己利用，这些生物在自然界中所占的分量比其他物种的数量都要大，给人类带来的利益也比其他禽兽多。它们以人类期望的形式奉献出自己的能量，或耕田，或载运产品和用于贸易，或增加人类的衣食资源。总之，它们满足着主人的一切需要，甚至为主人提供种种享乐。

在这些人类选择出来的几种禽兽中，以鸡和猪的繁殖力最强，它们也是地球上分布最广的动物，这似乎证明，最强的繁殖力不怕任何艰苦的环境。在地球上最偏远荒凉的地方，如塔希提[1]以及其他远离大陆、人迹罕至的岛屿，人们也能发现鸡和猪的踪迹，看来它们是随着人类迁移而转移的。在与世隔绝的南美洲，当没有任何一种家畜能够移植进去时，人们就已经发现有贝卡利猪和野生的鸡类在这里生活了，虽然它们体形比欧洲的小些，且外观上也有差异，但都属于相近

---

[1] 塔希提：南太平洋中部法属玻里尼西亚社会群岛中向风群岛的最大岛屿。这里四季温暖如春、物产丰富。这里的人管自己叫"上帝的人"，称该地为"最接近天堂的地方"。

的种类，都和欧洲的鸡和猪一样能够被人类所驯养。然而，南美洲的野蛮人没有群居的观念，他们不会去饲养任何禽兽，尽管他们那里生活着一种繁殖力强的动物，如属于鹌鹑类的合科鸟——这种鸟只需要稍微费点力去喂养，就足以提供他们的衣食资源，这远多于他们辛苦打猎所得的东西；他们不加区别地消灭着禽兽中的良种和劣种。

因此，初民的第一个特征就是懂得如何控制禽兽。而这个能够体现人类智慧的特征，渐渐演化成人类统治自然的最伟大的力量。因为，人类只有在驯服禽兽后，才能借助禽兽的力量去改变大地的面貌，将荒野变为良田，将部分野生植物变成良禾。在培育有用的禽兽时，他就在大地上增加了运动量和生命量；他培养植物以养育动物，又通过培养植物和动物来维持自己的生命，既使自己的生命得以生存和延续下去，又使动植物传播开来，同时还使自己的生存技能得到提高。他大力改造大自然，当大自然丰饶之后，必然能促进人口的繁荣，如古时只能容纳二三百个野蛮人居住的空间，现在已能容纳几百万人；从前几乎没有禽兽出没的区域，现在已有成千上万的禽兽在此生存和繁衍。

我们现在当作食粮的谷类，并不是自然的恩赐，相反，它是人类通过自己的技艺——在农业中努力钻研、发挥智慧所得到的伟大而有益的成果。我们不曾在大自然的任何一个地方发现过野麦，显然这是一种经过人类改良的草。因此，要想获得它，人类首先要在千万类草中辨别、选择出这类宝贵的草，然后播种它、收获它，在经过反复的试验后，掌握确切的施肥量和耕种期。虽然小麦如同其他一年生植物，结果之后就会枯死，但其幼苗能耐严寒的独一无二的特性，使它几乎能够适应一切气候、并且久藏不坏，收藏再久也不会丧失生殖力。这些都足以说明小麦是自古以来人类最伟大的发现，同时也证明，在小麦发现之前，人

□ 麦子

麦子，单子叶植物，禾本科。一年生或两年生草本植物。是世界上最早栽培的农作物之一。经过长期的发展，麦子现已成为世界上分布最广、种植面积最大、产量最高、贸易额最多、营养最丰富的粮食作物之一。布封指出，麦子是自古以来人类最伟大的发现。

□ 睡莲

花卉的栽培历史非常悠久。据考证，在3 000多年前，埃及、叙利亚等国就已经开始种植蔷薇和铃兰等陆生花卉，并在宅园、神庙和墓园的水池中栽种睡莲等水生花卉。图为睡莲。睡莲又名子午莲、水芹花，多年生水生草本，因昼舒夜卷而被誉为"花中睡美人"。睡莲大部分原产北非和东南亚热带地区，少数产于南非、欧洲和亚洲的温带和寒带地区。

类就已经有了耕种技术，而且这种技术是建立在经过长时间的实验基础之上的。

对于人类能够改变植物性能的力量，如果有人要我列举一些近代甚至现代的例子，我只要拿现在的蔬菜、花卉和果品，与150年前同品种的蔬菜、花卉、果品进行比较就足够了。人们自加斯东·德·奥尔良（法国国王亨利四世之子，路易十三世的兄长）时代起，就开始编制一部彩色的大花谱，直至今日这个花谱依然在御花园里编制着。根据它的记载，我们惊讶地发现，加斯东·德·奥尔良那个时代最美丽的花卉，如丁番、马兰、熊耳等，在今天很多城市花商和乡村园丁们眼里，都一文不值。这些花卉虽然在当时已受培植，但几乎还没有脱离它们的自然状态：只有一重花瓣，雌蕊很长，颜色生硬，没有茸毛，无变化和色泽，这些都是其野生状态下的特征。至于蔬菜，当时只有一种菊苣和两种莴苣，而且品质都十分差；而今天，常见的菊苣和莴苣就有五十多种，并且都能食用。同样地，那些最好的有籽和核的水果，都出现在离我们很近的时代，而且都与古代的水果有着较大的差别。通常，现代的物品与古代的物品相比较，只是名字未变，而品质却变了。为了进一步证明我的观点，我们只要拿现在的花、果，和古希腊、拉丁作家所描写的花、果进行比较就可以了。那一时期的花都是单层的；果树只是些选择不精的野树，上面生长着酸涩、干枯的小果实，这些果实既没有现在水果的美味，也没有现在水果的美丽外观。

但是，这并不意味着这些品质优良的新品种不是从野树中发展而来的。为了从野树中获得优良品种，人们要无数次地考察自然，把上万棵幼苗栽培在土地里，最后才能将它们培育出来。人们播种、保育、培植无数同样的幼苗，使它们结出果实，最后通过品尝找出那些果实最甘美的树。不过遗憾的是，这些宝贵的树却不能繁殖出与它们品质相同的小树,也无法将自己的优良品质遗传给下一代。这一点足以证明,优良的品质只是纯粹属于个体,而不是全种的一个特性,因为那些品质优良的果实的籽或核,与其他果实的籽或核一样,只能繁殖出野树,不能形成与野树完全不同的品种。虽然最初的探索已经费尽了人们的精力,但如果不继续第二个探索,第一个探索就毫无意义,而这第二个探索则需要天才的力量,正如第一个探索需要耐心一样。所谓第二个探索,就是掌握了接树法,将那些宝贵的树嫁接起来。运用接树法,可以选出第二类品种,对于这类品种,人们可以任意地推广和传播。人们从那些品质优良的树上截取一些苞芽或小枝,接在台木(被接的植物体)上,悉心培育,使它们结出与母体相同的果实。这些并不那么优良的台木,不会将自己的任何一个恶劣品质遗传给这些树苗。因为它并不是这些树苗的母亲,而只是它们的乳娘,起着向这些树苗输送汁液使它们成长的作用。

在动物界,大部分表面看似属于个体的品质,实际上都能和全种特性一样,以相同的方式遗传并延续下去。因此,比起植物,人类在影响动物的品性方面的能动性更大些。在动物中,所谓的物种只不过是一些固定的变形罢了,而这些变形都是通过生殖延续下去的;而在植物界,则没有任何种或变形能固定到通过生殖来延续。就拿鸡类和鸽类来说,人们最近大量培育了鸡和鸽的新品种,这些新品种本身都具有繁殖能力;在其他禽类中,人们也在利用杂交法培育和提高品种。人们还经常把外地品种移植到本地品种上,或对野生品种加以驯养。所有这些现代的事例都能证明,人类直到很晚才认识到自己力量的强大,只是这种力量尚未被全部开发。人类的力量源自对智慧的运用,因此对自然观察和研究得越多,就越有办法去利用自然,从自

□ 葡萄

葡萄,葡萄属,落叶藤本植物。是世界最古老的植物之一。据考证,最早栽培葡萄的地区是小亚细亚里海和黑海之间及其南岸地区。随后,南高加索、中亚细亚、叙利亚、伊拉克等地区也开始进行葡萄栽培。经过长期的发展,目前的葡萄种类已达8 000多种,其产量几乎占全世界水果的四分之一。

然的怀抱中发掘新财富。

  总而言之，如果人类的意志经常受智慧的指引，就没有做不到的事。不管是在精神方面还是在肉体方面，只要人类能够改善自己的自然品质，人类的能力将会发展到崇高的程度。

  然而，在世界上，哪一个国家敢自夸已经达到了尽善尽美？我认为，政治的最终使命应该是以和平、丰富、生活福利等来保障人民的生存，节约人民的血汗，使全体人民处于虽然不是绝对平等的幸福，却也不是绝对不平等的不幸之中。现在，有哪一个国家能做到这一点？至于保证人类生存健康的医药科学，以及以维护人类生存为目的的各种技艺，是不是和以战争为目的而研制出的技艺获得了同样的进步呢？从古到今，人类似乎总是在行善方面考虑得很少。这一结果的出现，也许是因为在一切感染群众的情感中，恐惧最能起到强有力的作用，因此丑恶艺术上所表现出的震撼，最能吸引人类的注意；其次才是那些能够引起人类开怀欢笑的人。只是到了后来，那种导致虚幻的荣名与无聊的欢笑的方法用得太长久了，人们才悔悟到真正的光荣是科学，真正的幸福是和平。

NATURAL
HISTORY

第二编 | 矿　物

　　地球给人类提供了它所蕴藏着的种类繁多的矿产资源，人类正是依赖这些大自然的恩赐，才能在地球上繁衍生息。而矿物资源被利用的程度，也标志着各个时代科技与文明发展的水平，比如旧石器文明的标志是人类可以打制石头来作为简单的劳动工具；新石器时代所用的石器磨制得更为精良，同时出现了原始的玉石制品……

宝 石

第 1 章
自然元素矿物

CHAPTER 1

　　自然元素矿物是指未与其他元素结合的单质矿物。它可以分为金属元素（如金、银、铜等）、半金属元素（如砷、锑等）和非金属元素（如碳、硫等）。金属元素密度大、柔软、可延展、不透明，通常以不规则树枝状和纤维状产出；半金属元素导电性较差，通常以块状产出；非金属元素则为绝缘体，常形成晶体结构，呈透明或半透明状。

金、银、铜、铂

金、银、铜、铂均为地质演变过程中的产物，都属于金属元素，具有密度大、柔软等特点。它们因具有良好的化学物理特性和稀有性而极具经济价值，吸引着人们孜孜不倦地寻求。

自然金，主要产于高中温热液成因的含金石英脉中，或产于火山岩系与火山热液作用有关的中、低温热液矿床[1]中，通常与石英和硫化物伴生；在未固结的砂积矿床、砂岩中也有自然金，甚至河床中也会发现颗粒状或块状的砂金。

自然金的晶体形态以八面体为主，其次为菱形十二面体，也有立方体，但不常见，多呈树枝状、粒状或鳞片状产出，偶尔会出现不规则大块体。颜色光亮金黄，会随着含银量的增加而逐渐变为淡黄。

目前，世界著名的自然金产地有：南非的维特瓦特斯兰、美国的加利福尼亚和阿拉斯加、澳大利亚的新南

□ 自然金（左）/自然银（右）

产于原生矿床中的自然金俗称山金，主要形成于热液成因的含金石英脉或蚀变岩脉中，所以又称脉金；产于砂矿中的自然金叫作沙金。自然金的硬度[2]为2.5~3.0。自然银形成于热液脉矿，是白银的唯一来源，硬度为2.5。

---

[1]热液矿床：又称汽水热液矿床(hydrothermal oredeposits)，是指含矿热水溶液在一定的物理化学条件下，在各种有利的构造和岩石中，由填充和交代等方式形成的有用矿物堆积体。热液矿床是后生矿床，是各类矿床中最复杂、种类最繁多的矿床类型，可在不同的地质背景条件下，通过不同组成、不同来源的热液活动形成。

[2]硬度：指莫氏硬度，又名莫斯硬度，表示矿物硬度的一种标准。1812年由德国矿物学家腓特烈·莫斯首先提出。矿物学和宝石学上都习惯用莫氏硬度。

威尔士、加拿大的安大略、俄罗斯的乌拉尔和西伯利亚等。

自然银，形成于热液矿脉，与金等其他含银矿物以及金属硫化物伴生于矿床的氧化带。完整银的单晶体极为少见，有时呈平行带状，多为不规则纤维状、树枝状和块状的集合体；其新鲜断口呈银白色，表面通常呈灰黑的锖色和条痕银白色。延展性和导热、导电性能极好，熔点较低，一旦暴露于硫化氢蒸气中，就会失去光泽。自然银的著名产地有墨西哥和挪威等。

自然铜,常见于原生热液矿床、含铜硫化物矿床氧化带下部及砂岩铜矿床中，它是各种地质作用过程中还原条件下的产物。常含微量的金、银、铁，晶体为等轴晶系，但完整晶体极

□ **自然铜（上）/ 自然铂（下）**

自然铜主要因硫化铜矿脉的转化而形成，多呈立方体、八面体或十二面体，有金属光泽，硬度为2.5~3.0。自然铂主要产于基性和超基性的火成岩中，尤其是纯橄榄岩内较为常见，硬度为4.0~6.0。

为少见，多以片状、块状、板状及树枝状集合体出现。自然铜在地表及氧化环境中不稳定，易转变为铜的氧化物和碳酸盐，如赤铜矿、孔雀石、蓝铜矿等矿物。颜色是自然铜质量鉴定的主要标准，其新鲜切面为铜红色或浅玫瑰色，氧化后表面呈褐黑色或绿色。铜的导电性、导热性和延展性极好，主要产于金属矿脉中的沉积岩与火成岩接触带，亦见于变质岩中。其著名产地有美国的苏必利尔湖南岸、俄罗斯图林斯克和意大利的蒙特卡蒂尼等。

自然铂，生成于与基性、超基性岩有关的岩浆矿床，如铜镍硫化物矿床中，砂矿中也有形成。呈银灰色或白色，条痕钢灰色，有金属光泽；具有延展性、微带磁性。晶体为立方体，但很少见，多以不规则细小颗粒末状、粉状、葡萄状的集合体出现。

铂具有高度的化学稳定性和难熔性，因此工业上常用于制作高级化学器皿，或与镍等制成特种合金。世界著名产铂地有俄罗斯的乌拉尔、加拿大、美国等。

砷与锑

自然砷和自然锑是两种具有不同用处和价值的矿物，均为人们生产生活中不可缺少的矿物质。它们都属于半金属元素，导电性较差，常以块状产出。

□ 自然砷（上）/ 自然锑（下）

自然砷常与银、钴或镍矿石共生于热液矿脉中，光泽较差，有黑色条纹，加热或敲打时散发出类似大蒜的气味，硬度在3.0~4.0之间。自然锑，热液成因，与自然砷和锑硫化物共生，六方晶系，主要成分是锑，经常伴生有少量的砷、铁、银和硫黄，密度为6.6~6.7，硬度为3.0~3.5。

自然砷常与银、钴或镍矿石共生于热液矿脉中。通常以粒状、葡萄状或钟乳状的集合体产出，偶尔形成棱面体晶体，氧化后呈深灰色至黑色，灰色或白色，不透明，有金属光泽，脆性，有毒，当受热或敲打时会发出大蒜气味。

砷可消除由于铁杂质造成的玻璃绿色，因此常用于玻璃制造；在古代，砷多用于制作毒药和杀虫剂；在电子行业，砷制成的计算机芯片在很多方面比硅片的性能更为优越。欧洲、美国、日本和哥伦比亚不列颠省的奥德尔等地都是世界著名产砷地。

自然锑常与砷、银、方铁矿、黄铁矿等共生于热液矿脉中。其晶体极为少见，为假立方体，通常为钟乳石状、块状或放射状的集合体；颜色铅灰，略蓝；条痕黑色，不透明，有金属光泽。常与其他金属进行混合，使金属在温度变化大时仍保持体积不变；还可用于制作烟花炮竹、安全火柴头和点火工具；也可用作药物研究和有色玻璃种的燃烧。其主要产地有德国、法国、芬兰、澳大利亚和南非。

硫、金刚石与石墨

金刚石和石墨的化学成分都是碳,称为"同素异形体",但它们之间却有天壤之别:金刚石是目前自然界最硬的物质,而石墨却是最软的物质之一。

自然硫,晶体呈菱方双锥状或厚板状、致密块状、粒状、条带状、球状、钟乳状集合体。颜色为鲜艳柠檬黄,也有蜜黄或黄棕色;断口油脂光泽;性脆,透明至半透明。

自然硫产于火山岩、沉积岩及硫化矿床风化带和温泉周围,常与方解石、白云石、石英等组合产出。一般夹有黏土、有机质、沥青和机械混入物等,并且不导电,但在摩擦时带负电。全球一半左右的硫以自然元素即自然硫产出,常见于地壳的最上部和表部。其形成有着不同的途径,最主要的是由生物化学作用形成的和火山成因的自然矿床。由生物化学作用形成的沉积硫矿床,是在封闭型潟湖中由细菌还原硫酸盐而成,常与石灰岩层或石膏层组成互层。自然硫主要用于制造硫酸,还可用于造纸、纺

□ 硫

硫的英文名为sulfur,来自拉丁文的sulphurium,成分为S。火山作用形成的硫,常含有少量硒、碲、砷等;沉积作用形成的硫,常夹有泥质、有机质等,通常呈土状集合体。纯硫呈黄色,含有杂质时则呈不同色调的黄色。晶体半透明,硬度为1.0~2.0。

[1]超基性岩:火成岩的一个大类。其二氧化硅(SiO_2)含量小于45%。常与超基性岩并用的术语是超镁铁岩,指镁铁矿物含量超过75%的暗色岩石。多数超基性岩都是超镁铁岩。其分布极为有限,出露面积不超过火成岩总面积的0.5%,而且主要是深成岩。超基性岩常沿深大断裂带分布,受其控制,形成岩带。岩体的规模大小不一,常呈透镜状、脉状或不规则状。与超基性岩有关的矿产有铬、镍、钴、铂族金属、金刚石、石棉等。

□ 金刚石

　　金刚石俗称"金刚钻",即我们常说的钻石,它是一种由纯碳组成的矿物。金刚石是自然界中最坚硬的物质,硬度为10.0,硬度具有方向性,八面体晶面硬度大于菱形十二面体晶面硬度,菱形十二面体晶面硬度大于六面体晶面硬度。

□ 石墨

　　石墨与金刚石的化学成分都是碳,二者属于"同素异形体",石墨硬度极小,为1.0~2.0,是目前自然界最软的物质之一。

织,制作农用化肥等。

　　金刚石通常产于超基性岩[1]的角砾云母橄榄岩中,晶体呈立方体、四面体、八面体或十二面体,并带有弯曲的晶面,其晶体结构模型为:每个碳原子都被相邻的四个碳原子包围,处于四个碳原子的中心,以共价键与碳原子结合,构成彼此联结的立体网状晶体。金刚石以带放射状结构的圆形块体以及微晶块体产出,其颜色有红、白、灰、黄、蓝等。这些绚丽的色彩,使之成为具有高价值的宝石。其次,由于其质地坚硬,也可用于工业切割,我们熟知的玻璃刀即为金刚石制作而成。

　　金刚石和石墨的化学成分都是碳,称为"同素异形体",但它们之间却有天壤之别:金刚石是目前最硬的物质,而石墨却是最软的物质之一。石墨是碳质元素结晶矿物,它的结晶为六边形层状结构,也以块状、叶片状、粒状集合体产出。

　　石墨质软,黑灰色,在隔绝氧气的条件下,其熔点在3 000℃以上,因此是最耐温的矿物之一。此外,石墨还具有极好的导电和导热性。纯净的石墨在自然界中是不存在的,它们往往混杂着水、沥青等。石墨的工艺特性主要取决于其结晶形态,因此,根据结晶形态的不同,可以将天然石墨分为三类:致密结晶状石墨、鳞片石墨、隐晶质石墨。在工业上,石墨用途广泛,主要用于制作冶炼上的高温坩埚、机械工业的润滑剂及制作电极,还可用作冶金工业的高级耐火材料与涂料、军事工业火工材料安定剂、轻工业的铅笔芯、电气工业的碳刷、电池工业的电极、化肥工业催化剂等。

第 2 章
硫化物及硫酸矿物类

CHAPTER 2

　　硫化物是指金属、半金属元素与硫化合而成的天然化合物。如果用硒、碲、砷、锑、铋代替硫，则产生硒化物、碲化物、锑化物和铋化物。硫化物是极为重要的铅、锌、铁和铜矿石，但由于易氧化为硫酸盐，因此通常形成于水位较低的热液矿脉中。

　　硫酸矿物类是指硫与金属元素以及非金属元素结合而成的天然化合物，其性质与硫化物类似。

方铅矿与辰砂

方铅矿不仅为航海家们清除附生在船底的藤壶等生物,还是制作兵器不可缺少的原料,但它也有对人类有害的一面。辰砂是汞的硫化物矿物,也是炼汞的主要矿物原料,又称丹砂、朱砂。辰砂可作为激光技术的重要材料,也可作为中药材。

方铅矿主要形成于中温热液矿床中,常与闪锌矿一同形成铅锌硫化物矿床,也可形成于接触交代矿床中,与萤石、石英、方解石和黄铁矿共生。其晶体为立方体,有时为八面体与立方体的聚形,集合体通常呈粒状或致密块状,不透明,铅灰色,条痕灰黑,具有金属光泽。

方铅矿实则就是硫化铅,其中所含硫、铅比例为1:1,是一种较常见的矿物。方铅矿是提取铅的主要矿物,在古代,航海家们利用提炼出的铅来清除附生在船底的藤壶等生物;在制作兵器时,铅也是必不可少的原料,还可用作屏蔽放射性核辐射的材料。然而,铅也有对人类有害的一面,据研究,古罗马帝国并非亡于女色而是铅中毒,因为他们在生活中常使用铅制品器皿。目前,微量元素分析测试数据表明,过量的铅尘和大量铅化物的废尘也会对人体造成伤害。

□ 方铅矿

方铅矿是全球分布最广的铅矿物,也是提炼铅的重要矿物;化学成分为PbS,含铅量可达86.6%;硬度为2.0~3.0,密度为7.4~7.6;三组解理[1]完全,风化后即变为白铅矿和铅矾。

---

[1] 解理:指矿物受外力敲打后裂开为平面的性质。人们熟知的方解石,在受到外力敲打后会沿着三个方向裂开成平面,因此我们称它有三组解理。反之,如果裂开不形成平面,就叫无解理或解理不发育。

美国的新密苏里、澳大利亚的布罗肯希尔等，都是方铅矿的著名产地。方铅矿的颜色多为棕红或猩红，其晶体表面带有金刚光泽，条痕红色，半透明，晶形为板状或柱状，常成双晶，可作为激光技术的重要材料，也可作为中药材，具有镇静、安神和杀菌等功效。此外，由于辰砂晶体造型奇特、色彩艳丽，因此又是含蓄质朴、美丽天成的观赏石。

□ 辰砂

地表或地下水在循环过程中，从地壳中带来了汞离子，在浅层低温条件下与硫离子结合，即形成辰砂。辰砂色彩艳丽、带有金刚光泽、硬度较低，为2.0~2.5，是三方或六方晶系。其晶体造型奇特，可作观赏之用。

辰砂的主要成分为硫化汞，其中的汞含量高达86.2%。其次，辰砂中也常混有一些杂质，如沥青、雄黄、磷灰石等。辰砂通常与雄黄和黄铁矿一起形成于火山道和温泉的周围，也产于火山周围的矿脉和沉积岩中，与白铁矿、蛋白石、石英和方解石共生。采挖后，选取纯净者，用磁铁吸净含铁的杂质，再用水淘去杂石和泥沙，研成细粉，便是辰砂了。辰砂还具有一定的药用价值，有解毒防腐作用，外用能抑制或杀灭皮肤细菌和寄生虫，至于有无镇静催眠作用，尚无研究。西班牙的阿尔马登、意大利的尤得里奥、美国的加利福尼亚沿岸山脉等地区都有出产。

闪锌矿、硫镉矿与辉锑矿

闪锌矿是提炼锌的主要矿物原料，其中所含的镉、铟、镓等稀有元素还可被综合利用。硫镉矿是冶炼铅、锌后的副产物，主要用于提炼镉和制造镉黄等镉化合物。辉锑矿是提炼锑的主要矿物原料，天然产出的辉锑矿还可加工制作安全火柴和胶皮。

闪锌矿成分为锌、铁、硫，含有各种类质同象混入物，主要产于接触矽卡岩型矿床[1]和中、低温热液成因矿床中，是分布最广的锌矿物，通常与白云石、石英、黄铁矿、方铅岩、重晶石以及方解石共生。其晶体为六四面体晶类，常呈四面体、菱形十二面体，并显出弯曲晶面；颜色随其含铁量的不同而发生变化，铁增多时，由浅变深，从淡黄、棕褐直到黑色；透明度为透明到半透明。

闪锌矿的鉴定特征为：加入稀盐酸会产生硫化氢，并散发出类似臭鸡蛋的气味。质地纯正的闪锌矿，不易熔化。它是最主要的锌矿石，多与方铅矿共生，是提炼锌的主要矿物原料，其中所含的镉、铟、镓等稀有元素还可综合利用。世界著名的闪锌矿产地有澳大利亚的布罗肯希尔、美国

□ 闪锌矿

主要产于接触矽卡岩型矿床和中低温热液成因矿床中，是经过大自然的风化、石化，雨水的冲洗，最后在地下变化而成，是分布最广的锌矿物。闪锌矿内部主要的化学成分为ZnS，是晶体属等轴晶系的硫化物矿物。莫氏硬度为3.5~4.0。

---

[1] 矽卡岩型矿床：在中酸性侵入体和碳酸盐类等岩石的接触带及其附近，由含矿热液交代作用而形成的热液矿床称为接触交代矿床。在接触交代矿床中一般都具有典型的矽卡岩矿物组合，而且矿床在成因和空间上都与矽卡岩存在密切关系，因此这类矿床又称矽卡岩型矿床。

密西西比河谷地区等。

硫镉矿为表生矿物，常与含镉闪锌矿或纤锌矿伴生，产于硫化物矿床的氧化带。其晶体为柱状、锥状，但通常呈土状覆盖于其他矿物表面，呈黄橙色、暗橙黄色或红色；条痕从橘黄色到砖红色；半透明到透明，松脂或金刚光泽；纹理清楚，断口呈贝壳状。硫镉矿主要用于提炼镉和制造镉黄等镉化合物，是冶炼铅、锌后的副产物。世界著名产地有美国、英国、捷克、斯洛伐克等。

□ 硫镉矿（左）

黄色的硫镉矿具有松脂光泽，硬度为3.0~3.5，断口呈贝壳状。能溶于盐酸，因其含硫，所以在溶解时会产生硫化氢气体。

□ 辉锑矿（右）

常见于中低温的热液矿床中，主要富集于基本上由辉锑矿单矿物组成的石英脉或碳酸盐矿层中；为斜方双锥晶类，硬度低、质脆，遇冷膨胀；熔点极低，常温下火柴的温度就能使之熔化；硬度为2.0。

辉锑矿形成于中低温的热液矿床中，主要富集于由辉锑矿单矿物组成的石英脉或碳酸盐矿层中。其颜色及条痕都为铅灰色，晶体多呈柱状，柱面有纵向条纹，集合体呈块状、粒状或放射状，千姿百态，具有极高的观赏价值和收藏价值。辉锑矿是提炼锑的主要矿物原料，天然产出的辉锑矿可加工制作安全火柴和胶皮。在铅笔的制作中，除用石墨和黏土外，还需加入20%的辉锑矿。此外，辉锑矿还可用于制作耐磨擦的合金（如铜锌锡合金）。与锌和铅所熔的合金，可制作印刷机、抽水机、起重机等的零件，也可用作枪弹的材料。锑的化合物可作纺织物的防腐剂，在医药上的用途也较多。

斑铜矿、黄铜矿与辉铜矿

铜是人类最早使用的金属，它的使用对早期人类文明的进步有着深远影响。随着生产的发展，天然铜制造的生产工具已不敷应用，生产的发展促使人们找到了从铜矿中取得铜的方法，这些铜矿包括斑铜矿、黄铜矿与辉铜矿。

斑铜矿是铜和铁的硫化物矿物，含铜量63.3%，是提炼铜的主要矿物原料之一。形成于热液成因的斑岩铜矿中，与黄铜矿、石英和方铅矿等矿物共生；也形成于铜矿床的次生富集带，但因不稳定而被次生辉铜矿和铜蓝置换。其晶体为立方体、八面体和菱形十二面体，常有弯曲、不平坦晶面，通常呈致密块状或不规则粒状；颜色为暗铜红色，风化面常被蓝紫斑状锖色覆盖，呈蓝色、紫色，因而有"孔雀石"之称；条痕为灰黑色，不透明，有金属光泽。世界代表性产地有美国蒙大拿州的比尤特、墨西哥卡纳内阿和智利丘基卡马塔等。

黄铜矿的化学成分为$CuFeS_2$，形成于硫化物矿床。晶体呈假四方体，通常为双晶，晶面布满条纹。集合体常为不规则的粒状或致密块状。通体黄铜色，表面常有斑驳的蓝紫色晕彩，条痕绿黑色，金属光泽，不透明。黄铜矿与黄铁矿、自然金有些类似，但其较低的硬度与黄铁矿相区别，其绿黑色条痕及溶于硝酸的特性与自然金相区别。黄铜矿是最重要的铜矿石之一，是仅次于黄铁矿的最常见的硫化物之一。是一种较常见的铜矿物，几乎可形成于不同的环境下。但它主要是热

□ 斑铜矿

斑铜矿在许多铜矿床中多有分布；在热液成因的斑岩铜矿中，它与黄铜矿，有时与辉钼矿、黄铁矿呈散染状分布于石英斑岩中；还见于某些接触变质的矽卡岩矿床中和铜矿床的次生富集带中；莫氏硬度为3.0。

液作用和接触交代作用的产物，常可形成具有一定规模的矿床。其产地遍布世界各地。在工业上，它是炼钢的主要原料。在宝石学领域，它很少被单独利用，只是偶尔用作黄铁矿的代用品。世界著名产地有西班牙的里奥廷托、德国的曼斯菲尔德、瑞典的法赫伦、美国的亚利桑那和田纳西州、智利的丘基卡马塔等。

□ 黄铜矿（左）

黄铜矿是世界分布最广的铜矿物，炼铜的最主要矿物原料。莫氏硬度为3.5~4.0，比重为4.1~4.3；常呈致密块状或分散粒状，产于多种类型的铜矿床中。黄铜矿在地表易风化成孔雀石和蓝铜矿。

□ 辉铜矿（右）

辉铜矿呈暗铅灰色，风化后表面呈黑色，有金属光泽；莫氏硬度为2.5~3.0，硬度低，延展性弱；含铜量高，是提炼铜的重要矿物原料。

辉铜矿的化学成分为Cu_2S，与石英、方解石等共生于热液矿脉中，常见晶体为块状集合体。颜色为暗深灰色，不透明，带金属光泽；溶于硝酸，燃烧时火焰为绿色，并释放出二氧化硫气体。所有铜的硫化物中辉铜矿的含铜量最高，达79.86%，是提炼铜的重要矿物原料。其主要产地有美国阿拉斯加州的肯纳科特、内华达州的伊利、亚利桑那州的莫伦西、纳米比亚的楚梅布等。

黄铁矿、磁黄铁矿与白铁矿

黄铁矿是分布最广泛的硫化物矿物，是提炼硫和制造硫酸的主要原料。磁黄铁矿是制作硫酸的矿石矿物原料，但经济价值没有黄铁矿高，含镍较高的磁黄铁矿可作为镍矿石加以综合利用。白铁矿在自然界的分布比黄铁矿少，且不形成大量聚积。

□ 黄铁矿

黄铁矿晶体呈立方体、八面阵、五角十二面阵，晶面有条纹。因其浅黄铜的颜色和明亮的金属光泽，常被误认为是黄金，因此又称"愚人金"。

□ 磁黄铁矿

雌黄铁矿分布于各种类型的内生矿床中。在基性岩体内的铜钼硫化物岩浆床中，它是主要矿物成因之一，与其共生的矿物有镍黄铜矿、黄铁矿、毒砂等。硬度为3.5~4.5，具弱磁性。

黄铁矿是岩浆岩、沉积岩和变质岩中常见的副矿物，含有钴、镍和硒。晶体呈立方体、八面体、五角十二面体，晶面有条纹；集合体呈致密块状、粒状或结核状；淡黄色，条痕绿黑色，强金属光泽，不透明；因其浅黄铜的颜色和明亮的金属光泽，常被误认为是黄金，故又称"愚人金"。黄铁矿是分布最广泛的硫化物矿物，是提取硫和制造硫酸的主要原料。世界著名产地有西班牙、捷克、斯洛伐克和美国。

磁黄铁矿分布于各类型的磁性岩浆矿床中，与黄铜矿、黄铁矿、毒砂等共生。板状或片状晶体，黄色到红色，氧化后为棕色，条痕由灰到黑。金属光泽，不透明，是制作硫酸的矿石矿物原料，通常呈致密块状，产于多种金属矿床中，但主要富集于铜镍硫化物矿床中。磁黄铁矿在地表易风化成褐铁矿，其成分中含硫量为39%~40%，可用于制作硫酸。含镍高的磁黄铁矿，可作为镍矿石使用。也可用于含重金属废水的净化处理。广泛用于石油化工、冶金、橡胶、造纸、军事、食品等工业,也可作为提炼铁、硫的矿石,但其主要用作生产硫酸、硫黄、二硫化碳、亚硫酸盐等的原料。磁黄铁矿导电性高,略具磁性。其磁性除与本身成分有关外(通常含铁愈多,磁性愈低),还与结构中铁的空位分布有关,若空位规则分布,磁性则较强,反之则弱。

白铁矿与黄铁矿都属于硫化物矿物,但它们的晶体结构不一样,所以长的样子也不一样。此外,白铁矿颜色为锡白色和青铜黄色,与黄铁矿的黄铜色不同。白铁矿形成于页岩、黏土岩、石灰岩中,在自然界的分布较黄铁矿少,并且不形成大量聚积;是FeS_2的不稳定变体,高于350 ℃即转变为黄铁矿。晶体形态多样,通常为板状和锥体状;由于为双晶,因此晶面通常弯曲,形成鸡冠状晶体;颜色淡白,风化后变黑,条痕黑绿;金属光泽,不透明。白铁矿分布广泛,美国、英国、德国等国都是其主要产地。

□ **白铁矿**

白铁矿形成于页岩、黏土岩和石灰岩中,属斜方晶系,呈淡黄铜色,硬度为6.0~6.5。由于其颜色类似黄金,硬度也较大,曾被用来制作宝石。

脆银矿、深红银矿与车轮矿

银矿是大自然赐予人类的财富宝藏，它的经济价值与物理化学作用为人们的生产生活带来了许多好处。自然界中银矿物或含银矿物的种类繁多，有脆银矿、深红银矿、丹红银矿等。

□ 深红银矿

深红银矿为六方柱状晶体，具有金刚或半金属光泽，硬度为2.0~2.5，可溶于硝酸，易熔化。

□ 车轮矿

车轮矿形成于含矿热液，在地壳内的裂缝循环流动、冷却和分异。其硬度在2.5~3.0之间，断口参差不齐，晶面上有金属光泽。

脆银矿形成于含银脉状矿床中，与自然银、硫化物及其他盐酸类如辉银矿等共生。晶体为柱状或板状，板面有斜的晶面条纹；有时呈双晶，也以块状的集合体产出；颜色铁黑，条痕黑色；金属光泽，不透明。脆银矿易于熔化，能溶于硝酸。其著名产地为挪威的康格斯伯格及智利的占那尔西洛。

深红银矿，又名浓红银矿或硫锑银矿，与银和其他硫盐类及矿物（如黄铁矿、方铅矿、石英、白云石等）共生于热液矿脉中。常见于中低温铅锌矿中，为晚期形成矿物，也可以在次生富集中形成。晶体为柱状或三角面体，有时呈双晶，晶体两端不对称，因此也呈块状、致密状集合体产出；深红银矿呈典型暗樱红，条痕绛红，金刚光泽到半金属光泽。墨西哥、玻利维亚、德国、美国的一些银矿床中皆有出产。

车轮矿分布在中低温热液矿床中，但数量不多，主要分布在铅锌和多金属矿床中，同较晚的硅化阶段有关。在低温锑矿中，为早期分析出的矿物，在氧化带中，则易分解为孔雀石、白铅矿及氧化锑，与方铅矿、银、黄铜矿、石英等共生。晶体为短柱状或板状，常为双晶，晶面有条纹，也以块状、粒状或致密状集合体产出；颜色由灰到黑，条痕灰色，金属光泽，不透明。性脆，在矿相显微镜下，反射为白色，在油中带微弱的蓝灰色调。其著名产地有乌拉尔、捷克斯洛伐克的普尔西布蓝、智利的华斯科爱尔多、英国康威尔的惠尔博爱斯等。

黝铜矿与砷黝铜矿

一些含银的黝铜矿变种,银含量可高达18%,是提炼银的主要来源,因此极有价值。砷黝铜矿可作为提炼铜和砷的来源,也具有较高的经济价值,但数量极少。

黝铜矿是一种铜、锑的硫化物矿物,通常产在矿脉中,与铜、银、铅和锌的矿物共生。黝铜矿常含有一些砷,并随着砷的含量增加,向砷黝铜矿过渡。这两个矿物的产状、四面体的晶体外形和物理性质极为相似,因此,不用化学方法是无法将它们区分的。黝铜矿晶体为四面体,常呈双晶,并有三角形晶面,也以块状、粒状和致密状集合体产出;颜色由灰到黑,条痕棕色到红色不等,金属光泽,不透明。一些含银的黝铜矿变种,银含量可高达18%,是提炼银的主要来源,因此是极有价值的矿石矿物。世界许多金属矿床矿石中都含有数量不等的黝铜矿,其中以美国爱达荷州的桑夏恩最为著名。

砷黝铜矿常分布于铜、铅、锌、银等硫化物的热液矿床中,与其他含铜矿物共生,分布较广,但很少富集;常见于各种成因的热液矿床与多种硫化物共生组合中,主要分布于中温热液矿床中,与黄锡矿、黄铜矿、闪锌矿、方铅矿等共生。晶体为四面体,常呈双晶,并有三角形晶面,也以块状、粒状和致密状集合体产出;颜色为深钢灰色,条痕棕色到红色不等,金属光泽,有时极为明亮,不透明。砷黝铜矿可作为提炼铜和砷的来源,因此具有较高的经济价值,但数量极少,只在美国、俄罗斯等少数地区有所发现。

□ 黝铜矿

黝铜矿是一种含铜、铁、锌和银的硫酸矿物,是重要的铜矿石矿物,也可以作为重要的银矿石矿物;通常呈致密块状或粒状,见于铜、铅、锌、银等金属硫化物的热液矿床中;硬度为3.0~4.0,比重为4.6~5.0。

第 3 章
卤化物

CHAPTER 3

卤化物是金属元素与卤元素结合产生的化合物,常形成于多种地质环境中,某些卤化物如石盐通常产于蒸发岩地层,其他卤化物(如萤石)则产于热液矿脉中。卤化物多为立方对称晶体,比重较小。按组成元素的属性,卤化物分为金属卤化物和非金属卤化物,按组成卤化物的键型,则分为离子型卤化物和共价型卤化物。

石盐与氯银矿

石盐不但是化学工业的原料,也是民用和工业上无数产品必需的钠和氯的来源。氯银矿是银矿床氧化带的次生矿物,可被蜡烛熔化,也能溶于氨水,但无法被硝酸溶解。

□ 石盐

盐是人们的生活必需品,也是早期人类第一批寻找和交换的矿物之一。最常见的石盐是层状的矿床,有立方体解理。其断口参差不齐,带玻璃光泽,边缘透明。

□ 氯银矿

氯银矿的化学组成为银占75.3%,氯占24.7%;单晶体为立方体,极少见;无解理,硬度为2.5。

石盐是氯化钠的矿物,常用以表示由石盐组成的岩石,主要形成于盐湖中,与石膏、白云石等共生。石盐矿层的一般厚度从几米到三百多米不等,在干旱地区以盐霜形式出现,在盐泉附近则以蒸发产物出现。其晶体为立方体,晶面通常凹陷,呈块状、粒状和致密状集合体产出;纯净石盐无色透明,含杂质时呈浅灰、黄、红、黑等色,透明到半透明,玻璃光泽。石盐不但是化学工业的原料,也是民用和工业上无数产品必需的钠和氯的来源;它还可用于食品加工业。因此全世界有75个以上的国家在大量开采石盐。若是石盐层就在地下不深处,可挖竖井达到石盐层,用地下开矿的方法进行开采。还有一种简单的萃取法,即用水泵将水打到含盐层,再把卤水抽到地表,通过蒸发卤水提取石盐。虽然最常见的石盐是层状的矿床,但是找到很好的立方体,并有立方体解理,这种晶体的习性和具有咸味的特点,使这个矿物很容易被鉴定。

氯银矿是银矿床氧化带的次生矿物。产于干热地区的银硫化物矿床的氧化带中,系银硫化物氧化后所形成的易溶银硫酸盐和下渗的含氯的地表水反应而成。其晶体极为罕见,通常呈块状或薄片状,以皮壳、蜡状集合体产出;新鲜切面无色,风化后切面为绿色、黄色或紫色;金刚光泽,透明到不透明。氯银矿可被蜡烛熔化,也能溶于氨水,但无法被硝酸溶解。具塑性和柔性,易被小刀切割;鉴定特征为角质状外貌、柔性、比重较大。大量产出时可作为提炼银的矿物原料。著名产地有智利、秘鲁和玻利维亚等。

光卤石、冰晶石与萤石

光卤石在空气中极易潮解,呈油脂光泽,具有极高的经济价值。冰晶石主要用于炼铝助熔剂或制作农药,也可作为制造乳白玻璃的原料,同样具有较高的使用价值。萤石在冶金工业上可用作助熔剂,也可作为制造氢氟酸的原料。

光卤石是含镁、钾盐湖中蒸发作用最后形成的矿物,经常与石盐、钾石盐等共生。其成因与沉积岩如泥灰岩、黏土岩、白云岩相关,形成于石膏、硬石膏、石盐(岩盐)和钾石盐连续沉积的蒸发岩地层中。当以晶体产出时,形成假六方锥体,通常呈粒状或致密状块集合体产出。纯净光卤石为白色或无色,常因含细微氧化铁而呈红色,味苦涩。透明到半透明,具油脂光泽,表面闪光。性脆,无解理。具强荧光性。在空气中极易潮解,易溶于水,味咸。加热到110~120℃后分解为氯化镁四水物和氯化钾[1];加热到176℃则完全脱水,同时有少量水解现象;加热到750~800℃时,脱水熔融,沉淀出氧化镁[2]。主要用作提炼金属镁的精炼剂,生产铝镁合金的保护剂。也可用作制造钾肥和提取金属镁的矿物原料,以及铝镁合金的焊接

□ 光卤石

光卤石硬度较低,为2.0~3.0,表面在空气中极易潮解,呈油脂光泽。是含镁、钾盐湖中蒸发作用的最后产物。主要用于制造钾肥和提取金属镁,具有极高的经济价值。

[1] 氯化钾:无色细长菱形或立方晶体,或白色结晶小颗粒粉末,外观如同食盐,无臭、味咸。常用于低钠盐、矿物质水的添加剂。氯化钾是临床常用的电解质平衡调节药,临床疗效确切,广泛用于临床各科。

[2] 氧化镁:镁的氧化物,一种离子化合物,常温下为白色固体。它以方镁石的形式存在于自然界中,是冶镁的原料。

剂、金属的助熔剂、生产钾盐和镁盐的原料。此外还用于制造肥料和盐酸等，因此具有极高的经济价值。世界著名的光卤石矿床有德国的施塔斯福特和前苏联的索利卡姆斯克矿床。

冰晶石，又名六氟合铝酸钠或氟化铝钠，分子式为Na_3AlF_6，形成于岩浆岩中，蕴藏在伟晶岩中。白色细小的结晶体，无气味，溶解度比天然冰晶石大，易吸水受潮。颜色多变，从无色、白色到棕色、红色，条痕白色。透明至半透明，玻璃或油脂光泽。冰晶石按其物理性质可分为砂状冰晶石、粒状冰晶石和粉状冰晶石。其中砂状冰晶石的特点为：①熔点低、熔化速度快，可缩短进入正常工作状态的时间。②分子比可在较大范围内调节，能适应电解槽不同时期对冰晶石分子比的不同要求。③含水份低，氟损失小。④颗粒状，流动性好，利于输送。⑤原料易得，生产成本低。粒状冰晶石的特点为：①流动性好，无粉尘污染，适合机械化下料。②电解生产中实收率高，可降低电解铝的成本。③分子比在2.5~3.0之间，特别适用于电解铝的启槽。④颗粒大多为1~10毫米。粉状冰晶石的特点为：①可达到较高的粒度，通常为200目以上。②分子比可达1.75~2.50，有较好的可调性。③超细的产品，325目通过率为98%以上，能满足特殊行业对冰晶石的要求。

冰晶石在自然界产出稀少，通常由人工制造。主要用作铝电解的助熔剂；也用作研磨产品的耐磨添加剂，可以有效提高砂轮的耐磨力和切削力，

□ **冰晶石**

冰晶石硬度低，为2.0~3.0，表面有油脂或玻璃光泽。其主要用作铝电解的助熔剂，也用作橡胶、砂轮的耐磨填充剂、搪瓷的乳白剂、玻璃的遮光剂和金属熔剂等。

□ **萤石**

萤石的成分是氟化钙，又称氟石、砩石等，因含各种稀有元素而常呈紫红、翠绿、浅蓝色，无色透明的萤石稀少而珍贵。莫氏硬度为4.0，质地较坚硬，常用来制作装饰品。

延长砂轮的使用寿命和存储时间；可以用作铁合金及沸腾钢的熔剂、有色金属熔剂、铸造的脱氧剂、玻璃抗反射涂层、搪瓷的乳化剂、焊材的助熔剂、陶瓷业的填充剂，以及农药的杀虫剂等。

萤石又称为氟石，产于热液矿脉和温泉附近，无色透明萤石晶体则产于花岗伟晶岩或萤石脉的晶洞，与石英、方解石、黄铁矿、重晶石等共生。萤石的主要成分为氧化钙，含杂质较多，是轴晶系的卤化物矿物，常呈立方体、八面体或立方体的穿插双晶[1]，集合体呈粒状或块状产出。在紫外线的照射下或加热时会发出蓝紫色荧光，并因此而得名。颜色多变，从浅绿、浅紫到无色，有时为玫瑰红，条痕白色；玻璃光泽，透明至不透明。萤石在冶金工业上可用作助熔剂，也可作为制造氢氟酸[2]的原料。其主要产地有南非、墨西哥、蒙古、俄罗斯、美国、泰国、西班牙等。

---

[1] 穿插双晶：又称贯穿双晶、透入双晶，为双晶的一种类型。两个或两个以上单晶体相互贯穿所构成的双晶，其接合面复杂而不规则。常见的有十字石的十字双晶。
[2] 氢氟酸：无色透明发烟液体。为氟化氢气体的水溶液。呈弱酸性，有刺激性气味。与硅和硅化物反应生成气态的四氟化硅（能腐蚀玻璃），但对塑料、石蜡、铅、金、铂不起腐蚀作用。能与水和乙醇混溶。相对密度1.298。38.2%的氢氟酸为共沸混合物，共沸点为112.2 ℃。剧毒，最小致死量（大鼠，腹腔）为25毫克/千克。有腐蚀性，能强烈地腐蚀金属、玻璃和含硅的物体。如吸入蒸气或接触皮肤能形成较难愈合的溃疡。

第 4 章
氧化物和氢氧化物

CHAPTER 4

当氧元素为负二价时,就会与另外一种化学元素组成二元化合物,即氧化物。氧化物可形成多种矿物,存在于多种地质环境和多数岩石类型中。氧化物矿石质地坚硬,比重较大。

氢氧化物是氧化物与水发生化学反应后的产物,通常是指金属氢氧化物。氢氧化物具有碱的特性,能与酸生成盐和水,与可溶的盐进行复分解反应,受热分解为氧化物和水。

尖晶石、红锌矿与赤铜矿

尖晶石由于色彩艳丽，自古以来被认为是最美的宝石；红锌矿是一种重要的锌矿，由于稀少，一直为收藏家和矿物学家所珍爱；赤铜矿因分布较少，只能作为次等的铜矿石。

□ 尖晶石

尖晶石质地坚硬，硬度为8.0，自古以来就是较珍贵的宝石；由于颜色与红宝石类似，曾一度被认为是红宝石；用于制作宝石的尖晶石主要是指镁铝尖晶石，是一种镁铝氧化物。

□ 红锌矿

红锌矿虽然硬度不大，其色泽在矿石中也很常见，但由于十分稀有，因而受到矿石收藏家和矿物学家的喜爱。

尖晶石是熔融的岩浆侵入到不纯的灰岩或白云岩中经接触变质作用而形成的。由于其色彩艳丽，自古以来都被认为是最美的宝石。宝石级尖晶石则主要是指镁铝尖晶石，是一种镁铝氧化物。其晶体形态为八面体及八面体与菱形十二面体的聚形。颜色丰富多彩，有无色、粉红色、红色、紫红色、浅紫色、蓝紫色、蓝色、黄色、褐色等。尖晶石的品种是依据颜色而划分的，有红、橘红、蓝紫、蓝色尖晶石等。玻璃光泽，透明。贝壳状断口。淡红色和红色尖晶石在长、短波紫外光下发红色荧光。目前，世界最具传奇色彩、最迷人的"铁木尔红宝石"和1660年被镶于大英帝国国王王冠上的"黑色王子红宝石"都是尖晶石的典型代表。

红锌矿，一种重要的锌矿，与方解石、硅锌矿、锌铁尖晶石共生。六方锥体晶系，但极为少见，常以粒状、块状、致密状集合体产出；橙黄色、带暗红光；透明至半透明，半金属光泽。条痕橘黄，六方晶系，呈致密块状体，根据其成分和颜色命名。用于提炼锌以及制造锌酚和氧化锌、氯化锌、硫酸锌、硝酸锌等。红锌矿较为稀有，只在德国的隆克林、美国的新泽西州等地拥有丰厚矿藏，因此一直为收藏家和矿物学家所珍爱。

赤铜矿主要产于铜矿床氧化带中，常与自然铜、孔雀石、褐铁矿相伴共生。八面体或菱形十二面体，双晶现象较为少见，集合体呈致密块状、粒状或土状；新鲜面为洋红色，氧化面则为暗红色，条痕棕红色；金刚或半金属光泽。赤铜矿是一种红色的氧化物矿物质，其身较软但极重。一般由铜的硫化物经风化后逐渐形成，即次生矿物。赤铜矿含铜量高达88.8%以上，是一种重要的铜矿石矿物。但由于分布较少，只能作为次要的铜矿石。其著名产地有法国、智利、玻利维亚。

□ 赤铜矿

赤铜矿的化学成分为氧化亚铜，含铜量高，是冶炼铜的重要原料；因其常与孔雀石伴生，可用作宝石。其晶体属等轴晶系，无解理；呈立方体或八面体晶形，或与菱形十二面体形成聚形[1]，断面呈洋红色，金刚或半金属光泽，断口呈贝壳状或不规则状，硬度为3.5～4.0。

---

[1]聚形：指两个以上的单形的聚合。

磁铁矿、钛铁矿与赤铁矿

磁铁矿具有强磁性,能被永久磁铁吸引,是炼铁的主要矿物原料。钛铁矿是提取钛和二氧化钛的主要矿物。赤铁矿是一种铁的氧化物,具有极高的经济价值和使用价值。

□ 磁铁矿

磁铁矿为八面体晶体,莫氏硬度为5.5~6.0,具有强磁性,能吸引铁屑,使指南针偏转,是炼铁的主要原料之一。

□ 钛铁矿

钛铁矿呈钢灰或铁黑色,有金属光泽,莫氏硬度为5.0~6.0,比重为4.7~4.78,具弱磁性,是炼铁的主要原料之一。

磁铁矿是一种常见的氧化物矿物,形成于岩浆岩中,也可存在于矿脉和交代矿床中。晶体呈八面体、十二面体,晶面有条纹。多为粒块状集合体;铁黑色,或具暗蓝靛色;半金属光泽或暗淡光泽,不透明。具有强磁性,能被永久磁铁吸引,因此又称磁石或玄石。磁铁矿是炼铁的主要矿物原料,也是传统的中药材,遭受氧化后可转变为赤铁矿,若保留原有外貌,便被称为假象赤铁矿。磁铁矿分布范围较广,其著名产地有瑞典的基鲁纳和智利的拉克铁矿。因比重较大,有抵抗风化的能力,所以在河床或滨海砂中也能富集。

钛铁矿是铁和钛的氧化物矿物,主要含钛矿物之一。三方晶系,常呈板状或菱面体,集合体呈块状、片状或粒状产出;颜色为钢灰或铁黑,条痕为黑色或棕红色;金属光泽到暗淡光泽,不透明。在氢氟酸中溶解度较大,缓慢溶于热盐酸。溶于磷酸并冷却稀释后,加入过氧化钠或过氧化氢，溶液呈黄褐色或橙黄色。钛铁矿可产于各类岩体，在基性岩及酸性岩中分布较广；产于伟晶岩者，粒度较大，可达数厘米。当含矿母岩遭风化作用破坏后，可转入砂矿中。著名产地有加拿大魁北克的埃拉德湖、美国的佛罗里达、澳大利亚的东海岸等。

□ 赤铁矿

赤铁矿晶体属三方晶系的氧化物矿物，是铁的主要矿石矿物。其硬度较大，在5.0~6.0之间，加热后有磁性。

赤铁矿是一种铁的氧化物，作为广泛分布在各种岩石当中的副矿物，它以细分散粒状出现在许多火成岩中。其晶体呈菱面体和板状，集合体以片状、鳞片状、粒状、鲕状[1]、肾状、土状、致密块状产出；颜色丰富，从铁黑、钢灰到暗红色，条痕为樱红；金属光泽至半金属光泽，不透明。赤铁矿是经济价值较高的矿物之一，只在少数地区才会呈现完美的金属闪光菱面体，但一般情况下晶体都呈扁平状，也有些板状成簇组成玫瑰花状，称铁玫瑰；也有的呈鳞片状集合体，称为镜铁矿。赤铁矿是铁的主要矿石矿物，因此具有极高的经济价值和使用价值。世界著名产地有美国的苏必利尔湖和克林顿、俄罗斯的克里沃伊洛格和巴西的迈那斯格瑞斯。

---

[1]鲕状：沉积岩的一种结构，由球形或椭圆形颗粒组成，这些颗粒外观看起来像鱼卵。

红宝石与蓝宝石

宝石是大自然赋予人类的珍贵宝藏，其中尤以红、蓝宝石最受人们喜爱。红宝石被誉为"爱情之石"，象征爱情的美好、永恒和坚贞。蓝宝石被称为"灵魂宝石"，是忠诚和德高望重的象征。

红宝石形成于岩浆岩与变质岩中。晶体为双锥状、板状或菱面状，也以块状和粒状产出；通体红色，白色条痕；玻璃光泽到金刚光泽，半透明。红宝石是极为珍贵的宝藏，《圣经》中曾提到它是所有宝石中最珍贵的，其炙热的红色总能使人们联想到热情与爱情，因此被誉为"爱情之石"，以此象征爱情的美好、永恒和坚贞。传说，左手戴一枚红宝石戒指或左胸戴一枚红宝石胸针便有化敌为友的魔力。

□ 红宝石（左）/ 蓝宝石（右）

红宝石与蓝宝石都属于刚玉的变种，也同样形成于岩浆岩与变质岩中，硬度极大，仅次于钻石，都是人们非常喜爱的宝石之一。

蓝宝石形成于岩浆岩和变质岩中，也产于冲积矿床中。属于刚玉族矿物，三方晶系，菱白色；玻璃光泽到金刚光泽，半透明。古波斯人认为它反射的光彩可使天空呈现蔚蓝色，因此将它看作忠诚与德高望重的象征。蓝宝石是九月的诞生石，其蕴含的沉静而高雅的色调被人类赋予了诚实和高尚的品质。在西方人眼中，蓝宝石又有"灵魂宝石"的称谓。诸多美好的特质使它成为人类最喜爱的宝石之一。

水镁石、褐铁矿与水锰矿

水镁石是典型的低温热液蚀变矿物,是人们提取镁的重要原料之一。褐铁矿是氧化条件下极为普遍的次生物质,也是重要的铁矿石资源之一。水锰矿则形成于氧化条件不够充分的环境,是人们提取锰的主要原料。

水镁石形成于变质石灰岩、蛇纹岩及片麻岩中,是典型的低温热液蚀变矿物。单晶体呈厚板状,常见者为片状集合体,有时呈纤维状集合体;白色至淡绿色,其颜色可随混入物的含量,如含铁、锰杂质的变种呈现黄色或褐红色,条痕白色;透明珍珠光泽。水镁石矿石可分为球状型、块状型和纤维型三种主要类型。球状型,由方镁石水化而成,呈结核状产出,直径为数毫米至20厘米及以上。结核由隐晶质水镁石和极少量方解石、蛇纹石胶结。矿石质量好;块状型,为富镁岩石热液蚀变产物。矿石为结晶粒状的块状集合体,与蛇纹石、方解石、菱镁矿等共生,水镁石含量为30%~40%;纤维型,呈脉状产于蛇纹岩中,纤水镁石含量一般为1%~9%。水镁石是提取镁的重要原料之一,美国

□ 水镁石

水镁石为可溶性含镁化合物在强碱性溶液中水解而成,系碱性溶液作用于镁质硅酸盐的次生变化产物。矿床主要与蛇纹岩有关;亦产于接触变质菱镁矿石灰岩中,与方解石、透闪石、蛇纹石、金云母等共生。硬度为2.5,能溶于盐酸,溶解时不起泡。

□ 褐铁矿

褐铁矿属于含铁矿物的风化产物,成分不纯,水的含量变化较大。它是针铁矿、水针铁矿的统称,通常呈黄褐至褐黑色,条痕为黄褐色,半金属光泽,多呈块状、钟乳状、葡萄状、疏松多孔状或粉末状,也常以结核状或黄铁矿晶形的假象出现。

□ 水锰矿

水锰矿形成于低温热液矿脉、浅海、湖泊和沼泽，硬度为4.0，条痕红棕色，不透明，带有半金属光泽。

和英国等都有大量出产。

褐铁矿并非一种矿物的名称，一般为针铁矿、水针铁矿的统称。由于这些矿物颗粒细小，难于区分，故统称为"褐铁矿"。通常呈黄褐至褐黑色，条痕为黄褐色；半金属光泽，半透明或不透明；块状、钟乳状、葡萄状、疏松多孔状或粉末状，也常以结核状或黄铁矿晶形的假象出现。不形成晶体。褐铁矿是氧化条件下极为普遍的次生物质，在硫化矿床氧化带中常构成红色"铁帽"，找矿时，人们通常将这一特征作为标志。其含铁量较之磁铁矿和赤铁矿要低，但易于冶炼，所以也是重要的铁矿石资源之一。世界著名产地有法国的洛林、德国的巴伐利亚、瑞典等。

水锰矿形成于氧化条件不够充分的环境，是碱性的锰氧化物矿物，也是次于软锰矿和硬锰矿的可以用来提炼锰的矿石。在低温热液矿脉中常呈晶簇与重晶石，与方解石共生，亦能形成于湖泊、沼泽之中。单斜晶系，晶体呈柱状，柱面有纵纹。在晶洞中常呈晶簇产出；颜色深灰色、黑色，条痕为红棕色或黑色；半金属光泽，不透明。著名产地有英国的考恩沃、美国的克劳里德、德国的哈斯山脉以及加拿大等。

第 5 章
碳酸盐、硝酸盐和硼酸盐

CHAPTER 5

  碳酸盐是一种或多种金属、半金属与碳酸根结合而成的化合物,如方解石。

  硝酸盐是指一种或多种金属元素与硝酸根结合而成的化合物,如钠硝石。

  硼酸盐是金属元素与硼酸根结合而成的化合物,如钠钙解石。

文石、方解石与白云石

文石含有锰和铁，与方解石不同的是，它为斜方晶系，方解石为三方晶系。白云石的晶体结构则与方解石相类似，为菱面体，并有马鞍状的弯曲晶面，常以块状或粒状集合体产出。

□ 文石

文石作为生物化学作用的产物，见于贝壳和许多动物的骨骸中。珍珠的主要构成物也是文石，海水中可直接形成。其硬度为3.5～4.0，断口为贝壳状，无色透明。

□ 方解石

方解石是一种碳酸钙矿物，在天然碳酸钙中最为常见，是一种分布很广的矿物。石岩、大理岩和美丽的钟乳石等主要矿物都是方解石。其硬度为2.7～3.0。

文石又称霰石，其矿藏量少于方解石，主要形成于变质岩和沉积岩中。在一些动物的贝壳或骨骸中也有文石存在，海水中和温泉周围的沉淀物中亦有产出。斜方双锥晶类，晶体常呈柱状，假若双晶是交错而生则为六方体，通常以柱状、钟乳状、纤维状集合体产出；颜色为白色、无色、灰色、绿色和蓝色，贝壳状断口，条痕白色；透明到半透明，玻璃或断口油脂光泽。著名产地为美国的加利福尼亚州。

方解石是分布最广的矿物之一，是组成石灰岩和大理岩的主要成分，主要形成于石灰岩地区，溶解在溶液中的重碳酸钙在适宜的条件下也能沉淀出方解石。晶体形状较多，常为菱面体或偏三角面体，常为双晶，集合体多呈粒状、块状、钟乳状、纤维状及晶簇状产出；颜色通常为无色、乳白色、红色、绿色和黑色，其中无色透明晶体称为冰洲石；透明到半透明，玻璃或珍珠光泽。方解石在冶金工业上可用于制作熔剂，在建筑方面可用来生产水泥、石灰。其中冰洲石是制作偏光棱镜的高级材料，用途颇为广泛。

白云石是组成白云岩和白云质灰岩的主要矿物成分，存在于结晶石灰岩及其他富含镁的变质岩中，部分产于热液矿脉和碳酸盐岩石的孔穴内，偶尔作为各种沉积岩的胶结物，为碳酸盐岩中最常见的一种造岩矿物。白云石分为铁白云石和锰白云石。其晶体结构与方解石类似，为菱面体，并有马鞍状的弯曲晶面，常以块状或粒状集合体产出；纯白云石颜色为白色，因含其他元素和杂质而变为灰色、粉红色或棕色，条痕为白色；透明到半透明，玻璃或珍珠光泽。用途广泛，可用于建材、陶瓷、玻璃、耐火材料、化工及农业、环保、节能等领域。但主要用作高炉炼铁的火熔剂和碱性、耐火材料。还可用于生产钙镁磷肥[1]和制取硫酸镁。

□ 白云石

白云石是碳酸盐矿物，纯者为白色，含铁时呈灰色，风化后呈褐色；玻璃光泽，遇冷稀盐酸时缓慢起泡；硬度为3.0~4.0。

---

[1] 钙镁磷肥：又称熔融含镁磷肥，是一种含有磷酸根（PO_4^{3-}）的硅铝酸盐玻璃体，无明确的分子式与分子量。钙镁磷肥不仅提供12%~18%的低浓度磷，还能提供大量的硅、钙、镁。钙镁磷肥是磷矿石与含镁、硅的矿石，在高炉或电炉中经过高温熔融、水淬、干燥和磨细而成。可改良酸性土壤，培育大苗时作为底肥效果很好，使植物能够缓慢吸收所需养分。

孔雀石、蓝铜矿与钠硝石

孔雀石具有独一无二的特质,因此很难出现仿冒品。蓝铜矿是孔雀石的共生或伴生矿藏,可作为保健用品。钠硝石出产于炎热干燥的沙漠地带,可用于制造氮肥、硝酸、炸药和其他氮素化合物等,具有极高的使用价值。

□ 孔雀石

孔雀石原产于巴西,质地较软,颜色淡而美丽;因含铜,多呈蓝色,花纹酷似孔雀羽毛,因此被称为"孔雀石"。

□ 蓝铜矿

蓝铜矿是一种碱性铜碳酸盐矿物,又叫石青;常与孔雀石一起产于铜矿床的氧化带中;色彩艳丽,硬度与孔雀石相当,为3.5~4.0。

孔雀石,一种含铜的碳酸盐矿物,形成于铜矿床的氧化带,常与蓝铜矿共生或伴生。属单斜晶系,晶体呈柱状或针状,一般为双晶,通常呈隐晶钟乳状、块状、皮壳状、结核状和纤维状集合体;颜色为绿、孔雀绿、暗绿色,条痕呈淡绿色;丝绢光泽或玻璃光泽,半透明至不透明。可雕刻鸡心吊坠、蛋形戒面、项链,还可制成印章料。早在4 000年前,古埃及人就开采了苏伊士和西奈之间的矿山,利用孔雀石作为儿童的护身符,驱除邪恶的灵魂。在德国,人们认为佩戴孔雀石的人可以避免死亡的威胁。孔雀石呈不透明的深绿色,且具有色彩浓郁的条状花纹,这种独一无二的特质是其他宝石所没有的,因此很难出现仿冒品;此外,孔雀石还是寻找黄铜矿的标志性矿物,地质员在野外找矿时,只要看到孔雀石,就能发现黄铜矿的存在。其著名产地有俄罗斯、罗马尼亚、巴西等。

蓝铜矿又称石青,形成于铜矿床氧化带、铁帽及近矿围岩的裂隙中,常与孔雀石共生或伴生,是含铜硫化物氧化的次生产物。晶体呈柱状或厚板状,通常呈粒状、钟乳状、皮壳状、土状集合体;深蓝色,贝壳状断口,条痕为浅蓝色;透明至不透明,玻璃或暗淡光泽。大量产出时可作为铜矿石利用;质纯色美的可作为制作工艺品的材料,粉末可用于制作天然蓝色颜料。此外还可用作保健用品,增强周身敏感度,使人头脑清醒,还可以减轻喉痛、沙哑及喉炎,排除精神障碍。

□ **钠硝石**

即智利硝石,密度为2.24~2.29克/立方厘米,硬度极低,为1.5~2.0,主要用于制造氮肥、硝酸、炸药和其他氮素化合物。

钠硝石主要由腐烂有机物受硝化细菌分解作用而产生的硝酸根与土壤中的钠质化合而成,并与石膏、芒硝、石盐等矿物共生,但易被水溶解而流失,因此常富集于炎热干燥的沙漠地带。在智利北方的沙漠中,钠硝石的矿床延伸724千米,因此又称"智利硝石"。晶体呈菱面体,与方解石相似。集合体常呈粒状、块状、皮壳状、盐华状等;纯钠硝石颜色为无色或白色,因含杂质而呈淡灰、淡黄、淡褐或红褐色,白色条痕;透明,玻璃光泽。主要用于制造氮肥、硝酸、炸药和其他氮素化合物;还可用作冶炼镍的强氧化剂或人造珍珠的黏合剂等,具有极高的使用价值。

硬硼酸钙石、钠硼解石与四水硼砂

硬硼酸钙石溶于硝酸，燃烧时产生绿色火焰。钠硼解石是最主要的工业用物之一，是提炼工业硼的重要原料。四水硼砂则用于加工生产硼酸钠和硼酸。

硬硼酸钙石形成于蒸发岩矿床中。短柱状晶体，常以块状、球状和粒状集合体产出；颜色为白、黄、灰，条痕呈白色；透明到半透明，玻璃光泽。硬硼酸钙石的鉴定特征为溶于硝酸、易溶易断、燃烧时产生绿色火焰。

钠硼解石属于典型的干旱地区内陆湖化学沉积产物，常与石盐、芒硝、石膏、天然碱、钠硝石以及硼砂、柱硼镁石、水方硼石、库水硼镁石、板硼钙石等共生于蒸发岩盆地。针状晶体，通常以针状、纤维状、白色绢丝状、团块状和放射状的集合体产出；无色，集合体呈白色；透明到半透明，玻璃光泽。它是最主要的工业用物之一，也是提炼工业硼的重要原料。

四水硼砂，一种含水的硼酸钠矿物，成分与硼砂相似，但水的含量较少，主要形成于蒸发岩矿床和矿脉。短柱形晶体，极为罕见，集合体通常为劈裂的块体；颜色为无色或白色，条痕呈白色；透明到不透明，玻璃或暗淡光泽。四水硼砂发现较晚，至1926年才从加利福尼亚波隆镇附近的莫哈维沙漠[1]的地下被勘探出来。

□ 四水硼砂

四水硼砂硬度较小，透明到不透明，有玻璃光泽，入冷水即可溶解。

---

[1] 莫哈维沙漠：是位于美国西南部，南加利福尼亚州东南部的沙漠，地跨加利福尼亚州（California）东南、亚利桑那州西北、犹他州和内华达州南部。占地超过22 000平方米，是典型的盆地地形，有特殊的西部沙漠景致。以莫哈维人的名字命名。

第 6 章
硫酸盐、铬酸盐和钼酸盐

CHAPTER 6

　　硫酸盐是一种或多种金属元素与硫酸根结合而成的化合物。硫酸盐矿物的形成需要有氧浓度大和低温的条件，因此地表部分是最适宜硫酸盐矿物的地方，例如石膏。

　　铬酸盐是金属元素与铬酸根结合而成的化合物。铬酸盐矿物多是风化条件下形成的产物，常见于矿床的氧化带，如铬铅矿。

　　钼酸盐是金属元素与钼酸根结合而成的化合物，如钼酸矿。钼酸盐在溶液中以四面体离子存在，在微酸性溶液中，可聚合成多种同多酸盐。

石膏、天青石与硬石膏

石膏广泛应用于工业和医学。天青石是提取锶的主要原料之一，因其储量稀缺而颇为珍贵。硬石膏是天然产出的硫酸盐矿物，因水化硬化慢、活性低而限制了应用。

□ 石膏

石膏具有玻璃光泽，解理面有珍珠光泽，纤维状集合体呈丝绢光泽。其解理片裂成面夹角为66°和114°的菱面体。质地较脆，硬度为1.5~2.0。石膏既是重要的化工原料，也是解肌清热、除烦止渴的药材。

□ 天青石

斜方晶系，玻璃光泽，解理面具有珍珠状晕影，条痕为白色，性脆，硬度为3.0~3.5，密度为3.97~4.0克/立方厘米。

石膏是化学沉积作用的产物，常形成巨大矿层或透镜体，与硬石膏、石盐等共生于石灰岩、红色页岩和砂岩、泥灰岩及黏土岩中。晶体为板状或金刚石状，一般为双晶，常以粒状块体和纤维状产出；颜色多变，从无色、白色到灰色、浅黄和浅红，条痕呈白色；透明到不透明，玻璃光泽或暗淡光泽。其用途广泛，不但可以作为水泥、化工的原料，在医学上也有一定贡献（如解肌清热、除烦止渴、治疗汤火烫伤等）。

天青石通常与方解石、石英共生于热液矿脉，或形成于沉积岩中，也形成于蒸发岩和基性岩的矿床中。其晶体为板状和柱状，多以块状、纤维状集合体产出；颜色多样，从无色、白色到浅红或棕色，白色条痕；透明至半透明，玻璃光泽。天青石与重晶石形成完全类质同象系列，富含钡的称为钡天青石。常呈厚板状或柱状晶体，多为致密块状或板状、粒状集合体。质纯时无色透明,有些带浅蓝或蓝灰色调,条痕白色,玻璃光泽,透明至半透明。三组解理完全,夹角等于或近于90°。硬度为3.0~3.5,比重为3.9~4.0。天青石矿是较为稀缺的矿产,储量仅两亿吨,又因它是提取锶的主要原料之一,因此颇为珍贵。

硬石膏是一种硫酸盐矿物,它的成分为无水硫酸钙,与石膏的不同之处在于它不含结晶水。在潮湿的环境下,它会吸收水分变成石膏。硬石膏是重要的造岩矿物,是很多岩石中的组成成分。广泛分布于蒸发作用所形成的盐湖沉积物中,与其他白云石、石膏、石盐共生,也能生于热液矿脉中。板状或柱状晶体,但常以粒状、纤维状的集合体产出;无色、白色,因含杂质而呈浅灰色、浅蓝色或浅红色,条痕为白色;透明到不透明,玻璃光泽或珍珠光泽。

□ **硬石膏**

碳酸盐矿物,斜方晶系,硬度为3.0~3.5,比重为2.98;主要用于制造农肥和代替石膏作硅酸盐水泥的缓凝剂。

重晶石、胆矾与明矾石

重晶石是重要的非金属矿物原料，具有广泛的工业用途。胆矾主要应用于药理上，可作为催吐剂和解毒药使用。明矾石是提取明矾和硫酸铝的主要矿物原料。

□ 重晶石

重晶石是钡的最常见矿物，形成于热液矿脉中和沉积岩层及温泉附近，硬度为3.0～3.5，具有比重大、硬度低、质地脆软的特点。其化学性质稳定，不溶于水和盐酸，无磁性。

□ 胆矾

胆矾是天然的含水硫酸铜，是五水合硫酸铜的俗称，是分布很广的一种硫酸盐矿物。它是铜的硫化物被氧化分解后形成的次生矿物，硬度为2.5。

重晶石是钡的最常见矿物，其成分为硫酸钡，主要与石英、方解石、萤石、黄铁矿、白云石、黄铜矿等共生于热液矿脉中，也形成于沉积岩层和温泉附近。其晶体为板状或柱状，通常结合成较大晶体，亦能形成一些细小含沙的玫瑰状结核，以粒状、片状、纤维状或柱状集合体产出；纯重晶石为白色、有光泽，因混入物的影响，会呈现灰色、浅红和浅黄，条痕白色；透明至半透明，玻璃或珍珠光泽。重晶石具有广泛的工业用途，是极为重要的非金属矿物原料：可作为钻井泥浆加重剂，也可作为锌钡白颜料，还能作为造纸工业、橡胶和塑料工业的填合剂；在生活方面，它能用于道路建设（橡胶以及含10%重晶石的柏油混合物，是一种耐久的铺路材料），现在，重型道路建设设备的轮胎已开始填充重晶石以增加重量，方便填方地区的夯实。

胆矾，硫酸盐类矿物胆矾的晶体，或为人工制成的含水硫酸铜，主要形成于硫化铜矿的氧化带中。晶体为板状或柱状，常以粒状、片状、纤维状或皮壳状集合体产出；颜色多样，从天蓝到深蓝或浅绿，条痕无色；透明至半透明，玻璃至松脂光泽。其作用主要体现在药理上，能与蛋白质结合生成不溶性的蛋白化合物，溶液具有收敛制泌作用，内服后会引起反射性呕吐，医学人士就是利用这一原理来对病人进行催吐或解毒的。

明矾石是一种广泛分布的属三方晶系的硫酸盐矿物，在火山岩例如流纹岩、粗面岩和安山岩内呈囊状体或薄层产出，为中酸性火山喷出岩经过低温热液作用生成的蚀变产物。晶体为菱面体，常以块状、纤维状和致密状的集合体产出；

□ **明矾石**

明矾石在火山岩内产出，其化学组成为 $KAl_3(SO_4)_2(OH)_6$；属三方晶系的硫酸盐矿物，底面解理中等。其莫氏硬度为 3.4~4.0，比重为 2.6~2.8；主要用于提取明矾和制作硫酸钾、硫酸铝、硫酸、氧化铝等矿物原料。

白色到浅红、浅黄和棕色，条痕为白色；透明到几乎不透明，玻璃光泽至珍珠光泽。明矾石是提取明矾和硫酸铝的原料，在工业上也用来炼铝和制造钾肥、硫酸。大部分工业用的明矾石要求含钾高，因此钾明矾比钠明矾的工业价值大，而用于提取氧化铝的明矾石，钾含量的高低没有影响，因为钾明矾石和钠明矾石的氧化铝含量几乎一样。

杂卤石与青铅矿

杂卤石属于可溶性钾盐矿物、硫酸盐矿物，可作为制造化肥的原料。青铅矿属次生矿物，与硫酸铅矿、水胆矾、胆矾等伴生，主要产地在阿根廷、澳大利亚等地。

杂卤石是一种可溶性钾盐矿物、硫酸盐矿物，通常与硬石膏、石盐共生于蒸发岩沉积，但极少形成于火山活动周围。细小长板状晶体，但极少形成，常以纤维状、叶块状集合体产出；纯净杂卤石为无色、白色或灰色，若蕴含氧化铁包裹体时，则呈粉红色。条痕为白色；透明至半透明，松脂至玻璃光泽。可充当制作化肥的原料。

青铅矿产于与循环流动液体接触的铅、铜矿脉中，属次生矿物，多与硫酸铅矿、水胆矾、胆矾等伴生。晶体呈柱状或较薄板状，常见双晶，并有晶簇；青蓝色，贝壳状断口，条痕浅蓝色；半透明到透明，玻璃光泽到半金刚光泽。无荧光，微透明。性脆。断口贝壳状。解理平行，轴面完全。数量较少，通常与其他铅矿物一起作为铅铜矿石使用。其著名产地有阿根廷、澳大利亚、加拿大、纳米比亚、俄罗斯、西班牙、意大利、美国等。

□ **青铅矿（左）**

属硫酸盐，单斜晶系。多形成于铅矿和铜矿的氧化带，并与其他次生矿物伴生，莫氏硬度为2.5，相对密度为5.3~5.5克/立方厘米。通常与其他铅矿物作为铅铜矿石使用。

□ **杂卤石（右）**

杂卤石硬度为2.5~3.0，比重为2.72~2.78，一组柱面解理完全，略带咸辣味，溶于水后剩下石膏。

铬铅矿与钼铅矿

铬铅矿易在火中熔化，也溶于强酸，因此，可利用强酸将其从矿物中提炼出来。钼铅矿因其鲜艳明丽的色泽，引起世界上许多矿物收藏者的关注。

铬铅矿形成于含铬和铅的矿脉、矿床的蚀变带和氧化带，与钼铅矿、白铅矿、磷氯铅矿等共生；晶体为细长柱状，也呈块状，多为集合体；纯净铬铅矿呈鲜艳橘红色，混有杂质的则为橘黄色、红色或黄色，亚贝壳状断口[1]，黄色条痕；半透明，金刚光泽或玻璃光泽；易在火中熔化，也溶于强酸，因此，将铬铅矿从矿物中提炼出来时需要利用强酸。铬铅矿是铬酸铅矿物，元素铬最早就是从这种矿物中被发现的。铬可以用来镀在金属表面用以防锈。由于具有鲜红颜色，铬铅矿还可以被当作颜料。对于铬的发现，最早在1766年有科学家对西伯利亚的红铅矿（又名铬铅矿，$PdCrO_4$）进行了分析，当时是以盐酸溶解红铅矿，溶液呈现漂亮的绿色，由此发现了其中含有铬。

钼铅矿，一种铅钼酸盐矿物，含有部分钨、钒、钙和稀土元素，又名彩钼铅矿，多形成于矿床循环流体作用的氧化带，与白铅矿、褐铁矿、方铅

□ 铬铅矿

铬铅矿形成于含铬和铅的矿脉、矿床的蚀变带和氧化带。属于铬酸铅矿物，单斜晶系，莫氏硬度为2.5～3.0，比重为6.0。其成分与铬黄相同，人造铬铅矿可用于颜料、油漆中。

---

[1] 亚贝壳状断口：简称贝状断口。断裂面呈具有同心圆纹的规则曲面，状似蚌壳的壳面。断裂面呈弧形状曲面，而不具同心圆纹者，称为次贝状断口或半贝壳状断口。

□ 钼铅矿

钼铅矿是一种铅钼酸盐矿物,产于铅和钼的氧化带中,硬度为2.5~3.0。

矿、孔雀石等矿物共生。四方晶系四方双锥晶类,板状、薄板状晶体,少数为锥状、柱状,单形常见,集合体粒状;纯净的钼铅矿为稻草到蜡黄,成分中含钨的则呈橘红或褐色,亚贝壳状断口,条痕为白色至浅黄色;透明到半透明,松脂至金刚光泽。钼铅矿并不是钼矿的主要来源,却是提取钼的比较重要的来源。由于其鲜艳明丽的色泽,受到了世界上许多矿物收藏者的关注。钼铅矿在世界范围内最著名的产地除了捷克、摩洛哥、阿尔及利亚、澳大利亚等地,还有墨西哥的本内特和美国的亚利桑那州等。

第 7 章
磷酸盐、砷酸盐和钒酸盐

CHAPTER 7

磷酸盐、砷酸盐和钒酸盐是指金属元素分别与磷酸根、砷酸根和钒酸根结合而成的化合物。这类矿物的大部分成员是由原生硫化物氧化而成，性质多样，颜色各异，但质地较软、易碎。

天蓝石、蓝铁矿与独居石

天蓝石有"假青金石"之称,是一种可与青金石媲美的中高档宝石。蓝铁矿硬度较低,且清脆,适用于收藏。独居石形成于伟晶岩、变质岩的矿脉中,是商业钍的主要来源。

□ 天蓝石

天蓝石是一种镁铝磷酸盐,为单斜晶系,质地纯净。其硬度为5.0~6.0,密度为3.09(+0.08,0.10)克/立方厘米。一般为蓝色,不透明或半透明居多,透明的可作为宝石材料。

□ 蓝铁矿

1817年,A.G.Werner为了纪念最早在英国Cornwall地区发现蓝铁矿的英国矿物学家J.G.Vivian,用其名字为蓝铁矿命名。蓝铁矿主要产于含有机质较多的褐煤、泥炭、森林土壤中,也与沼铁矿共生。

天蓝石是一种碱性的镁铝磷酸盐,主要形成于多种地质环境中(如石英脉、花岗伟晶岩或变质岩中),与红柱石和金红石共生,变质伴生矿物有石英、石榴子石、蓝晶石、白云母、叶蜡石和刚玉等。晶体为双锥状或板状,较大,常为双晶,集合体呈块状、粒状和致密状;颜色为蓝色、浅蓝或蓝绿,参差状断口,条痕为白色;半透明至不透明,玻璃光泽至暗淡光泽。天蓝石是一种可与青金石媲美的中高档宝石,有"假青金石"之称。其著名产地有印度的巴汉达拉、美国的新罕布什尔州和加州、巴西的米纳斯热赖斯,以及安哥拉、瑞典、马达加斯加、奥地利等地。

蓝铁矿,一种含水的铁磷酸盐类矿物,主要形成于铁矿床和富锰矿床的氧化带,长柱状或板状晶体,集合体为块状、片状或纤维状;纯净的蓝铁矿为无色,风化后逐渐变为深色,参差状断口,条痕为无色至蓝白色;透明到半透明,玻璃光泽至珍珠光泽。能溶于盐酸,且极易溶化。硬度较低，清脆，只适用于收藏。它还是绿松石、蓝铁方柱石玉的着色剂。著名产地有玻利维亚、喀麦隆、爱达荷州、加拿大、澳大利亚、日本以及俄罗斯等地。

独居石是组成独居石铈、独居石镧以及独居石钕的矿物系列，常具放射性。作为副矿物，它主要产在花岗岩、正长岩、片麻岩和花岗伟晶岩中，与花岗岩有关的热液矿床中也有产出。地质学家曾在伟晶岩中发现了重量达几千克的特大独居石晶体，体积极小，板状或柱状，呈双晶体，晶面粗糙且有条纹，也以粒状块体产出；颜色多样，从棕色、红棕、黄棕、粉红、黄色到浅绿或白色，贝壳状或参差状断口，条痕为白色；透明至半透明，松脂光泽、蜡状光泽至玻璃光泽。由于独居石的化学性质比较稳定，密度较大，故常形成滨海砂矿和冲积砂矿。独居石是商业钍的主要来源，其著名产地有巴西、印度、锡兰、澳大利亚、南非等。

□ 独居石

独居石中含放射性元素钍[1]，是提取铈族稀土元素的重要矿物原料；单斜晶系，因常呈单晶体而得名；硬度为5.0~5.5，比重为4.9~5.5。

---

[1] 钍：一种放射性元素，原子能工业的重要原料，可作为核燃料与核武器的裂变剂。也是放射性同位素热电机的热量来源，常用于驱动太空船。

绿松石、银星石与磷灰石

绿松石是优质的玉材，质量极优的可作为收藏品。银星石是一种次生矿物，具有医疗保健作用。磷灰石却是制造磷肥和提取磷及其化合物的最主要矿物原料之一。

绿松石又名土耳其玉，由富含铝的岩浆岩或沉积岩风化淋滤而成。三斜晶系，隐晶质，少见微小晶体，常以块状、粒状、钟乳状、结核状或皮壳状、细脉状集合体产出；颜色呈蓝色、绿色或灰色，贝壳状断口，条痕为浅绿或白色；透明至不透明，蜡状光泽至暗淡光泽。绿松石属于优质玉材，被国际宝石界分为四个品级，由一级到四级分别为：波斯级、美洲级、埃及级和阿富汗级，以一级品为最佳。

银星石，次生矿物[1]，形成于岩石的裂隙和节理面中。极少形成晶体，偶见微小柱状晶体，常以放射状、针状、皮壳状或球状的集合体产出；白色、黄色或黄棕色，亚贝壳状至参差状断口，白色条痕；透明至半透明，玻璃光泽、松脂光泽到珍珠光泽。具有医疗保健作用，在医学上可用于治疗吐血或咳血，其著名产地有英国和美国。

磷灰石形成于岩浆岩或变质石灰岩中。柱状

□ 绿松石

绿松石是铜和铝的磷酸盐集合体，以不透明的蔚蓝色最具特色，是世界稀有宝石品种之一，因其通过土耳其传入欧洲各国，故有"土耳其玉"之称，亦称"突厥玉"。

---

[1] 次生矿物：为岩石或矿石形成之后，其中的矿物遭受化学变化而改造成的新生矿物，其化学组成和构造都经过改变而不同于原生矿物。如橄榄石经热液蚀变而形成的蛇纹石，正长石经风化分解而形成的高岭石，方铅矿经氧化而形成的铅矾，铅矾进一步与含碳酸的水溶液反应而形成的白铅矿等，均是次生矿物。

或板状晶体，以块状、致密状或粒状集合体产出；一般为绿色，也有无色、白色、黄色、浅红、棕色、灰色或紫色，贝壳状至参差状断口，条痕白色；透明到半透明，玻璃光泽至松脂光泽。它是制造磷肥和提取磷及其化合物最主要的矿物原料之一。

☐ **银星石（左）**

　　银星石由含磷的水溶液作用于含铝较丰富的矿物而成，多产于岩石的表面或裂隙内。热液矿脉晚期亦可形成，但少见，硬度为3.5～4.0。

☐ **磷灰石（右）**

　　磷灰石是提取磷的主要原料之一。硬度为5.0，以副矿物见于各种成岩中，在碱性岩中可以形成有工业价值的矿床。沉积成因的磷灰石因含有机质而被染成深灰至黑色。

其次，因磷灰石晶体色泽润美、透明，可当作低档宝石收藏。其世界著名产地是俄罗斯。

砷铅矿与臭葱石

砷铅矿是炼铅的主要矿物之一。臭葱石是一种罕见的砷酸盐矿物。臭葱石与砷铅矿相同，加热后会发出大蒜气味，若在密封空间内进行加热，可释放出水分。

砷铅矿常与磷氯铅矿、钒铅矿、方铅矿、硫酸铅矿、异极矿、毒砂等共生于铅矿床的氧化带。晶体呈针状、圆桶状或狭长的柱状，以葡萄状、颗粒状集合体产出；颜色为黄色、橙色、棕色、白色、无色到浅绿色，亚贝壳状或参差状断口，白色条痕；透明到半透明，玻璃光泽或松脂光泽。砷铅矿能被盐酸溶解，也能熔于火中，并散发出强烈刺鼻的大蒜味。它是炼铅的主要矿物之一。

臭葱石，一种罕见的砷酸盐矿物，通常形成于富含砷矿体的外层氧化带，也会在温泉的外围呈壳层状沉淀。双锥状、柱状或板状晶体，常以块状、土状集合体产出；颜色为绿色、蓝色到棕色、无色或紫罗兰色，亚贝壳状断口，条痕为白色；透明到半透明，玻璃光泽、松脂光泽或暗淡光泽。可被盐酸或硝酸溶解，与砷铅矿和橄榄铜矿相同，加热后散发出大蒜气味，若在密封空间内进行加热，可释放出水分。

□ 砷铅矿（上）/ 臭葱石（下）

砷铅矿形成于铅锌矿床氧化带，常与磷氯铅矿、毒砂等共生；可与磷氯铅矿、钒铅矿构成完全固溶体系列。臭葱石通常形成于富含砷矿体的外层氧化带，也会在温泉外围呈壳层状沉淀。硬度为3.5~4.0。

钒钾铀矿与钒铅矿

钒钾铀矿与钒铅矿都能被酸溶解,它们是提取钒的主要矿物原料。其次,它们还可分别提炼出铀、铅等,因而极具经济价值。

钒钾铀矿又称"钒酸钾铀矿",一种次生矿物,主要分布于有机质的沉积岩的风化带或沉积铀矿床的氧化带中。晶体微小且扁平,通常以粉状、微晶状块体以及皮壳状集合体产出;颜色为鲜黄或绿黄,参差状断口,黄色条痕;半透明,晶体为珍珠光泽,块体为暗淡光泽。钒钾铀矿具有强烈放射性,能被酸溶解。矿中所含铀的比重为53%,钒的比重约为12%,是提取铀、钒及镭的矿物原料。

□ 钒钾铀矿

一种次生矿物,分布于有机质的沉积岩的风化带,或见于沉积铀矿床的氧化带中。硬度为2.0~2.5,是提炼铀的重要矿物。

钒铅矿属于磷灰石族矿物,其结晶构造与磷灰石极为相似。晶体为六方柱状或针状,通常为致密块状;颜色为鲜红、红色和棕红色,贝壳状或参差状断口,条痕为白色或浅黄;透明到半透明,松脂光泽到半金刚光泽;易熔于火,也能被酸溶解产生溶液。溶液蒸发后会出现红色残留物,而其他钒酸类矿物则呈白色沉淀物。

作为一种不常见的矿物,钒铅矿只能从一个已经存在的矿物通过化学变化来形成,因此它

□ 钒铅矿

钒铅矿又称"褐铅矿"。主要形成于铅矿床的氧化带,是提炼钒的矿物原料,也可以用来提炼铅。钒铅矿为三方或六方晶体,硬度为3.0。

是一种次生矿物。在干旱气候条件的地区，钒铅矿则通过原生铅矿石氧化形成。自然环境下，钒铅矿出现在含铅矿床的氧化带上，其中钒是从硅酸盐矿物的围岩中溶解出来的。钒铅矿常与砷铅矿、磷氯铅矿、钒铅锌矿、钒铜铅矿、钼铅矿、白铅矿、硫酸铅矿、方解石、重晶石和诸如褐铁矿之类的氧化铁矿物伴生。钒铅矿是提炼钒的重要矿石，也是提炼铅的次要矿物。此外，其艳丽的色泽使之成为许多矿物收藏家的目标。

钒铅矿的矿藏遍布世界各地，人们在全世界超过400座矿井中发现过它。

第 8 章
硅酸盐

CHAPTER 8

硅酸盐是硅、氧与其他化学元素（主要是铝、铁、钙、镁、钾、钠等）结合而成的化合物的总称。它在地壳中分布极广，是构成多数岩石（如花岗岩）和土壤的主要成分，也是矿物中体积最大、数量最丰富的一类。原生硅酸盐是构成岩浆岩或变质岩的主要矿物成分。

橄榄石、硅镁石类与黄玉

橄榄石是一种著名的宝石，埃及人相信它具有太阳的力量，佩戴之人可消除夜间的恐惧，因此称它为"太阳的宝石"。黄玉则被称为黄宝石，是富饶和虔诚的象征。

橄榄石被誉为黄昏的祖母绿，是八月份的诞生石，象征着"夫妻幸福"。分为镁橄榄石与铁橄榄石，前者富含大量镁元素，形成于基性、超基性岩以及大理岩中；后者则富含铁元素，通常形成于快速冷却的酸性岩中。厚板状晶体，末端为楔形，常以块状、致密状或粒状集合体产出；颜色从绿色、绿黄色、黄棕色到棕色、白色不等，贝壳状断口，无色条痕；透明至半透明，玻璃光泽。

□ **橄榄石**（左）

橄榄石是镁橄榄石和铁橄榄石系列的中间品种，硬度为6.5~7.0，其比重随含铁量的增加而增大，为3.3~4.4，呈特有的橄榄绿色，具有较大的双折射率。

□ **硅镁石**（右）

硅镁石是层状硅酸盐类矿物的一种，属硅镁石族矿物。硅镁石族矿物是镁矽卡岩的特征矿物，广泛分布于白云岩或白云质灰岩与中酸性侵入体的接触带。常见有聚片双晶，硬度为6.0~6.5。

橄榄石能溶解于酸，并出现凝胶现象。橄榄石是一种著名宝石。埃及人相信它具有太阳的力量，佩戴它便可消除夜间的恐惧，因此，又称其为"太阳的宝石"；而在美国夏威夷，他们则称橄榄石为"火神"的眼泪。其著名产地有缅甸、美国等。

硅镁石类的晶体属正交晶系的岛状结构硅

酸盐矿物，包括硅镁石、斜硅镁石、块硅镁石以及粒硅镁石，主要形成于接触变质石灰岩或一些矿脉中，能与方解石、石墨、尖晶石、石榴子石以及其他某些矿物相伴生。晶体粗短较小，一般呈现多种集合体；颜色从白色、黄色到橙色、棕色不等，参差状断口，条痕为棕色；透明到半透明，玻璃光泽。著名产地有意大利的蒙特索马、芬兰的巴拉古斯、瑞典的卡韦尔托普等。

□ 黄玉

　　黄玉又叫黄晶，是含氟硅铝酸盐矿物，形成于伟晶岩及花岗岩和矿脉的裂缝中；属斜方晶系，硬度为8.0；以深黄色最为珍贵，其次是蓝色、绿色和红色。

　　黄玉又称黄晶，含氟硅铝酸盐矿物，形成于伟晶岩及花岗岩、矿脉的裂缝中，与石英等多种矿物共生。晶体通常呈完美柱状，重量可达100千克，有时也以块状、粒状或柱状集合体产出；一般为黄、蓝、绿、红、褐等浅色，亚贝壳状断口，条痕无色；透明到半透明，玻璃光泽。颜色在阳光下长时间暴晒会发生褪色。黄玉可作为研磨材料，也可作仪表轴承。其中透明漂亮的黄玉属于名贵的宝石。鉴定特征为无法被酸溶解，也不能熔于火。黄玉在世界各地都有出产，其中最主要的是巴西的米纳斯吉拉斯州，那里出产多种颜色的黄玉，如黄色、深雪梨黄色、粉红色、蓝色及无色等；斯里兰卡也是主要产地之一。

十字石、硬绿泥石与红柱石

透明的十字石可作为宝石，具有极高的矿物学和岩石学意义。硬绿泥石由于具有较强硬度，则可用于制作砚石。红柱石是目前已知最优质的耐火材料之一。

□ **十字石（上）/ 硬绿泥石（下）**

十字石，因有奇特十字外形而得名，主要产于富铁、铝质的泥质岩石的区域变质岩中；单斜晶系，硬度在7.0~7.5之间。硬绿泥石，一种硅酸盐矿物，形成于含铁、铝较高的变质泥岩中，硬度为6.5。

十字石是岛状结构的硅酸盐矿物，因有一个奇特的十字外形而得名。其主要产于富铁、铝质的泥质岩石的区域变质岩中（如云母片岩、千枚岩、片麻岩等），常与蓝晶石、白云母以及石榴子石等变质矿物[1]共生。它为短柱状晶体，其横断面为菱形，常为十字形双晶；颜色为棕色、黄色或黑色，参差状或亚贝壳状断口，条痕从无色到深灰；半透明到不透明，玻璃光泽至松脂光泽。透明十字石可作为宝石，因此具有极高矿物学和岩石学意义。

硬绿泥石通常形成于含铁、铝较高的变质泥岩中，是该岩石中常见的矿物，与白云母、绿泥石、石榴子石和蓝晶石等伴生。板状晶体，较少见，常为双晶，并以叶片状、块状、鳞片、玫瑰花状的集合体产出；颜色为深灰到黑绿，参差状

---

[1] 变质矿物：在变质作用中产生而为变质岩所特有的矿物，如石榴子石、滑石、绿泥石、蛇纹石等。

断口，条痕无色到淡绿；半透明，珍珠光泽。以较高的硬度和脆性区别于绿泥石，与云母的区别是薄片无弹性。由于硬度较强，因此又可用于制作砚石。其著名产地是瑞典。

红柱石是一种铝硅酸盐矿物，形成于花岗岩、伟晶岩及其他变质岩中，常与蓝晶石、刚玉等矿物共生。通常呈柱状晶体，横断面接近四方形。一些红柱石在生长过程中俘获部分碳质和黏土矿物，在晶体内定向排列，在横断面上呈十字形，称为空晶石。以块状、纤维状集合体产出，呈放射状者，俗称菊花石。红柱石颜色有粉红、浅红、浅白或浅绿，参差状到亚贝壳状断口，条痕为无色，透明到不透明，玻璃光泽。红柱石是目前已知最优质的耐火材料之一，不但能用作冶炼工业的高级耐火材料和技术陶瓷工业的原料，还可用于冶炼高强度轻质硅铝合金。西班牙的安达卢西亚、巴西的米纳斯吉拉斯等都是其著名产地。

□ 红柱石

红柱石，一种铝硅酸盐矿物，形成于花岗岩、伟晶岩及其他变质岩中。其硬度为6.5~7.5。它是典型的接触热变质矿物。

蓝晶石、蓝线石与蓝柱石

蓝晶石是高级耐火材料，也可用来提取铝。蓝线石在工业上可用于制作工业熔炉的内层。蓝柱石除了用于制作宝石外，在工业上也可当作提取铍的原料。

□ 蓝晶石（上）/ 蓝线石（下）

蓝晶石，典型区域变质矿物之一，多由泥质岩变质而成。蓝线石为三斜晶系，垂直解理面的硬度为6.0～7.0，平行解理面的硬度为4.0～5.0；主要形成于富含铝的变质岩或伟晶岩中，硬度为7.0。

蓝晶石，岛状结构硅酸盐矿物，与红柱石、矽线石构成同质多象[1]变体，通常形成于许多变质岩中，尤其是片岩或片麻岩中。扁平柱状或片状晶体，常为扭曲或弯曲晶形，还能以块状或前卫状集合体产出；颜色呈蓝、白、灰、绿等，参差状断口，条痕无色；透明到半透明，玻璃光泽或珍珠光泽。蓝晶石是一种新型耐火材料，属于高铝矿物，抗化学腐蚀性能强、热震机械强度大、受热膨胀不可逆等，是生产不定形材料和电炉顶砖、磷酸盐不烧砖、莫来石砖、低蠕变砖的主要原料，也是一种变质矿物，主要产于区域变质结晶片岩中，其变质相由绿片岩相到角闪岩相。它也常用作宝石戒面、手链、项链。

蓝线石为岛状硅酸盐，主要形成于富含铝的变质岩或伟晶岩中。柱状单晶体，但极为少见，常为片状、纤维状、放射状集合体；呈蓝

---

[1] 同质多象：一种物质以两种或两种以上不同晶体结构存在的现象，也称多晶型现象。

□ 蓝柱石

蓝柱石，化学成分为BeAl(SiO$_4$)$_2$(OH)$_2$，常与水晶、黄玉及绿柱石共生。其颜色多为白色或蓝色，硬度为7.5。

色、紫罗兰色、粉红或棕色，参差状断口，条痕为白色；透明到半透明，玻璃光泽至暗淡光泽。工业上可用它来制作工业熔炉的内层。世界著名主产地有加拿大、法国、意大利等。

蓝柱石属于硅酸盐类，主要形成于伟晶岩以及冲积砂矿床中。柱状晶体；颜色呈蓝色、无色或白色，贝壳状断口，白色条痕；透明至半透明，玻璃光泽。蓝柱石除用于制作宝石外，在工业上也可用作提取铍[1]的原料。巴西的米纳斯热赖斯、加拿大的卡尔加里狄沃、俄罗斯乌拉尔萨冈耶卡河等都是其重要产地。

---

[1] 铍：一种灰白色的碱土金属，既能溶于酸也能溶于碱液，是两性金属，主要用于制备合金。铍及其化合物都有剧毒。

异极矿、符山石与绿柱石

异极矿具有强大能量,能以安静、稳定、平和的方式放送,常用于医疗保健。符山石色泽亮丽、晶莹剔透,是一种美丽的宝石。绿柱石是炼铍的主要矿物原料,其中色泽美丽者为珍贵宝石,具有极高的使用价值和收藏价值。

□ 异极矿

异极矿属斜方单锥晶类,硬度为5.0;形成于铅锌硫化物矿床的氧化带,一般为是闪锌矿氧化的产物。

□ 符山石

符山石,一种较常见的硅酸盐矿物,主要形成于接触蚀变的石灰岩或一些岩浆岩中;属四方晶系,硬度为 6.0~7.0,密度为3.40(+0.10, 0.15)克/立方厘米。

异极矿,常为闪锌矿氧化的产物,形成于铅锌硫化物矿床的氧化带,与菱锌矿、白铅矿、褐铁矿、方解石、硫酸铅等共生。晶体为薄板状,上有纵向条纹,有时还以块状、致密状、葡萄状、粒状、纤维状或皮壳状集合体产出;颜色呈白色、无色、蓝色、灰色或棕色,参差状或贝壳状断口,条痕无色;透明至半透明,玻璃光泽或丝绢光泽。异极矿与菱锌矿相似,区别是遇酸不起泡。将其在封闭的试管内加热,能释放出水分,但难熔;能溶于酸,并产出凝胶。由于具有强大能量,且能以安静、稳定、平和的方式放送,因此多用于医疗保健,人们佩戴以后,可使心情平稳。其世界著名产地为英国。

符山石属于岛状结构硅酸盐矿物,主要形成于接触蚀变的石灰岩和某些岩浆岩中,与绿帘石、石榴子石、方解石等共生。四方晶系,晶形常呈四方体和四方锥形,柱面有纵纹,也常以柱状、放射状、致密块状集合体产出;颜色为黄色、灰色、绿色、褐色,参差状至贝壳状断口;透明至半透明,玻璃光泽。符山石色泽亮丽、晶莹剔透,十分美丽,巴基斯坦、挪威、美国等地均有产出,其中美国加利福尼亚所产的绿色、黄绿色致密块状符山石,质地细腻,被誉为加州玉。

绿柱石属于六方晶系的环状结构硅酸盐矿物,通常形成于伟晶岩或花岗岩中,也形成于某些区域变质岩中。六方体晶体,晶面有纵纹,集合体为晶簇或针状,有时可形成伟晶,可长达5米,重达18吨,颜色多为浅绿色,成分中富含铯[1]时,呈粉红色,称为玫瑰绿柱石;含铬时,呈鲜艳翠绿色,称为祖母绿;含二价铁时,呈淡蓝色,称海蓝宝石;含三价铁时,呈黄色,称黄绿宝石。参差状至贝壳状断口,白色条痕,透明至半透明,玻璃光泽。绿柱石是炼铍的主要矿物原料,色泽美丽者为珍贵宝石,因此具有极高的使用价值和收藏价值。

□ 绿柱石

绿柱石,又称"绿宝石",通常形成于伟晶岩或花岗石中;属六方晶系,不完全底面解理,硬度为7.25~7.75。

---

[1]铯:其发现者罗伯特·威廉·本生和基尔霍夫教授以拉丁文"coesius"(意为天蓝色)为其命名。它是一种金黄色的、熔点低的活泼金属,在空气中极易被氧化;是制造真空器件、光电管等的重要材料。其放射性核素Cs-137是日本福岛第一核电站泄露出的放射性污染物中的一种。

电气石、黑柱石与斧石

电气石含有多种天然矿物质,是人类补充矿物质的极佳来源。黑柱石能溶解于盐酸,并有凝胶出现,也易熔于火。斧石为伴生石,可雕刻成宝石,但容易破损,因此多用于收藏。

□ 电气石(上)/黑柱石(下)

电气石主要形成于花岗岩和伟晶岩以及某些变质岩中,曾被视为与钻石、红宝石一样珍贵的宝石,硬度在7.0~7.5之间;黑柱石形成于岩浆或熔岩的接触变质带,也生于正长岩中,硬度为5.5~6.0。

电气石又名"碧玺",是以含硼为特征的环状结构硅酸盐矿物,主要形成于花岗岩和伟晶岩以及一些变质岩中,与绿柱石、石英等矿物共生。柱状晶体的晶面常现纵纹,横断面呈球面三角形,集合体为棒状、放射状、束针状,亦呈致密块状。电气石类有七个品种:锂电气石、好日电气石、钠铁电气石、镁电气石、红电气石、铬镁电气石以及钙镁电气石;参差状到贝壳状断口,无色条痕;透明至不透明,玻璃光泽。含有许多天然矿物质,其中大部分是人类必需的矿物质,且由于其身具有微弱电流的作用,因此所蕴含的矿物质易被人体吸收,是人类补充矿物质的极佳来源。

黑柱石形成于岩浆或熔岩的接触变质带,也

[1] 正长岩:一种岩浆岩,属中性深成侵入岩。浅灰色,具等粒状、斑状结构。其二氧化硅的含量(约60%)与闪长岩相当,但碱质(氧化钠、氧化钾)稍高。主要由长石角闪石和黑云母组成,不含或含极少量的石英。长石中碱性长石(通常为正长石、微斜长石、条纹长石)约占70%以上。常呈小的岩株,与基性岩、碱性岩组成杂岩体。

生于正长岩[1]中。密集柱状晶体，上有金刚石形的横截面和条纹，以块状、致密状的集合体产出；颜色为黑色、灰色，参差状断口，黑色、绿色或棕色条痕；不透明，半金属光泽。能溶解于盐酸，并有凝胶出现，也易熔于火。

斧石形成于接触变质蚀变的钙质岩石中，常与方解石、石英、阳起石等伴生，其晶体为板状和楔形，呈块状和片状集合体；颜色为红棕色、黄色、无色、紫罗兰色及灰色，参差状到贝壳状断口，无色条痕；透明至半透明，玻璃光泽。紫外线下通常无荧光。黄色品种在短波紫外线下可具红色荧光。美国新泽西产出的斧石在短波紫外线下具红色荧光，长波下惰性；坦桑尼亚的斧石在短波紫外线下具暗红色荧光，在长波紫外线下具橙红色荧光。可雕琢成刻面宝石，但容易破损，因此多用于收藏。法国是其最著名产地。

□ 斧石

斧石主要是接触变质作用和交代作用的产物，常与方解石、石英、阳起石等伴生；属三斜晶系，硬度为6.0~7.0。

锂辉石、硬玉与阳起石

锂辉石含锂元素，燃烧时火焰呈红色。硬玉是具有较高经济价值的宝石之一。阳起石多用于医学，可治疗阳痿和妇女子宫久冷，腰膝酸软等。

□ 锂辉石（上）/硬玉（下）

锂辉石形成于花岗伟晶岩中，多用于制作宝石，单斜晶系，以紫色锂辉石最为名贵，硬度为6.5~7.5。硬玉，又称翡翠，是在地质作用过程中形成的主要由硬玉、绿辉石和钠铬辉石组成的达到玉级的多晶集合体，硬度为6.5~7.0。

锂辉石通常形成于花岗伟晶岩中，与长石、白云石、黑云母、石英、绿柱石、电气石以及黄玉共生。晶体为扁平柱状，双晶，晶面有纵纹，并有明显三角形表面印痕，有时会形成很大的晶体，还以劈裂的块体产出；颜色多样，无色、白色、灰色、浅绿色、浅黄色或淡紫色，参差状断口，条痕白色；透明至半透明，玻璃光泽。它不溶解，但能熔化，由于含锂元素，因此燃烧时会呈现红色火焰。锂辉石有两个品种：紫锂辉石和翠铬锂辉石，后者为绿色，晶体极小，仅产于美国北卡罗来纳州。

硬玉由一种钢和铝的硅酸盐矿物组成，化学成分中二氧化硅占58.28%，氧化钠占13.94%，氧化钙占1.62%，氧化镁占0.91%，三氧化二铁占0.64%，此外还含有微量铬、镍等，常形成于超基性岩和某些片岩中，亦可形成于小矿脉或燧石、杂砂岩透镜体中。细长小柱状晶体，晶面有条纹，但很少形成晶体，若是形成，则多为双晶，通常以块状或粒状集合体产出；颜色为绿色，偶见白色、灰色、紫红色，含氧化铁杂质时则呈黄色或棕色，多片状断口，无色条痕；半透明，玻璃光泽到油脂光泽。硬玉按其颜色和质地可划分为宝石绿、艳绿、黄阳绿、阳俏绿、玻璃绿以及紫罗兰和藕粉地等二十多个品种。

阳起石为硅酸盐类矿物角闪石[1]族透闪石，常形成于片岩和角闪岩中。长叶片双晶体，也以片状、柱状、纤维状或粒状集合体产出；颜色为淡绿到墨绿，参差状到贝壳状断口，白色条痕；透明到不透明，玻璃光泽。多用于医学，可治疗阳痿和妇女子宫久冷、腰膝酸软等。其晶体有白色、浅灰白和淡绿白，具有玻璃光泽。它是透闪石中的镁离子被二价铁离子置换了2%以上而成的矿物。其中，铁含量较高的称为铁阳起石，黑色或深绿。石棉状阳起石呈白色或灰色。阳起石质硬而脆，也有略疏松的。折断后，断面不平整，呈纤维状或细柱状。

□ 阳起石

阳起石为硅酸盐类矿物，它是闪石系列中的一员，这类矿物常被称为闪石石棉，形成于片岩和角闪岩中；有温肾壮阳的功效，用来治疗阳痿、遗精、早泄等症状。

---

[1] 角闪石：角闪石（hornblende）名称来源于德语，是矿工的术语，horn可能指号角的颜色，blende意思是欺骗者。这种矿物呈黑色，并发光，属于含金属矿物，可其中并不含有价值的金属。普通角闪石是分布很广的造岩矿物之一，在火成岩中，尤以中性岩中最为常见，是其中的最主要暗色矿物。在区域变质作用中，普通角闪石也有大量产出。透闪石（Amphibole var. Tremolite）为角闪石变种，是由白云石和石英混合沉积后形成的变质岩。晶体常呈辐射状或柱状排列，具有细长柱状或纤维状的晶态，良好的柱状解理。从解理角度的不同，它可以和辉石相区别；又因其颜色较淡，可以与普通角闪石相区别。

针钠钙石、硅灰石与柱星叶石

针钠钙石集合体为针状，常以块状体或板状晶体产出。硅灰石是一种新兴工业矿物原料，目前主要用于陶瓷工业。柱星叶石是一种副矿物，主要形成于中性深成岩中，多为黑色，有时为深红褐色。

针钠钙石形成于玄武岩空洞（熔岩的气孔）中，并与沸石类（如片沸石、钙十字沸石、方沸石等）共生，也能较少地形成于钙质变质岩、碱性侵入岩和云母橄榄岩中。集合体为针状，常以块状体或板状晶体产出；颜色呈白色、无色或浅灰色，参差状断口，白色条痕；透明至半透明，玻璃光泽到丝绢光泽。可将其能否在盐酸中产生硅胶和在密封空间内加热产生少量水分作为鉴定特征。著名产地有美国加利福尼亚和英国的爱丁堡等地。

硅灰石的自然类型可分为矽卡岩型矿石和硅灰石型（石英石、方解石）矿石，前者主要产于矽卡岩型的矿床中，矿物组成复杂，与石英石、方解石及透辉石、石榴子石等矽卡岩矿物伴生；后者主要产于接触变质和区域变质型矿床。相应地，其晶体结构构造也有两种：致密

□ 针钠钙石（上）/ 硅灰石（下）

针钠钙石主要产于基性喷出岩（玄武岩及辉绿岩）的杏仁体[1]中，与沸石和方解石共生，属三斜晶系，硬度为4.5~5.0。硅灰石主要产于酸性侵入岩与石灰岩的接触变质带，为构成矽卡岩的主要矿物成分。此外，还见于某些深变质岩中。属三斜晶系，硬度为4.5~5.0。

---

[1] 杏仁体：又称杏仁核，是大脑颞叶内侧左右对称分布的两个形似杏仁的神经元聚集组织，有调节内脏活动和产生情绪的功能。

块状矿石及粗晶硅灰石矿石,前者呈细小粒状、柱状或纤维状集合体,个别极细粒致密者呈玉状;后者呈板柱状、束状或放射状。硅灰石是一种新兴工业矿物原料,目前主要用于陶瓷工业,其次用作冶金保护渣和涂料,也可用作电焊条药皮、石棉代用品、磨料黏结剂、玻璃配料及生产橡胶、塑料、绝缘材料、纸张的填料。

□ **柱星叶石**

柱星叶石主要形成于中性深成岩中,常与蓝锥矿等矿物伴生于蛇纹岩中;属单斜晶系,硬度为5.0~6.0。

柱星叶石是一种副矿物,主要形成于中性深成岩中。不透明,多为黑色,有时为深红褐色。属硅酸盐类,链状硅酸盐,单斜晶系。不溶于盐酸,遇火不熔化,硬度为5.0~6.0。柱状晶体,晶面正方形;贝壳状断口,条痕红棕色;玻璃光泽。常与霓石共生,在美国加州的柱星叶石矿区中还可见到蓝锥矿。著名产地有美国加州圣贝尼托县境内圣贝尼托河源头的达拉斯宝石矿、加拿大魁北克省的圣海拉尔山(该地所产者含锰量较高)、澳大利亚、俄罗斯、丹麦等地。柱星叶石首次发现于丹麦格陵兰岛。

白云母、锂云母与黑云母

白云母、锂云母与黑云母为云母的三个亚类。工业上使用最多的是白云母，锂云母是提取稀有金属锂的主要原料之一，黑云母则用于制作建筑材料的填充物。

白云母是分布较广的矿物之一，主要形成于岩浆岩，特别是花岗岩等酸性岩中，还能形成于变质岩（如片岩或片麻岩中）。产于花岗岩的白云母，常形成具有极大工业价值的晶体。其晶体为板状六边形，常为双晶，也有以鳞片状、致密状集合体产出者；颜色多样，从白色、灰色、绿色到红色、棕色不等，参差状断口，无色条痕；透明至半透明，玻璃光泽至珍珠光泽。不被酸溶解，隔热性较强。

锂云母，亦称鳞云母，是最常见的锂矿物，也是提炼锂的重要矿物。常与电气石等矿物伴生于酸性岩（如花岗岩和伟晶岩）中，也形成于富含锡的矿脉中。板状晶体，晶形为假六面形，也有以鳞片集合体或块体形式产出者；粉红、紫色、浅灰到白色、无色不等，参差状断口，条痕为无色；透明至半透明，珍珠光泽；具有云母般的解理和紫到粉红的颜色。熔化时，可起泡，并产生深红色锂焰，是提取稀有金属锂的主要原料之一，由于含有铷和铯，亦可作为提取这二者的重

□ 白云母（上）/锂云母（下）

白云母是分布较广的造岩矿物之一，主要形成于岩浆岩，特别是花岗岩等酸性岩中，属斜方柱晶类，硬度为2.0~4.0；锂云母常形成于花岗岩和伟晶岩中，是钾和锂的基性铝硅酸盐，属云母类矿物中的一种。

要原料之一。

黑云母是云母类矿物中的一种，为硅酸盐矿物。黑云母主要产于变质岩中，在花岗岩等其他一些岩石中也有。黑云母的晶体形态与金云母相类似。颜色为黑色、深褐色，有时带浅红、浅绿或其他色调。含钛高的呈浅红褐色，富含高价铁的则呈绿色。透明至不透明，玻璃光泽，黑色则呈半金属光泽。硬度为2.0～3.0，比重为3.02～3.12。黑云母受热水溶液的作用可蚀变为绿泥石、白云母和绢云母等其他矿物。但它含铁高，绝缘性能差，远不如白云母。黑云母细片常用作建筑材料填充物。粒径较大的黑云母的鉴别特点为：片状形态、较深的颜色、具有弹性及云母的完全解理、受热以后可略带磁性等。在深成岩和浅成岩中，特别是酸性或偏碱性的岩石中，大都含有黑云母。可应用于建材行业、消防行业、灭火剂、电焊条、塑料、电绝缘、造纸、沥青纸、橡胶、珠光颜料等化工工业。

□ 黑云母

黑云母为单斜晶系，硬度为2.0～3.0。受热水溶液的作用可蚀变为绿泥石、白云母等其他矿物。在深成岩和浅成岩中，特别是在酸性或偏碱性的岩石中，大都含有黑云母。

中长石与奥长石

中长石与奥长石同属中性斜长石，是钙长石与钠长石系列的过渡类型。奥长石又称更长石，常与正长石共生，可作为玻璃或陶瓷工业的制作原料。

中长石与奥长石同属中性斜长石，是钙长石与钠长石[1]系列的过渡类型，主要形成于中性岩和许多变质岩中，如安山岩或角闪岩中。其晶体为板状，常为双晶，一般以致密状、块状或粒状集合体产出；颜色呈灰色、无色或白色，参差状到贝壳状断口，白色条痕；透明至半透明，玻璃光泽。

奥长石是斜长石的一种，又名更长石，旧称钙长石，一般形成于喷发岩、变质岩及深成岩（如花岗岩、伟晶岩、中性正长岩以及安山岩、玄武岩）中。板状晶体，常为双晶，块状、粒状或致密集合体状；颜色呈灰色、白色、浅黄色、棕色、浅红色或无色，参差状到贝壳状断口，白色条痕；透明至半透明，玻璃光泽。其鉴定特征是包裹体为灿烂的反射光，可作为玻璃或陶瓷工业的制作原料。奥长石混合钠长石或金属矿物后，呈肉红色，并由于含鳞片状镜铁矿细微包裹体而显现金黄色闪光的变种，称为日光石，产出较少，属于中档宝石。奥长石在世界各地均有分布。

□ 中长石（上）/奥长石（下）

中长石是斜长石的一种，与拉长石同属中性斜长石，主要形成于中性岩和许多变质岩中。奥长石与中长石一样，属于斜长石的一种，形成于喷发岩、变质岩及深成岩中。

[1] 钠长石：长石的一种，是常见的长石矿物，为钠的铝硅酸盐（$NaAlSi_3O_8$）；一般为玻璃状晶体，有的无色，有的为有白、黄、红、绿或黑色；是制造玻璃和陶瓷的原料。

青金石、白榴石与方柱石

青金石主要由天蓝石和方解石组成,通常形成于高温变质的石灰岩中。白榴石可以作为提取钾和铝及工业明矾的原料。方柱石对长波和短波紫外线会产生反应,并具有强磷光现象。

青金石,工艺名为"青金",波斯语为"拉术哇尔",阿拉伯语为"拉术尔",印度语为"雷及哇尔",是一种不透明或半透明的蓝色、蓝紫色或蓝绿色准宝石,主要由天蓝石和方解石组成,通常形成于高温变质的石灰岩中。其晶体形态为菱形十二面体、八面体或立方体,但极为少见,常以致密块状、粒状结构集合体产出;颜色呈深蓝、紫蓝、天蓝、绿蓝,参差状断口,蓝色条痕;半透明,暗淡光泽。青金石与其他宝石不同,它并非一种矿物,而是一种岩石,通常被制成念珠、钟壳、表盘、烟盒等饰物;其次,它也是一种适合男士佩戴的宝石。其主要产地有阿富汗、美国、缅甸、印度等国。

青金石做成的小饰品深受人们喜爱,因为它可以衬托出人们温文儒雅、高贵的气质。其次,它还有助于睡眠,并帮助冥想练习者迅速进入冥想状态。如果在开车时佩戴它,还可以保持心境平和,消除因交通混乱而引起的烦躁不安等情绪。另外,小朋友佩戴青金石饰品还可促进身体发育。

白榴石属于长石类,形成于基性岩,特别是富含钾的基性岩。属四方晶系,常为四角体

□ 青金石(原生)

青金石又称天青石,通常形成于高温变质的石灰岩中;属等轴晶系,晶体形态呈菱形十二面体,集合体呈致密块状、粒状结构,硬度为5.5~6.0。

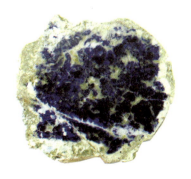

□ 原生白榴石

白榴石一般出现于富钾贫硅的喷出岩及浅成岩中。其晶体属四方晶系的架状结构硅酸盐矿物，通常呈等轴晶系变体外形，呈四角三八面体，也常呈立方体和菱形十二面体的聚形。其断口为贝壳状，硬度为5.5~6.0。

或八面体，也以立方体或十二面体聚形，晶面有双晶条纹，常为双晶；呈白色、无色、灰色或黄白色，贝壳状断口，无色条痕。透明至半透明，玻璃光泽。具有重要价值，可作为提取钾和铝及工业明矾的原料。其著名产地有意大利的维苏威火山和美国。

白榴石属于典型的硅氧不饱和高温矿物，常见于第三纪之后的火山熔岩中，无法与原生石英共生。白榴石受到后期作用，易变化为正长石和绢云母，但外形仍保持原样，被称为"假白榴石"或"变白榴石"。当其受到含钠溶液作用时会变为方沸石。在此过程中，白榴石中的钾会转入土壤溶液。因此，含白榴石岩石所形成的土壤常常较为肥沃。

□ 方柱石

方柱石形成于远基性成分发生变化的岩浆岩中，也形成于深层变质岩中，为柱状晶体，硬度为6.0~6.5。

方柱石属于方长石矿物，在化学组成上属于完全类质同象系列，形成于远基性成分发生变化的岩浆岩中，也形成于深层变质岩中。方柱石又称"文列石"，是为了纪念德国探险家和矿物学家哥特别·文列而命名的。方柱石对长波和短波紫外线会产生反应，并具有强磷光现象。其晶体为柱状，还以块状或粒状集合体产出；颜色呈无色、白色、粉红等，参差状至贝壳状断口，无色条痕；透明至半透明，玻璃光泽或珍珠光泽。分布较广，但宝石级晶体并不常见，主要产地有缅甸莫谷、巴西、马达加斯加等。

NATURAL
HISTORY

第三编 | 动　物

在人类出现以前，三叶虫、甲胄鱼、恐龙、猛犸象等史前动物便已相继出现，并在各自的活动期得到繁荣发展。在经历了漫长的地质时期后，动物的种类逐渐繁多，并演化出各种分支，丰富了地球的生命形态。这些动物都以从低等到高等、从简单到复杂的趋势不断进化和繁衍。

然而，随着生存环境的不断变化，许多珍稀动物都相继灭绝或濒临灭绝，动物的现状令人堪忧。

动物世界

第 1 章
家畜禽

CHAPTER 1

　　布封以生动的笔触对家畜作了细致的解剖和生理特写。他这样描述驴:"饮水时,驴懂得节制自己,绝不将鼻子放入水中。对此,民间传说是因为驴害怕触碰到自己长有耳朵的影子。"他形容水牛道:"水牛的野蛮习性,使它不会轻易让人接近,加之面孔宽大,目光呆滞,充满敌意,所有的这些特点,都让人们无法喜欢它。"在他的笔下,家畜都被赋予了人的性格,十分具有灵性。

马与驴

马天性豪迈、奔放、暴烈,和人类分担征战的劳苦,分享胜利的殊荣;驴则天性谦恭、耐心、温和,能够无畏地承受人们对它的惩罚和鞭挞。

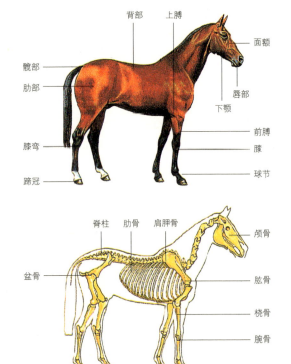

□ 马的形态及骨骼结构解剖图

马的头部轻,后鬐甲长,背部长,后躯干有强劲的肌肉组织,四肢和关节坚实。所有马都显示出十分擅长奔跑的特性。由于其体力好,能负重,因此在现代化交通工具发明前,绝大部分民族都用它作为代步和运输工具。

马

在人类对动物的征服中,最可贵的是征服了豪迈而剽悍的马。马和人类分担征战的劳苦,分享胜利的殊荣;它如同骑士一样勇猛无畏,在面对战争的危急时选择慷慨以赴。它听惯了兵器交接时的铿锵之音,喜欢并追随着这种声音。在人们狩猎、赛马、奔跑时,它能以出众的表现给主人带来种种欢愉。

马懂得顺从,不会肆意表现自己的烈性,它知道怎样控制自己的行为。当主人骑乘时,它不仅能服从主人的操纵,还会揣测主人的意愿——根据主人的面部表情来决定是奔跑,还是缓行,抑或是止步。为了迎合主人的意愿,它会以敏捷而准确的动作来执行主人的意旨。除此之外，马还能满足人们的各种期望，甚至不惜以牺牲自己的生命为代价来为人们提供更好的服务。因此，马天生就是一种舍己为人的动物。

具有上述特点的马，是天性已得到驯化的马。这类马，从小就被人豢养，并经过专门的训练。它们所接受的教育以丧失自由而始，以被束缚而终。由于被人类奴役或驯养得太久，它们的天性已很难得到展现。因为它们在劳动时是披

□ 野马

野马天生桀骜而剽悍，但不凶猛。它们或行走或飞驰或跳跃，既不受约束也不受节制，因此它们比豢养的马更强健、更灵敏。

鞍戴辔的，即使休息时人类也不会解除加在它们身上的束缚。人们偶尔也会萌发慈悲之心，让它们自由地行走在牧场上，但它们总是带着被奴役的痕迹：嘴巴被衔铁嚼子勒得变形，腹侧布满疮痍或被马刺刮出痕迹，蹄子也被掌钉洞穿。这些马的身体姿态都不自然，即使人们解除了对它们的羁绊也无法使它们表现得自由活泼。还有一些马，它们额上覆着艳丽的鬃毛，颔鬣编成细辫，满身披着金丝和锦毡。然而，这些装饰品并不是为了装饰马，而是为了满足其主人的虚荣心。因此，人类对马的这些侮辱，丝毫不亚于给它们的蹄子钉上铁掌。

然而，天性永远比人工更美，对于动物而言，最美的就是自由地表现自身的天性。让我们看看那些在南美各地自由生活的野马吧——它们无拘无束地行走着、飞驰着、跳跃着，既不受人们的约束，也不受节制。它们为自由而自豪，不依附于人类，更不屑于人类对它们的照顾，因为它们自己就能够寻找食物。它们在广袤无垠的草原上自由地行走或跳跃，采食着大自然提供的食物；它们居无定所，晴明的天空就是它们的庇荫；它们呼吸着清新的空气，这些空气，比我们侵占它们应占的空间，而把它们禁闭在圆顶宫殿里的空气要纯净许多。所以，这些马，比起那些被豢养的马，更强壮、更轻捷、更遒劲，因为它们具有大自然所赋予的一切特质——充沛的精力和高贵的精神。而那些被驯养过的马，却只具备人工赋予的东西——技巧与艳丽！

至于马的其他天性，我将进行更详细的论述。它们天生豪迈而狂野，但绝不凶猛，尽管它们的力气比其他大多数动物都要强大得多，但它们从不攻击其他动物。倘若受到其他动物的袭击，它们也不屑于和对方厮杀，或将对方赶走。它们也是成群来往，但之所以聚在一起，并不是惧怕别的动物，而纯粹是为了体验群居之乐，因为它们无所畏惧，不需要团结御侮。另外，由于草粮丰盛，它们对肉食毫无兴趣，所以它们也不需要与其他动物作战，更不会互相作战以争夺生存资源。它们从来不会侵犯小型兽类或劫夺同类，这对于其他肉食动物来说都是无法避免的。马和马之间之所以能够和平共处，是因为它们的欲望既简单又节制，再加上自然为它们提供了足够的生活资源，因此它们无须相互妒忌。马的这些品质，我们可以从人们成群饲养或放牧的马匹中发现。

　　马天生具有合群的品质和温和的习性，因此，当它们需要为人类表现出力量和热情时，也只是通过竞赛的方式来表达。奔跑时，努力抢在前头；战争时，争着过河或逾越壕沟，即使面对死亡依然奋勇向前。这些奔跑在前面的马，是最勇猛、最优秀的，然而，一旦经过人类的驯化，却又是最温和的。

　　除了具有以上的优良天性外，马的体态也是最美的。在所有身材高大的动物中，只有马的身体比例是最匀称、最优美的。如果我们以马为参照物，会发现驴子太丑，狮子的头太大，牛的粗大身躯与其细短的腿不相称，骆驼是畸形的。至于那些体型比马更庞大的动物，如犀牛、大象等，充其量只能算是些不成型的肉团罢了。另外，颚骨前伸原是兽类头颅区别于人类头颅的主要原因——兽类最卑贱的标志。但是，尽管马的颚骨很长，却看不出呆蠢之相；相反，它的脑袋比例十分匀称，具有灵活的神情，而这种神情恰好与其颈部形状相得益彰。所以，马一抬头，就似乎超出了四足兽的地位，这样的高贵姿态，可以使它和人面对面。

　　马的眼睛闪烁有神，目光十分坦率；耳朵形状姣好，大小适中，不似牛耳太短、驴耳太长；它的鬃毛正好与头部相衬，装饰着它的颈项，突显出一种强劲而高傲的模样；它那长而密的尾巴覆盖着身躯后端，并且恰好到它身躯的末端，这就区别于鹿、象的短尾巴，也不同于驴、骆驼、犀牛的秃尾。而且，马的尾巴是由密而长的鬃毛所构成，这些鬃毛仿佛直接从后面生长出来。尽管它的尾巴是下垂的，不如狮子的翘尾，但摆动起来非常方便，可以帮它驱赶那些讨厌的苍蝇，因为即使它的皮肤很坚实，披着厚而密的毛发，也十分畏惧苍蝇的骚扰。

驴

驴，并不是一种秃尾巴的马，也不是一种退化的马。它既不是外来的产物，也不是杂交的产物。与其他所有动物一样，驴也有着自己的属类，而且血脉纯正。或许驴的身份并不显贵，但它与马一样，具有优越而古老的历史。

当我们以马的处境来对比驴时，会发现，后者曾经、正在，并一直遭受凌虐：它们受到下等仆人们的残酷对待，或惨遭儿童的肆意耍弄；而马却受到人们的豢养、驯化、照料、训练。也许你会说，人们也会豢养驴子。然而，那些处于豢养状态下的驴子，不仅无法从人们那里获得什么，反而连其自然的天性都被消磨殆尽。诚然，驴没有太多优点，但它仅有的优点，也在我们的残酷对待（粗野的乡民将其作为玩偶，或者是取笑嘲弄的对象；人们用木棒驱赶或不分轻重地殴打它，迫使它驮重物）中逐渐丧失了。

不得不说我们的目光太过短浅，以至于我们无法意识到，如果世界上没有马，驴会是所有牲畜中地位最高、身形最标致最匀称的一类。可能正是因为马的存在，驴才退居第二，也正因为如此，在人们看来，它才无足轻重。人类对于它的关注和评判都是相对于马而言的，并非针对它本身。人类忽视了它，漠视了它有与其特征相适应的、天生的各种优点和才能。所以，公允地说，相对于马，驴缺乏的只是优美的外形罢了。

马天性豪迈、奔放、暴烈，驴则天性谦恭、耐心、温和，并且能够无畏地承受人们对它的惩罚和鞭挞。驴对食物的要求不高：能咽下最硬的，甚至是最难下咽的草，而这些草是马和其他动物吃剩的，或不屑一顾的。不过，驴对饮水很挑剔，它只喝最纯净的水，并且只到自己熟悉的溪流中饮水。饮水时，驴懂得节制自己，绝不将鼻子放入水中。对此，民间传说是因

□ 驴
驴为哺乳纲，马科，草食役用家畜；非洲及亚洲尚有野生种；体型较马小，耳长，尾根毛少，尾端似牛尾；妊娠期约360天，每胎产一崽。

为驴害怕触碰到自己长有耳朵的影子。在吃饱喝足后，驴经常在草地和苔藓上翻滚，然而与马不同的是，它不会在淤泥和水中打滚，因为它怕弄湿四肢，所以刻意避开泥浆。正因为如此，驴的腿要比马洁净得多。驴容易被驯养，所以它不在乎人们让它驮运东西。空闲时，驴会趁机躺下打几个滚，似乎借此来抱怨主人对它的关照太少。不过，更多的时候，我们会看到它笔直地站着观望远处的景物。

　　幼年时期的驴很欢快，体形也很漂亮，甚至带有几分轻盈和雅致。但是，随着年龄的增长和人们的恶劣对待，这些优势很快丧失。它们开始变得迟缓、难以训教、愚顽固执。但它们对于自己的子女却有着强烈的爱心，老普林尼曾说："当有人将它们分开时，母驴甚至会穿过烈火去与小驴相会。"（老普林尼，拉丁博物学家和作家，著有《博物学》，他在该书第八卷中记录了此事："母驴极爱自己的孩子，但是它们憎恶水的情绪更为强烈。它们可以穿过火焰去找小驴，然而如果隔一条小溪，它们便不肯弄湿蹄子，怕水怕到了极点。"）

　　尽管驴经常遭到主人的粗暴对待，但它仍然依恋主人。它甚至能从很远的地方嗅出主人的气息，也能认出自己居住的地方和经常走的路。按人们惯常的说法，这是因为它们视力好，嗅觉敏锐，耳朵又长。然而这些特点，又会使人们将它置于羞怯的动物之列，这是因为，据说胆小的动物耳朵都很长，听觉也特别灵敏。当人们让驴驮运重物时，它会垂着头，耷拉着耳朵；当人们折磨它时，则会表现出一副厌恶的表情：噘起嘴唇，一动不动。它走路的姿势类似马，却不如马的幅度大，速度也要慢得多。驴的持久力比马弱，尽管开始时它能连续跑完一段路程，但若是一直催赶，它很快就会疲惫不堪。

牛

> 如果没有牛,人们便难以生存;人们赖以生存的土地,也将会处于寸草不生、贫瘠不毛的状态;所以,牛是农民最得力的助手,是乡村生活最主要的支柱,是实现农业发展的重要力量。

牛、羊及其他食草动物,与人的关系最为密切,并能为人们提供极大帮助。它们为我们提供食物来源,却不会过多地向我们索取什么。在这些动物中,牛尤为出众,因为它不仅把取自大地的一切全都还给大地,还用粪便滋养土地。这一点,牛要优于马和其他动物,因为马在短短的几年中,就能使丰饶的草地变得贫瘠不堪。

牛为我们提供的好处不限于此。如果没有牛,人们就难以生存;人们赖以生存的土地,也将会寸草不生、贫瘠不毛;农田和苗圃也会龟裂。乡村的农活,如果没有牛就无法运转,所以,牛是农民最得力的助手,是乡村生活最主要的支柱,也是实现农业发展的重要力量。从前,它承担着创造人类全部财富的责任,如今,它依然是一些国家——尤其是那些依靠耕耘土地和发展牲畜的国家——发家致富的基础。其他动物都要依赖于土地产品,牛却能发展土地产品。所以,它是唯一的、真正的财富,而其他财富,甚至包括黄金白银,都只是充当的货币而已。

□ 黄牛

黄牛头部略粗重,头有角,颈厚肩宽,体质粗壮,肌肉发达,四肢强健,蹄质坚实,是体力最好的家畜。

与马、驴、骆驼相比，牛并不适合负重，这与它的背和腰的外形构造有关。不过，牛也有着自身优点，它颈厚肩宽，适合戴上牛轭从事牵引拖拉的工作，所以其身体构造决定了它似乎生来就是为了耕耘。而且牛的身体庞大，动作温和，足蹄较低，又有耐力，这些特点集中起来，更决定了它适于耕田的特性。而且，相比其他动物，牛更有不断克服阻力的耐性。马虽然比牛有力，却不适合耕耘的工作，因为它的腿太长，动作太猛烈，脾气太焦躁。牛干的是烦琐的活儿，这种活儿需要耐心、热情和体能，更需要灵活。或许，正是这些烦琐的事务，才使牛失去了其本有的轻快、柔和以及优雅的举止。

耕牛

一头合格的耕牛必须具备以下条件：其体形既不能太肥也不能太瘦，头要短而粗大，耳朵也要大；身体必须浑厚，毛皮必须平滑密实；犄角要有力，并充满光泽；前额要宽阔；眼睛须大而有神；鼻子要粗，且鼻孔张开；牙齿要白而整齐，嘴唇要黑；肩膀和胸部要宽；颈部须多肉，而且颈部的垂皮——胸前皮肉须吊至膝部；腰腹要宽厚圆润，臀部厚实；后肢要粗壮有力；尾巴要拖到地上，尾端要有一大撮细毛；此外，皮肤须粗糙坚韧，肌肉发达；趾短而宽，步履坚实。

□ 耕牛

用来耕地的牛称为耕牛。当牛成年后，人们用套环穿过它的鼻子，便于牵引和控制。黄牛和水牛都可耕地，但黄牛不能下水，体力也不及水牛，因此耕牛多是水牛。

当然，合格的耕牛也应该有灵性，会服从人的指挥。但是，人们对耕牛的驯养也必须循序渐进，如此才能让它心甘情愿地套上牛轭任人牵引。驯化耕牛时，要从其两岁半或者稍微大些的时候开始，如果超出这个年龄段，它就不会那么顺从，变得难以驯化。对于超出这个年龄段更久的，人们只能用耐心以及温和的抚摸去驯化它。如果一味地使用武力或者其他暴力手段，只会使它更加厌恶人。所以，人们必须轻轻抚摸其身体，不时喂它大麦糊、研碎的蚕豆，或者其他它爱吃的食物——比如拌盐类混合饲料。与此同时，人们还要经常绑缚牛角，之后，再给它套上牛轭，让它和体格与自己相近，且经过训练的牛一起耕耘。在我们训练耕牛的群体意识时，必须先小心翼翼地将它们系在离草场不远处，再将它们牵到草场，让它们互相了解，逐渐习惯于共同活动。在训练耕牛时，一开始不要用刺棒去戳牛，除非它们很难对付。此外，在耕牛尚未经过系统训练时，应该只让它们从事少量的耕耘工作，因为这时它们很容易疲劳。在这一时期，对它们的食物也要限量，除非在它们的训练状况得到改观后，才喂给它们更多的食物。

水 牛

水牛的性情暴躁，性格多变，难以驯化。另外，水牛的所有生活习性都是原始的、野蛮的。它的外表比较邋遢，在所有的家畜中，仅次于猪。水牛的野蛮习性，使它不会轻易让人洗刷，加之面孔宽大，目光呆滞，充满敌意，所有的这些特点，都让人们无法喜欢它。水牛的头部几乎一直低垂，似乎无力举起；此外，它四肢瘦弱，尾巴短秃，面色黝黑。

水牛的外形特点为：四肢细长，头部较小。水牛较小的头部，与其身体比例完全失调。它犄角微尖，前额有一撮短而卷曲的毛；皮厚而硬，肉不仅难吃，而且难闻；此外，水牛的奶水也不好喝，但产奶量却很大，所以热带地区的大部分奶酪都是用水牛奶做成的。尚未断奶的小牛犊，肉质也不佳，只有舌头还算好吃。

水牛强壮有力，因此，人们常用它来耕地。耕地时，人们用套环穿过水牛的鼻子来指引、控制它行走的方向。至于拉车，两头水牛所产生的牵引力，几乎与四匹马拉车的效果无异，这是因为水牛的脖颈和脑袋自然下垂，拖车时用的是全身的力量，而这种力量远远超过马的力量。

羊

> 绵羊自身并不具备谋生能力，它们天性不仅懦弱，还十分愚笨，必须跟随头羊才能行动。山羊比绵羊更轻捷、更活跃，性情也更活泼，因此人们很难控制它们。

绵羊

绵羊这个物种之所以存活至今，并将继续生存下去，完全有赖于人的照料和救护。因为绵羊自身并不具备谋生能力，尤其是母绵羊，甚至不具备基本的自我保护能力；公绵羊的情况相对好些，但也只有些许的自我保护能力而已。公绵羊的勇气只不过是暂时的，因为这根本起不到太大的自我保护作用，也无法保护其他绵羊。而且，公绵羊比母绵羊更怕羞，更怯弱，哪怕最细微的奇特声响都会使它们感到胆怯，因此它们的群居只是出于排遣恐惧罢了。除此之外，它们的天性不仅是懦弱，还有愚笨，因为它们不知道什么是危险，甚至不会感觉到危险的来临。它们执拗地待在住处，不管下雨或下雪，要想让它们行走迁徙，必须有一只头羊带路，它们才会跟随头羊行动。

绵羊生性朴实，但非常脆弱，它们不能长时间地行走或旅行，因为这会使它们虚脱。如果它们疾奔，心脏会跳动得很快，甚至透不过气来。而且，它们很容易受到气候条件的影响——无论是高温烈日，还是寒冷雨雪，它们都难以适应。它们容易患病，尤其是传染性

□ 绵羊

绵羊是常见的饲养动物，天生胆怯、温顺，由于对自然环境适应能力较弱，所以野外生存能力较差，多为人工养殖。

疾病，连肥胖有时都可以将它们杀死，这些都是阻碍繁衍的原因。母羊在产子过程中往往会出现难产情况，比起其他家畜，它们需要人类更多的照顾。

山 羊

比起绵羊，山羊天生感情更丰富，本领也更大。山羊比较依恋人类，容易与人类和睦相处，喜欢被人摩挲。与绵羊相比，山羊更轻捷、更活跃，性情也更活泼。因此我们很难控制它们，使它们聚集在一起。山羊不喜欢群居，所以它们的住所往往建在山崖陡峭的地方，甚至悬崖峭壁上。

一般来说，不同的动物会有不同的天性，然而山羊的天性却与绵羊基本一致，二者的身体构造几乎完全相同，饲养、交配、繁殖方式也基本一样。它们之间只有细微的区别：山羊不易患病，也不似绵羊那般惧怕酷热。它们能在烈日下睡觉，在强烈的光线照射下，也不会出现任何不适。在户外时，绵羊的行为比较节制，山羊则比较活跃。山羊灵活好动的性格，通常表现在不规则的行动上：它们只是出于自己的兴致和意愿，或步行，或静止，或奔跑，或跳跃，或靠近，或离开，或逃跑……这些行为没有任何其他的确定性因素，只是源于它们奇妙而强烈的内心情感。

原山羊、岩羚羊和家养山羊

我们可以概括地说，原山羊、岩羚羊和家养山羊这三种动物，其实是属于同一物种。在这一类物种中，雌性一类彼此非常相似，属性也较稳定；而雄性一类则产生了变种，彼此之间有着区别。按照这个似乎与自然规律并不相悖的观点，人们可以想象，原山羊是由雄性山羊作为亚种起源的；而岩羚羊则以雌性山羊为亚种起源。我所论述的这一观点并非杜撰，只要进行实验便可加以证明。自然界中，一些雌性物种，可以与不同物种的雄性交配，并生下后代，比如母绵羊同公山羊或公绵羊进行交配，都能繁殖出小绵羊，且能保留自己的物种品质；但是公绵羊同母山羊之间的交配，却不能生下绵羊后代。因此我们可以把母绵羊看成是这两类不同雄性动物的共同雌兽，所以它是独立于雄性的一个物种。原山羊的情况也是如此，母原山羊是其原始物种的单独代表，因为它的属性极其稳定；而公原山羊却发生了变化。从表面上看，家养母山羊只是唯一的物种，它同母原山羊和母岩羚羊一样，都可以同上述三类不同的雄性动物进行交配或生育，只是雄性

□ **西伯利亚山羊**

雄性西伯利亚山羊有十分巨大的角，这是它们之间相互争斗和自卫的武器。厚厚的皮毛可以帮助它们抵御西伯利亚恶劣的天气。

本身起变化，尽管它们之间的组合改变了，但后代的身份却没有质变。

　　这些关系，应当存在于事物的本性中。通常来说，在保留物种的贡献上，雌性动物似乎付出得更多，尽管为了创造出最初形式的动物，雌、雄两性都尽了力，但此后却是母兽单独提供幼兽生长所需的一切，更多地改变或同化了幼兽的天性。这些必然会抹去大部分雄性天性的痕迹。因此，当需要合理辨别一个物种时，应当先考察雌性。雄性只是形成了生物的一半，另一半则由雌性提供，同时后者还提供形态发展的一切必要物质。

　　所以，在同一物种里，有时可能会有一个雄性与一个雌性的两个亚种。这两个亚种存在相似之处却又表现出明显的区别，就像是继承于两个不同的物种。这就是我们不能确定博物学家们称之为"物种"和"变种"的术语的原因了。

猪

> 有人曾见到一只老鼠待在猪背上,啃咬其外皮和肥肉,而猪仿佛没感觉。由此可推断,猪的触觉非常迟钝。

在所有的四足动物中,猪似乎是进化最不完全的动物,其在形体上的缺陷,可能是主要诱因。至于猪的天性,在我们看来,它的习性是粗俗的,口味是肮脏的,它甚至根本不去分辨食物,肆无忌惮地吞食一切,甚至连自己孕育的猪崽,都有可能成为腹中之物。猪对食物如此贪婪,大概是由于它的消化功能太强需要不断地填充食物;也可能是因其口味低劣,需要依靠暴食来不断麻痹自己的味觉。

猪的皮毛粗糙,皮肤坚硬,脂肪很厚,因而不在意被人用棍棒敲打。有人曾见到一只老鼠待在猪背上,啃咬其外皮和肥肉,而猪仿佛没感觉。由此推断,猪的触觉非常迟钝。猪的味觉与触觉一样迟钝。然而猪的其他感官却很好——有经验的猎人都非常清楚,野猪在很远的地方就会看见、听到甚至能感觉到人的存在。为了偷袭野猪,猎人只好选择彻夜蹲守,而且把守候地点选择在下风口,以免野猪闻到气味。

用猎人的"术语"来说,三岁以下的野猪是一种"结群的动物",因此幼猪们总是成群结伴地跟着它们的母亲,只有当它们足够强壮并不再怕狼

□ 家猪

猪性情温和,适应力强,易于饲养。因其味道鲜美,得到人类的大量养殖。从出土的文物来看,早在几千年前的石器时代,猪就已经开始被驯化和人工养殖了。

时，才会采取单独行动。为了自保，野猪通常会主动结群，一旦遭受攻击，就会依靠群体的力量抵御外敌、相互救援。面对强敌时，它们紧紧靠拢围成一圈，强壮者守在外围，弱小者则躲在中间。家猪也是如此，因此不需要狗的看护。

秋冬季节，牧人们通常把猪放养在树林里，因为那里的野果非常丰富，足够猪食用；夏天，人们则把猪放养到潮湿的沼泽地里，因为那里有充足的昆虫和植物根茎；春天，则放到荒地中，每天放牧两次，第一次从清晨开始，放牧到上午十点，第二次从下午两点直到黄昏；冬季则每天仅放牧一次，而且必须是在天气良好的情况下，因为猪的体质不能适应雨雪等恶劣天气。因此，我们经常发现，在电闪雷鸣、大雨骤降时，家猪会慌乱四窜，不停嚎叫。而野猪在受到惊吓时，只会发出剧烈的喘息声。

狗与猫

狗除了具有形体美和活泼、强壮、灵活等优点以外,还具有许多优秀的内在品质。猫在拥有优雅姿态的同时,也有着其他动物没有的狡猾。

狗

在讨论某个人时,人们总是首先关注他的气质、勇气和情感,然后才是它的外表和力气。同样,人们在讨论动物时,也把气质看作是动物最高贵的地方。正是因为气质的存在,动物才能区别于木偶或植物,才能接近人类;也正是因为动物具有情感,并且能够依托情感产生愿望,才具有意志与生机,才具有气质。

因此,在人们看来,动物是否完美,首先取决于其情感是否完美。动物的情感幅度越广,就越有能力,越有存在价值,并且在与其他物种产生关联时也显得更方便。如果这类动物的情感是细腻的、敏锐的,而且还能经由驯化得到完善,那么这类动物就可以做人类的朋友,并协助人类完成计划,照顾人、帮助人、保护人。此外,这类动物还懂得如何以其勤勉的服务、亲昵的姿态来表达自己对人的感情,所以人们特别喜爱它们。

狗就是这类动物中的翘楚。狗,亦称"犬",是由早期人类从灰狼驯化而来,被视为"人类最忠实的朋友",其中最常见的是家犬和猎犬。家

□ **人类的益友**

今天,经过特殊训练的狗能帮助人类完成很多特殊的任务。它们能在雪崩后把埋在雪堆下的人搜寻出来,能在房屋倒塌后把困在瓦砾中的人抢救出来,还能在边疆狙击贩卖毒品等非法交易。

犬之所以受人类喜爱，是因为它不仅拥有优美的体形和活泼、强壮、灵活的特点，还具有许多足以引起人们重视的优秀品质。但是，其表亲——野狗，却有一种暴躁甚至凶猛嗜血的天性，所以招致人们的反感。与野狗不同的是，家犬已经将狂暴的天性转化为温和的情感。家犬以与人亲密为乐事，以讨人喜欢为目的，它匍匐在主人脚下，把自己的勇气、精力和才能都展现出来，随时等待主人的命令。它懂得察言观色，哪怕是主人一个轻微的眼色，它都能了解。因此，家犬虽然没有人的思想，但它有类似于人的情感，具有爱与永恒的忠诚。它不会有任何野心私欲以及报复的念头，除了怕自己不能满足主人的欢心，其他什么也不怕；它充满热忱、勤奋与柔顺；它只会记住人对它的恩德，当遭受虐待时，它会选择忍受，然后忘掉；当它遭受折磨时，非但不恼怒、不逃脱，甚至做好准备迎接新的折磨；当它舔着刚打过它的手或工具，面对鞭挞，它的对策只是诉苦。总之，它以忍耐和柔顺，使人不忍心再打它。

除此之外，狗还比其他动物更容易被驯服。它不仅能在短时间内被驯化，还能顺从人的各种意愿；它也能摆出人的派头：在富人家傲慢，在乡民家卑俗；它总是向主人献殷勤，并能从衣服、声音、举止中辨认出哪些是不速之客，从而阻止他们靠近。当人们让它夜间看家护院时，它能从老远就觉察到闯入者，只要他们试图翻越栅栏，它就会冲上去阻挠，不断地吠叫，以警告进犯者；有时候，它会立刻扑向他们，与盗窃者奋力搏斗，竭力夺回他们偷走的物品。它以获胜为乐，在主人旁边休息，表现出勇敢、忠实的模样。

较之家犬，猎犬更加强壮，它们有着渴望作战的狂热之情，一旦听到猎人发出的信号（枪声和号角声），便立刻精神抖擞。它们用蹿跳和吠叫来表明自己的战斗欲望。当战争开始后，它们悄悄地行走在林间，努力辨认环境，逮住隐蔽的猎物。它们跟踪猎物的步伐，以不同的声调向主人表明猎物的距离，甚至年龄。

□ 幼犬

幼犬就像小孩一样活泼，喜欢玩耍、追逐、蹦跳，也喜欢乱拖和乱撕咬东西。这些活动有助于幼犬学习捕猎本领。

然而，被追捕的猎物自然能感受到猎犬的威胁，它们会争相逃命。一旦感到逃脱无望，便会施展出全部本领，以天性的狡猾来对抗猎狗的精明——尤其是在逃跑时，猎物会将逃生的本能发挥到令人惊叹的地步：为了使痕迹消失，它们往返来回；它们腾挪闪躲，越过大路、栅栏，甚至涉水渡过溪流。若发现猎狗紧追不舍，而自己又无法脱身时，它们会尝试找个替死鬼：去追赶另一个更年轻的经验不足的同类，让它与自己一起逃跑，等到它俩的足迹混淆后，突然离开同伴，让这个倒霉鬼成为猎狗的猎物。

但是，猎狗通常训练有素，面对这些猎物的小伎俩，它利用自己独特的敏锐感觉，始终紧跟自己追踪的目标，甚至能从一团乱麻中找到线索，并以灵敏的嗅觉搜索所有角落。而且，一旦它认准猎物，就会穷追不舍，当它终于追到时，会毫不犹豫地攻击猎物，将其置于死地，然后喝血来解渴、解恨。一只训练有素的猎狗能够理解主人的种种意图，它能听懂主人吹的口哨声或是主人的呼喊声，明白什么时候应该不遗余力地追踪猎物，什么时候应该撤退。至于喂食方面，猎狗每天需要喂食一次。在喂食猎狗时，一定要注意对猎狗食量的控制，不能让它吃得太饱，否则会削弱它追逐猎物的原始功能。

猎狗的耳朵很大，双耳常呈下垂状态。它们天性忠诚，有敏锐的嗅觉，是猎人的好帮手。

所以，我们可以设想，如果没有狗，我们的世界将会怎样？假如没有狗的帮助，人类当初就不可能驯化成功其他的动物；即使现在，如果没有狗，人们也不能发现、驱逐、消灭那些害兽。总之，人类为了确保安全，成为万物之灵，就必须在动物界中发掘盟友。对于那些容易驯服的动物，应以温和的手段与亲热的态度拉拢过来，以便利用它们来驯服其他动物。这也正是人类对狗进行驯化的原因。正是伴随着对狗的驯化，人类才开始征服并占有大地。

在自然界中，许多动物都比人类灵敏、强壮，甚至勇猛。而人类驯服了狗这样勇猛的动物，就等于获得了新的技能，补充了人类所缺乏的能力。尽管我们造出各种器械来完善我们的感官，但就性能而言，依然无法超越大自然提供的这种现成器械——狗。因为它不仅能弥补我们感官系统的不足，还能为我们提供战胜一切动物的巨大而永恒的力量。相比其他动物，服从并忠实于人类的狗，将会永远保持人类赋予它的权威和身份——它指挥着其他动物，统率牧群，甚至有时比牧人的话还有效，而牧群则是归它制约的群体，由它领导着、保护着。牧群的安全与秩序是它谨慎、辛勤的结果,它维护着牧群的和平与安定,绝不会对它们使用武力。

猫

与狗相比,猫并不是一个忠实的家仆,人们豢养猫,只是为了让它对付另一个更惹人厌且赶不走的家庭祸害——老鼠。尽管猫有着优雅、美丽的姿态(尤其在年幼时),但它也有着其他动物所没有的狡猾、虚伪,以及喜欢恶作剧的天性,这些都是人们反感它的主要原因。而且,猫的这些天性会随着年龄的增长而日益突显。即使经过驯养,也难以改变这种天性。当它长大后,会变得更为狡猾,像骗子一样迎合、奉承主人。此外,猫还有掠夺的天性,在掠夺的同时也会懂得隐藏自己的意图。表面看来,它容易与人相处,但从不主动学习怎样与人共同生活。它经常以疑惑的目光看着人类,并且从不正面接触喜欢的人,而是绕着弯子与人接近;它喜欢被人亲热地抚摸,因为抚摸可以给它们带来舒适的感觉。一般来说,忠诚的动物与人有着亲密的感情,但猫不同,它们与人相处只是为了获得充分的宠爱。出于这种天性,猫同人还算合得来,而与率直的狗之间就不怎么和睦了。

猫外表漂亮、灵巧、喜好干净和安逸的生活,平时总是寻找最柔软的物品来铺垫自己休息的地方。

在没有长大时,猫显得活泼、漂亮,因此,幼年的猫非常适合做孩子的玩伴。然而,其锋利的爪子,又阻碍了儿童与它进一步的交往。并且,其天性决定了它习惯于对其他小动物进行伤害,所以我们经常看到它埋伏在笼子旁,窥伺笼中的鸟儿或老鼠。虽然没有受过训练,但它在狩猎时却能比受过训练的狗还要灵活。它习惯于窥伺、偷袭所有弱小的动物,如小鸟、小兔、老鼠、田鼠等。习性决定了它不易

□ 幼猫

幼猫和幼犬一样活泼可爱,它们经常会把一个线团或一根鸡毛当作玩具玩弄半天,有时会和同伴相互扑打。

被驯化。猫缺乏灵敏的嗅觉，因此，当小动物消失在它的视野中时，它就会放弃追捕。它不主动追赶这些小动物，只是守候着，然后突然袭击它们。抓住这些小动物后，它会先长时间地玩弄，然后将其杀死，即使不饿、无须以这个战利品来满足食欲。

虽然生活在人类的居所里，但我们不能因此说它就是我们的宠物，因为它只是随着自己的意愿自由地出入人类的住所，当它想逃离某个地方时，我们是没有办法阻止的。

猫天生怕水、怕冷、怕异味；它们喜欢蜷缩在阳光下、烟囱后、壁炉里等温暖的地方。它们不会深度睡眠，却故意装作熟睡的样子。它们步行缓慢且不会弄出任何声响。它们通常会到离自己住处很远的地方排泄，然后用泥土覆盖排泄物。它们喜欢整洁，皮毛总是保持光滑闪亮，尤其在夜晚，我们会看到它们的皮毛在黑暗中闪光；而它们的眼睛在夜晚也会发光。

鸡

> 公鸡一直照看着母鸡,带领它们,保护它们,唤回那些走远的母鸡,遇到危险时会发出警戒的鸣叫。只有看到母鸡们全都在自己身边吃食,它才会安心地享受进食的快乐。

公 鸡

公鸡是一种笨拙的家禽,它步态沉稳、缓慢,因翅膀极短而无法飞行。它经常发出清脆的啼声,不分昼夜,与母鸡的"咯咯"声截然不同。进食时,它用爪子扒土,四处寻找食物,甚至吞下混杂在种子中的石子,这些石子能够帮助它消化;喝水时,它将水含入口中,再扬起头把水吞下;睡觉时,它常常把一只脚悬空,将头藏在身体一侧的翅膀下。它的身子几乎是平的,喙也是平的;脖颈向前抬起;头上饰有殷红、多肉的鸡冠子,喙下的双膜也同样鲜红多肉,但这些组织并不是肉,也不是膜状物,而是一种特殊物质。

强壮的公鸡应该是这样的:眼睛炯炯有神,神态豪迈,动作自如。假如需要一个纯种的话,母鸡与公鸡必须出自同一窝;但若是我们想要改变或者改良鸡的品种,就必须让各种鸡相互杂交。不过,无论挑选哪种鸡,都必须选择那些目光炯炯,鸡冠殷红且摆动,没有疾病的鸡,而且这些鸡的身体必须匀称,羽毛必须宽,腿必须短。农妇们偏爱黑母鸡,因为它们比白

□ 公鸡

公鸡有高高的冠、华丽的羽毛、炯炯有神的眼睛和豪迈的神情。通常一群母鸡中只能有一到两只公鸡,因为公鸡多了会打架。

母鸡产卵更多，也更容易避开那些盘旋在家禽棚上空的猛禽的捕捉。

公鸡对母鸡会表现出特别的关爱，甚至会为它们的不安而操心。公鸡一直照看着母鸡，带领它们，保护它们，唤回那些走远的母鸡，遇到危险时则会发出警戒的鸣叫。只有看到母鸡们全都在自己身边吃食，它才能安心地享受进食的快乐。从公鸡声音的变化和表现出的不同表情可以看出，它在对母鸡们讲着不同的话，一旦失去母鸡，它就会做出遗憾的表示。它十分多情，绝不冷落任何母鸡。它的嫉妒心强，但只针对自己的竞争对手。假如另一只公鸡出现在鸡群中，它便眼睛里冒着火，羽毛竖起，毫无犹豫地冲向对方，进行一场顽强的搏斗，直到对手让步或者自己被打败而退出战场。我们都知道，公鸡要打鸣，其实，公鸡的打鸣是一种"主权的宣告"。借着打鸣，它炫耀着自己崇高的地位，警告其他公鸡这是自己的领地。白天，它大约每过一小时就会打鸣一次。早上，它的打鸣声将人们从睡梦中唤醒。

母 鸡

母鸡会对孵小鸡表现出极大的热情，它兢兢业业、兴致勃勃地看护着那些还未出生的小生命。雏鸡还未孵出时，它就十分敬业地守候在旁边；看到孵育出的雏鸡，它的爱心就会进一步增强。幼雏刚出生时十分弱小，所以需要母鸡的精心照料——母鸡要不断地为它们操心，为它们寻找食粮。若是食粮不充足，它就用趾爪扒土，找出掩藏在泥土里的食物饲养幼雏。小鸡迷路时，它就呼唤它们，等小鸡回到自己身边时，它就让它们在自己的翅膀下避险，再给它们哺食。母鸡对小鸡是如此热情，因此我们很容易区分一只带领雏鸡的母鸡和另一只不带雏鸡的母鸡之间的区别：从竖起的羽毛和伸长的翅膀，从它嗓门的嘶哑和声音的变化，从它那丰富的表情或充满关切、热情的强烈母爱等方面，都可以区分它们。

一旦危险来临，母鸡会不顾自身安全去保护雏鸡，它们敢于面对一切危险。假如天空中突然出现一只鹰，这个虚弱、害羞的母亲，本来可以逃跑并求救，但这时，它却出于对子女的母爱而变得勇敢无畏。它冲上前去，高声啼叫或拍打翅膀，将这些食肉猛禽吓退，猛禽们通常都会迫于母鸡的淫威而不得不离开，去寻找一些更容易捕获的猎物。

母鸡会教小鸡找食、用土洗澡等等，并且会不厌其烦地教很多次。一旦它发

□ 幼雏

幼雏出生时十分弱小，需要母鸡的精心照料。母鸡似乎具有十分强烈的母爱，但这一点并不能为它增彩，因为即使是让它孵其他家禽的蛋，它也同样会付出强烈的情感。

现了食物，就会咕咕直叫，让小鸡们靠过来吃食。它经常半蹲着，让小鸡们躲在自己的翅膀下面。如此一来，小鸡们不但可以躲避其他大型动物的袭击，还可以在母鸡的翅膀下找到温暖。

综上所述，母鸡似乎具有美好心灵的一切特点，但这并不能为其增添荣誉，因为如果我们让它孵鸭蛋或另一种家禽的蛋，它同样会付出热烈的情感——就像是面对自己的蛋卵一样。它永远不会明白，自己只是这些幼雏的奶娘或仆人，并不是它们的母亲。当这些幼雏为天性所驱使，钻入邻近的小河里嬉戏时，这个可怜的奶娘就会表现出惊奇、不安和焦急的神情。它急切地想跟着这些幼雏到水里去，但由于怕水，只能站在岸边焦躁不安，担心不已，甚至带着些许的懊恼之情——眼看着自己孵出的幼雏正处于危险之中，却不敢前去营救。

第 2 章
野兽篇

CHAPTER 2

　　本章中，布封极其细致地描述了各类野兽的住地、本能、习性、怀孕期、繁殖生产期、幼崽的数目和父母的照料，以及它们的饲养类型、食物、谋取食物的方式等。与此同时，他还不忘介绍它们为人类提供的服务和功用。在人们心目中，也许野兽多是凶猛的形象，但在布封眼中，野兽也有着和其他种类动物一样的可爱与憨厚。

鹿与狍子

鹿是丛林中最高贵的居民,生活在树林中最高大的乔木所覆盖的地段;狍子则是低一等的居民,满足于生活在低矮丛林下,或茂盛的幼树丛中。

鹿

鹿的视觉敏锐,嗅觉灵敏,听觉也同样出色。在倾听时,它会抬起头,竖起耳朵,这样就能听见很远的地方发出的声响。当它要走出小树丛,或者走向另一个隐蔽的地方时,会先停下来环顾四周,再寻找下风口,以便感受是否会有令它不安的东西。鹿的天性比较单纯,但十分机灵,当它听到远处传来呼啸声或者高声的叫唤时,会猛然停下,用一种诧异的目光注视着声音来源地。当遇见来来往往的人或车辆时,一旦意识到人们既没带武器,也没带猎犬,它就会放心地向前行走,并骄傲地从人们身边走过。鹿似乎喜欢聆听牧羊人的芦笛和竖笛,因此,猎人偶尔会利用这一特点来诱捕它们。

一般来说,鹿并不怕人,但是怕狗。它吃草很慢,吃饱后,便找个地方从容地反刍[1]。鹿的反刍似乎不像牛那么容易,因为它在反刍

□ 豚鹿

豚鹿体形较小,身体粗壮,四肢较短,显得矮胖,奔跑较慢,臀部似猪臀,因此被称为"豚鹿"。

---

[1] 反刍:俗称倒嚼,指在进食一段时间以后,又将半消化的食物返回嘴里再次咀嚼。这种现象主要出现在哺乳纲偶蹄目的部分草食性动物身上,例如牛、羊等。

时，需要一下一下地抽动，才能把存留在胃部的草返回口中咀嚼。另外，牛脖子短而直，鹿颈项长而曲，因此如果鹿想让食物再回到口中，就需要花费更多的力气。这种用力的动作以一种类似打嗝的方式在反刍的整个过程中持续进行。随着鹿年龄的增长，它鸣叫的声音会变得更高、更粗，也更颤抖。

鹿在冬天不大喝水，春天饮得更少，因为它在食用嫩叶时，嫩叶上的露水就足以解渴。但是，在炎热干燥的夏天，它往往会去小溪、沼泽、泉边喝水。当天气炎热到无法忍受时，它便四处找水，不仅是为了解除焦渴，也是为了沐浴以使周身凉爽。它擅长游泳，曾有人见它渡过滔滔大河。甚至有人说，它能跳到海里，从一个岛游到另一个相隔很远的岛。鹿也擅长跳跃，当被追捕时，它能轻而易举地越过一道树篱或是两米高的栅栏。

随着季节的变化，鹿的食物也会产生变化：秋天，它寻找绿色灌木的花蕾、荆棘、叶子等；冬天下雪时，它靠树皮和苔藓充饥；等到春天气温升高时，它就到麦田里吃麦苗；到了开春，它会吃柔荑花序、榛树花和芽苞等；进入夏天，可供挑选的食物更多了，不过，它最爱的食物还是燕麦和泻鼠李[1]。

狍子

鹿是丛林中最高贵的居民，因为它生活在高大乔木所覆盖的地段；而狍子则是低一等的居民，因为它生活在矮树林下或茂盛的幼树丛中。与鹿相比，狍子并不高贵，它力气较小，个头也矮许多，但性格更活跃可爱，更勇敢警觉。它体形浑

□ 狍子

狍子又称矮鹿、野羊，体形较小，生活于低矮丛林里，喜独行。狍子反应敏捷，擅长奔跑。图为人工饲养的狍子。

---

[1] 泻鼠李：一种灌木，可长到10～25英尺。叶子呈椭圆形，边上带有精细的齿，细枝末端为尖刺，花为黄绿色，结蓝黑色浆果。原产于欧亚大陆，遍及美国。有时作为绿篱植物得到栽培。

圆、优美，眼神中总是流露出一种激情；它四肢灵活，动作敏捷，跳跃时非常轻盈；它的皮毛洁净、光亮，因为它绝不会像鹿那样在泥水中打滚。它喜欢生活在地势高、干燥、空气清新的地方。

狍子比鹿更狡猾，更难被追踪。不过它有一个致命的弱点——散发的气味较大，这会强烈地刺激猎犬的胃口，促使猎犬更加狂热地追捕它。然而，由于狍子奔跑特别迅疾，又会反复兜圈子，因此常常能够摆脱猎犬的追捕。狍子在逃跑时，并不是盲目乱窜，而是懂得运用计谋，当它感到自己的迅速逃跑未能奏效时，便会按原路折回，兜上几圈再回来，等到将往返踪迹混淆，将原先的气味与现在的气味也混淆起来后，它就纵身离开地面，跳到圈子外，一动不动地趴在地上，让追踪它的猎犬从旁边冲过去。

狍子通常以家庭为单位聚集在一起，迄今为止，人们还未发现过相互生疏的狍子聚集在一起。

兔

> 野兔和穴兔,虽然外表和肌体结构极为相似,但是不能将二者相互混淆,因为它们之间依然存在明显差别。

野 兔

野兔的觅食时间主要在夜间,它们的食物多以草、植物根、树叶、水果、种子为主,其中汁液多的植物是野兔的最爱。冬天,它们也会吃树皮,但不吃桤木和椴木[1]的树皮。如果我们在家里饲养野兔,就必须以莴苣或其他蔬菜作为它的主食,但是人工喂养出的兔肉,味道总是不佳。

野兔一般每两天才会进食一次。白天,它们总是躲在窟里睡觉或休息,到了夜间才外出散步、吃食或交配。因此,我们只有在夜间,才能看见它们在月光下嬉戏、跳跃、互相追逐。不过,细微的声响(比如树叶的声音)就足以惊扰它们,让它们各自逃窜,因为野兔是一种很害羞的动物。在交配季节,雄兔们会互相追逐,以表现自己的优越性,雌兔则会用自己的爪子去抓雄兔,似乎是为了试探雄兔的决心。

野兔的睡眠时间长,而且是睁着眼睛睡觉。由于它们的眼睑没有睫毛,因此视力不是很好,然而,它们灵敏的听觉弥补了视觉的不足。与瘦小的身体相比,野兔的耳朵大得出奇,两只长长的耳朵转动起来却极其灵活,在奔跑时还可以起到舵的作用,指引方向。野兔奔跑的速度极快,能轻而易举地超越其他动物,由

---

[1] 桤木:又名青木树、水冬瓜树、水青风、桤蒿,桦木科,桤木属植物。桤木是一种生长速度很快的树,也是一种异常长寿的树。老树粗糙玄黑,满目沧桑,新树水灵滋润,柔美可爱。椴木是一种上等木材,具有油脂丰富、耐磨、耐腐蚀、不易开裂、木纹细、易加工、韧性强等特点,广泛用于细木工板、木制工艺品的制作。

□ 野兔的问候　摄影　厄尼·珍妮丝　美国　当代

雄兔在发情期会凑近雌兔闻它的脸，以此判断雌兔是否也处于发情期。雌兔如果不是，就会用脚推开雄兔。

于它们前腿比后腿要短得多，因此向高处奔跑时也更加方便。所以，当它们遭到追赶时，总是先往高处跑。它们奔跑的姿态是一种轻捷而急促的跳跃，行走时却悄无声息，因为它们脚下长满了毛，甚至连脚掌上也有，它们或许是唯一一种口腔长毛的动物。

猎获野兔不仅是种娱乐，也是闲散乡民唯一的营生。因为猎兔不需要什么工具，也无须花费，适合于任何人。猎兔时，人们会在清晨或傍晚，到树林一隅等待野兔返回或出来，或是在白天到它栖息的地点去寻找。在阳光灿烂、天气凉爽的时候，兔子跑了许多路，回到窝里休息时，身上散发的热气会形成一缕水汽，有经验的猎手很远就能发现。所以，猎手们经常根据这一特征，很轻易地将兔子猎杀在兔窟中。野兔一般不害怕人的靠近，尤其是来人装作没有发现它，或者并不径直走向它，而是迂回地接近它时。它们很畏惧狗，当感到或听到有狗来袭时，就会立刻溜走，虽然它比狗跑得更快，但由于不跑直线，只在某个地段转来转去，因此很容易被狗追上。

野兔喜欢干燥的环境。夏天，它们宁愿待在田野上；秋天，待在葡萄园中；冬天，藏在干燥的低矮树丛或小树林里。在任何时候，我们都可以不必使用猎枪，而只需用猎犬迫使它们逃窜。除此之外，老鹰、猫头鹰、狐狸、狼也会去攻击和捕捉野兔，因此它的敌人众多，侥幸逃脱的概率微乎其微，只有极少部分幸运的兔子能平安地享受大自然赠予它的短暂时光。

穴 兔

野兔和穴兔，虽然外表和肌体结构极为相似，但我们不能将二者混淆，因为它们之间存在明显差别。其中最重要的则是穴兔的繁衍能力比野兔强。穴兔能在适宜的地区大量繁殖，然后消耗掉这一地区所有的植被——吃光青草、植物根、种子、果实和蔬菜，甚至毁掉幼树和大树。假如没有白鼬和狗来帮助人们对付穴兔，后者将会迫使生活在这一地区的居民全部迁走。另外，与野兔相比，穴兔的数量更多，交配次数更频繁，在遭遇敌人的追捕时也能轻易逃脱。它在地下筑巢，白天就隐蔽在其中哺育幼崽。因为地下洞穴可以使它不受狼、狐狸以及其他猛禽的袭击，所以它可以安心地在洞穴中哺育幼儿。当幼兔出生两个月后，母兔才会将它们带出隐居的洞穴。这时，幼兔已经有足够的能力应付不利情况了。野兔则相反，幼小的野兔所遭受的侵害，比一生任何时刻都要多，因而大量野兔在幼年时期便夭折了。

如此看来，穴兔的生存技巧比野兔高出一筹。尽管它们体形相同，同样胆怯，也同样能挖掘隐蔽的洞穴，但野兔仅仅满足于在地面筑巢，所以容易被发现；而穴兔却肯花费力气在地下挖洞，所以能够摆脱天敌的追捕。

狼与狐狸

狼用蛮力做成的事,狐狸可以凭借诡计做成,而且成功的概率更高——狐狸以诡计多端而著名,在一定程度上它名副其实。

狼

狼是最嗜肉的动物之一,而大自然也恰恰赋予了它满足这种嗜好的能力——超越其他动物的狡诈、敏捷和力量,以及可以攻击和吞食其他动物的一切手段。尽管拥有这些超群的特质,仍然有狼因食物不足而被饿死——因为人类早已向它开战,甚至悬赏猎杀。人类的追杀,迫使它们逃进树林,但树林中生存的动物寥寥无几,而且这些动物一旦看到狼,便会迅速逃跑,并成功逃脱。因此,狼只有等待偶然的机会出现,或者在这些动物经常出没的区域长久埋伏,才有机会将它们捕获,但这种概率微乎其微。

狼天性粗鄙、鲁莽,但有时也会变得机灵和大胆。在饿急时,它们会铤而走险,攻击有人看守的牲畜,尤其是那些容易叼走的小牲畜,如小绵羊、小狗、小山羊等。一旦阴谋得逞,它们便会三番五次地前来攻击,直到吃了大亏(受伤或是被人和狗赶跑)为止。白天,狼躲在洞穴里,只有夜晚才会出来活动,因此,在夜晚的时候,我们经常会发现在荒野里四处游荡的狼;也只有在夜晚的时候,狼才会到村落周围转悠,掠取拴在外面的家畜;它们甚至会直接攻击羊圈,疯狂戮杀所有羊,最后挑选需要带走的食物。如果偷袭没有任何收获,狼会跑到树林中寻觅、跟踪并捕杀小动物。在捕杀过程中,它会表现出喜欢合作的特性。如果真的饿到了极点,它们会不顾一切地去攻击妇孺,甚至成年男子。这种极端的行为会使它们变得疯狂,有时甚至发疯而死。

无论从外表还是肌体结构来看,狼和狗都很相似,就如同一个模子造出来的。然而,模子虽相同,制造出的东西却相反。在天性方面,狼和狗的差异极大，它们不仅不能兼容，还从本性上相互憎恶，本能地互相敌视：小狗初次遇到狼时，马上会不寒而栗，一旦嗅到狼的味道，就会瑟瑟发抖，立刻跑到主人身边，躲在主人胯下；看家狗了解狼的力量，见到狼就皮毛倒立，怒不可遏，极力驱逐这个可恶的不速之客。如果狼和狗狭路相逢，它们之间不是互相逃避就是互相搏斗，这种搏斗的场面极其惨烈：如果狼更为强大，就会将看家狗撕烂并吞食；如果看家狗获胜，就会大度得多，赢了就罢休，或将死狼丢给乌鸦或者其他狼

□ 嗥叫的狼

狼善于长途奔袭，分散侦察，捕杀猎物时全体一起出击。它们战斗捕猎的活动范围辽阔，当一只狼发现猎物或者需要群体出动时，就会发出一种低沉悠长的嗥叫声来召集同伴，其他的同伴听到后，便会回应。

吃。因为狼之间会互相吞噬，所以它们有时会沿着血迹追踪受重伤的狼，群起而攻之，把它作为腹中餐。

如果野狗的生性不那么野蛮，便会很容易被人驯养，并依恋、忠于主人。被逮到的小狼崽，虽然也可以驯养，但绝不依恋人，其残暴的本性即使受到驯养也无法改变，一旦长大就会突显野生习性。因而，即使是最粗野的狗，也可以与其他动物结成伙伴，因为狗天生就乐意跟随、陪伴其他动物。狗善于带领并看守羊群，也是本性使然，人们对它的训练只能起到很小的作用。狼则相反，它们敌视任何一种群居方式，绝不会群体同居，即使是同类也不能共同居住。如果人们见到许多狼聚集在一起，那么，这绝非一种和平的聚会，而是战争的聚首，它们发出可怕的嗥叫，准备合力攻击一个大动物，如鹿、牛等，也可能是为了除掉可怕的牧犬。当攻击行动一结束，它们就会各奔东西，重新回归孤独的生活。

狼的力量很强，尤其体现在它的前半身各部位和脖颈、颚部的肌腱上。狼在叼着绵羊时，也能跑得比牧人还快，这时，只有牧犬才能追上它，逼迫它丢下俘获物。狼撕咬猎物非常凶残，猎物越不反抗，它就撕咬得越凶，假如遇到有自卫能力的动物，它就会畏惧。狼最怕死，不到万不得已，绝不会有勇敢的举动，如果它挨了一枪或者一条腿被打断，就会大声嗥叫，然而，当人们最后用棍子结束

□ 鬃狼

鬃狼别名巴西狼、南美狼,是珍稀的犬科动物,分布于巴西东北部到秘鲁南部区域,包括巴拉圭和阿根廷的部分地区;主要生活在干燥的草原、灌木丛和河流附近。

它的性命时,它反而不会像濒死的狗那样哀嚎了。狼比狗更凶残、更健壮,却没有狗的敏捷。它的精力很好,仿佛不知疲倦,应该是动物中最不容易累得精疲力竭的一类了。狗生性温顺、勇敢,狼虽然残忍,却十分怯弱,一旦落入猎人布下的陷阱,它就会惊慌失措,魂不附体,任人宰杀。被捕获的狼,也会任人戴上项圈,系上锁链,戴上笼头,牵到四处展示。这时,它一点脾气也没有,不但不会流露出丝毫的气愤,甚至连丝毫的不快都不敢表现出来。

狼的感官非常好,眼睛、耳朵都异常敏锐,尤其是鼻子,远处看不见的东西,它能先闻到气味,特别是血腥的气息,更能刺激它的嗅觉。它从老远的地方就能嗅到活的动物,根据它们一路留下的气味和踪迹,能够追踪很长时间。狼走出树林时会先辨认风向,只要停在树林边四处嗅嗅,就能闻到迎风飘来的动物或尸体的气味。狼爱吃鲜肉,不爱吃死尸肉,但饿极了也会吞噬垃圾堆里腐烂的臭肉。狼也爱吃人肉——如果人类不是它的对手,也许人肉就是它永恒的食物了。有人见过狼群跟随军队到达战场,将战死者的尸体从胡乱掩埋的泥土中扒出来,撕烂吞食,即使再多也不满足。

狐狸

狐狸以诡计多端著称,在一定程度上它名副其实。狼用蛮力做成的事,狐狸可以凭借诡计做成,而且成功率更高。狐狸不需要直接与狗或牧人搏斗,不主动袭击畜群,也从不拖曳动物尸体,因此活得更安全。狐狸狡猾而慎重,聪明且小心,耐性也非常好,它经常变换自己的举止,知道在恰当的时机使用恰当的手段。它的警戒心非常强,懂得自卫,尽管与狼一样不知疲倦,甚至更加轻巧,但它仍不完全相信自己的脚力。它会把自身放在安全的地方,筑一个隐蔽的巢穴,情况危急时就躲藏在里面,并在那里定居和养育小狐狸。因此,狐狸并不是居无定所的动物,而是定居型动物。

狐狸十分注重对住处的选择,它甚至会考虑住宅的舒适度,这一特点与人类极为相似。在建造巢穴时,狐狸会选择合适的场所,并且讲究巢穴的入口,这就带有一种高级智慧生物的痕迹。狐狸具有高级智慧,善于将外部的一切条件,转化为对自己有利的条件:它定居在森林边上,离村庄不远,在这里它可以听见公鸡报晓和家禽鸣叫的声音;它懂得巧妙地抓住时机,不动声色、不露痕迹地进行行动,在狡诈的智慧指引下,它的计谋通常都能得逞。

只要能够越过篱笆或从篱笆下面过去,狐狸就会抓紧时机毁坏家禽棚,把所有家禽弄死,然后敏捷地将战利品带走,藏到苔藓下或者自己的洞窟里;过一会儿,再折回带走另一个猎物,掩藏在另一处;随后是第三个……直到天亮或住宅有了动静,它才罢休。在布满黏鸟胶的树枝间,以及有人设下圈套捕捉鸠和山鹬的树丛中,它也使用同样的伎俩进行活动。狐狸抢在设圈套的人之前去查看那些圈套和涂了胶的树枝,每天不止一次。它把那些落入圈套的鸟雀带走,再把这些战利品存放在不同的地方(路边车辙里、苔藓下或刺柏下),有时会放上两三天,等需要的时候再掏出来。它在平原上追捕幼野兔,偶尔也会跑到兔窟外逮野兔,在遇到受伤的野兔时更是不会放过。它还会跑到养兔林(一种饲养兔子的禁猎区)偷袭小兔子,或者到山鹑、鹌鹑的巢里,逮住正在孵蛋的母山鹑和母鹌鹑。与狼相比,狐狸危害"贵族",狼则主要为祸"平民"。

狐狸非常贪吃,鸡蛋、牛奶、奶酪、水果都是它的最爱,尤其是葡萄。当它抓不到野兔和山鹑时,就会转而猎捕老鼠、田鼠、蟾蜍等,这类小动物会因此被消灭一大批,而这也许是狐狸为人类带来的唯一好处吧。它嗜食蜂蜜,会袭击野蜜蜂、虎蜂、大胡蜂。在袭击过程中,它会遭到野蜂的反击。野蜂先是用刺攻击它、驱逐它,狐狸也确实会后退,但却是打着滚后退,把这些野蜂压死。对于它的连环袭击,野蜂不得不放弃蜂窝,于是,这些蜂蜜蜂蜡就成为了狐狸的盘中餐了。狐狸也捕食刺猬,它用爪子把它们翻过来,迫使它们面朝天躺着。除此之外,鱼、虾也是它的食物之一。

狐狸的感官也很敏锐,甚至比狼更灵敏,发音器官也更灵活、更完善。狼只会发出可怕的嗥叫,狐狸则能发出尖叫、嚎叫等不同声调,有时是类似孔雀叫声的哀鸣;它在不同情感的感染下,会发出不同的声调:追猎之声、欲望之声、幽

□ 红狐

狐狸很贪吃，鸡蛋、牛奶、水果等都是它的最爱。它们喜欢居住在离村庄不远的树林中，经常偷食家禽，有时还会到垃圾箱中寻找人们吃剩的食物。图为寻食的红狐。

怨之调以及痛苦的哀鸣，而哀鸣之声只有在它挨枪或断腿时才会发出。受轻伤时，它根本不叫喊，任凭棍棒打死也不抱怨，只是勇猛地自卫。它一旦咬人就会咬住不放，人们不得不借助铁器或棍子来使它松口。它的尖叫声由一种相似的音组成，非常急促，有点类似犬吠。冬天，尤其是下雪和结冰期间，它会一直叫；然而，在夏天时它却几乎沉默不语。

狐狸的睡眠很沉，人们很容易靠近而不惊醒它。它睡觉的时候，像狗一样蜷缩成一团，只在休息时才伸开后腿，直挺挺地趴在地上。它也正是以这种姿势来窥伺鸟雀，鸟雀对它深恶痛绝，一看到它就发出警告的鸣叫。尤其是乌鸦，会从树顶跟踪它，伴随着低声的警报，有时会跟踪它达两三百步远。

獾、松貂与白鼬

> 獾生性懒惰且多疑，通常隐居在最僻静的地方。松貂居住在森林深处，绝不藏身于岩壁间，以捕猎鸟雀为生。白鼬上树时，能一下蹿上好几英尺，逮捕鸟雀轻而易举。

獾

獾生性懒惰且多疑，属于独居动物，通常隐居在最僻静的地方，或者在最阴暗的树丛里挖掘地下住宅。在人们看来，它好像在逃避群居，甚至是逃避阳光，因为它生命的四分之三时间都是在黑暗的巢穴中度过，只有在觅食时才会外出。

獾的身子长、肢体短，前肢的爪又长又结实，利于它刨开土壤，建造洞穴，并将挖出的土壤推到身后。

獾的洞穴内部迂回倾斜，有时甚至可以推进到很远的地方。而狐狸不但没有獾的这种技能，还侵占獾的劳动成果——它无法强制獾离开自己的家，就会使出计谋吓唬獾。狐狸会在獾的洞口守候，甚至利用粪便来污染巢穴，迫使獾不得不舍家而去。接下来，狐狸便理所当然地占领了这个巢穴，并将其拓宽，清理干净，变成自己的住宅。而被迫放弃家园的獾并不想离开，它在不远处又重新为自己筑造了一个窝。獾只有夜里才外出，但绝不会离巢穴很远，一旦感到危险就径直返回，

□ 獾

獾有灵敏的嗅觉、粗硬的皮毛、粗短而坚实的爪子。它们常常在丛林的阴暗僻静处刨土挖穴、建造家园。

这是它保护自己的唯一手段，通常情况下，它无法躲避敌人的追杀，因为它的腿太短，无法快跑。假如獾在洞穴外突然遇到狗，便会被追捕，不过狗想捉住它也不是件容易的事。因为獾的皮极厚，腿、颌、齿和爪都十分坚实，所以当狗将它按倒在地时，它会使尽浑身解数，以全部力量和武器，给狗以重创。它十分顽强，在面对危险时会勇敢抵抗，并与其搏斗很长时间，直到死亡。

松貂和白鼬

松貂喜欢栖息在多草木的地区，它的巢穴一般选在树穴或灌木丛中。它居住在森林深处，行走在树林间，攀缘到大树的顶端，但绝不藏身于岩壁间。它以捕猎鸟雀为生，到处寻觅鸟巢，吞食蛋卵，造成大量鸟雀的灭绝。它也吃松鼠、田鼠等，并且与榉貂和黄鼬一样，也喜欢吃蜜。而它区别于榉貂的地方则是被追捕时的表现：当榉貂觉察到被狗追踪时，会迅速摆脱追踪，跑回自己的洞穴；而松貂则是在被狗追踪很长时间后才爬到树上，轻松地攀到枝头，停在树干上看着狗经过。下雪时，松貂留在雪地的足迹很像大兽留下的，因为它是以跳跃的方式行走的，因此雪地上会同时出现两个脚印。

松貂的体形比石貂略为肥大，但它头短，后腿长，奔跑起来更容易；石貂的喉部呈黄色，松貂的则是白色，比起石貂，松貂的皮毛更细、更浓密，而且不容易脱落。松貂不像石貂那样特意为小貂准备床铺，但小松貂的住处更为舒适。众所周知，松鼠在树顶筑巢的技艺与鸟类一样娴熟，因此松貂会在生产前赶走松鼠，占据其巢穴，拓宽其巢口，生下小貂。它也会把鸮（鸟名，俗称猫头鹰）的旧巢据为己有，或者抢夺一个老树干，将树干上面的喜鹊或别的鸟撵走。它在春天产崽，一胎通常只产两三只，小貂刚

□ 松貂

松貂又名黑貂、赤貂、大叶子等。它身躯细长，约40厘米，体形比石貂略为肥大，体重约650克，具5趾，爪尖利弯曲，非常适于爬树。由于松貂的繁殖力不强，加上长期被大量猎捕，以及人类大面积采伐森林和喷洒鼠药所造成的污染，其数量锐减。国家野生动物保护法已将松貂列为国家一级重点保护动物。

出生时，眼睛是闭着的，松貂便会给小貂送来鸟和卵，等它们长大后，带它们外出猎食。

白鼬（又名扫雪鼬）栖息在近村舍的针叶林或混交林中，也有栖居在草原、草甸及河湖岸边的灌木丛等环境中的。其四肢短小，跖行性，四足掌被短毛，趾掌垫半裸露，到冬季时则被厚实的长毛所覆盖。它的毛色随季节而不同，夏季背部毛色为灰棕色，腹部为白色，足背为灰白色，冬季则全身雪白，只有尾端为黑色。白鼬是一种食肉动物，主要捕食鸟类和小型哺乳动物。

□ 白鼬

白鼬多栖于近村舍的针叶林或混交林中，也栖于草原、草甸及河湖岸边的灌木丛。它主要捕食鼠类，也吃野兔、鸟、蛙、鱼等。

假若白鼬能进入鸡舍，它绝不会去袭击大公鸡或老母鸡，而是专对小鸡雏下手，它只需在它们的头部咬一口就能将其杀死，然后一个个拖走；它也会打碎蛋壳吸食鸡蛋——它吸食鸡蛋的贪婪姿态，是人们无法想象的。冬天，它一般待在谷仓或粮仓，甚至春天也待在那儿，并在干草堆或麦秆堆里生下小白鼬。这个时期，它会向老鼠开战，老鼠无法逃脱它的追捕，因为它能钻进鼠洞。因此，白鼬灭鼠的本领胜过猫，它还能攀爬到鸽子窝里去逮鸽子。夏天到来，它便会离开房屋，来到地势低洼处，潜伏在小树丛中伺机捕捉鸟雀。它也会袭击游蛇、鼹鼠、田鼠等，它奔走在草原上，吞食着鹌鹑和鹌鹑蛋。白鼬的步伐很不均匀，多以小步急速跳跃的姿态前进着，上树时，却能一下蹿上好几英尺，这对于逮捕鸟雀，无疑是方便极了。

鼠

地球上比人更多的动物是鼠,这个族群包括老鼠和松鼠等。鼠的种类繁多,繁殖迅速,属于啮齿目哺乳动物。它们都有黑色的圆眼睛和凿子似的门牙。

松 鼠

松鼠是种美丽的小动物,只能算半野生的,它可爱、温顺,生来便天真无邪,备受人类的喜爱和保护。松鼠不是肉食动物,不会对人造成伤害;它偶尔也会捕捉鸟雀,但多以水果、榛子、榉果和橡栗为主食;它洁净、活泼、灵敏、机警、灵巧,目光里总是闪烁着光彩;它面目清秀,身姿矫健,四肢发达;它的尾巴翘至头顶,犹如羽饰,将面貌衬托得更为优雅。

松鼠与其他四足动物不同,平常多是直立而坐,用前爪当手把东西送进嘴里。它不是藏在地下,而是生活在露天;它拥有鸟雀般轻盈的身姿,栖在树梢上,在树丛间跳跃;在树上筑巢,采食饮露,只有在狂风大作时才会跑到地面。松鼠从不靠近人类居住区,甚至在裸露的田野里、空旷的平原中也无法找到它的踪迹;它不待在矮树丛中,而是栖息在高高的树林中或葱郁的乔木林中的老树上。与陆地相比,它更怕水,曾经有人非常确定地说,当松鼠必须涉水时,就会以树皮作船,尾巴作帆和桨。松鼠不会像睡鼠那样冬眠,它总是很警惕,只要稍微有人触动它栖息的树,它就会逃出自己的巢穴,跑到另一棵树上,或者躲到某个大树枝下。它在夏天搜集榛子,填满树洞和老树的裂缝,以备冬天食用。即使在下雪的冬季,它也会用爪子刨开积雪,寻找食物。它拥有比石貂更为响亮和尖锐的声音,每当被激怒时,就会闭着嘴发出低声的吼叫。但大多数时候,它们都欢乐地穿梭在林海之间。

夏天的夜晚,人们可以听到松鼠在树上互相追逐欢叫,也许它们畏惧灼热的阳光,所以白天躲在阴凉的巢中,晚上才出来嬉戏、觅食。它的巢穴干净、暖和、避雨，且通常筑在树杈上。搭造巢穴时，松鼠先运来小树枝，辅以苔藓编扎，然后用后肢挤紧、踩实，使其宽敞、牢固，以便它和孩子能自在、安全地生活在里面。松鼠巢出口一般朝向高处，大小适中，刚好能够进出；在出口上面有一个像屋顶的圆锥形盖子，可以遮掩巢穴，在下雨时还能阻挡雨水流进洞内。寒冬一过，它们就开始换毛，长出的新毛比脱落的旧毛颜色要深许多。它们用前爪和牙齿梳理着这些毛发，使其变得整洁、光滑，因此，它们身上不会有任何异味。

□ 松鼠

松鼠温顺可爱，是一种美丽的小动物。它们多以水果、榛子、榉果和橡栗为食；一般在树上活动，能像鸟儿那样在枝头跳跃。

老 鼠

老鼠，因经常给人类制造麻烦而知名。它通常生活在堆放种子或储存水果的粮仓里，然后从那里溜出来，进入宅院。一般来说，老鼠是肉食动物，但更确切地说，它属于杂食动物。与软物相比，它更喜爱硬物。它噬食羊毛、布料、家具，钻透木头，在墙上打洞；它通常隐藏在地板夹层中、房架或者细木护壁板的缝隙里。外出觅食时，它常常会将能拖动的一切全部运回来，有时还把那些缝隙变成仓库，尤其是产下幼崽时。老鼠的繁殖能力很强，一年中，它可以生产数次，生产期多在夏季，每胎一般五到六只。冬季，它寻找温暖的地方，在壁炉附近或干草、麦秸堆里安身。尽管总是有猫、鼠药、捕鼠器等制约着它，但因为繁衍速度太快，仍会给人类带来巨大损失。尤其是农村的老宅中，人们在顶楼仓库中存放麦子，而这个存储点离粮仓和干草堆较近，这就为老鼠的藏匿和繁殖提供了便利。它们数量如此之大，若非因内部矛盾而互相残杀，人们就不得不搬迁粮仓了。有人曾见到，老鼠只要稍微受到饥饿的威胁，就会互相残杀、噬咬。因此，当老鼠数量过多而造成粮荒时，强者便会扑向弱者，撕开它们的头颅，吸食它们的脑浆，再吞下残余的部分；第二天，这一切又继续上演，直到绝大多数老鼠被消灭为止。正因为如此，这些家伙在骚扰人类一段时间后，就会忽然失踪，

□ 老鼠

老鼠是人们比较熟悉的一种动物，它们有黑色的圆眼睛和凿子似的门牙，牙齿虽然会因不断啃咬食物而磨损，但在一生中会不断地生长出来。

这种"失踪"有时甚至会持续很长时间。田鼠也是如此，一旦食物短缺，它们就会互相杀戮，致使数量减少。

老鼠在生下幼鼠后，会马上为它们准备床铺和吃的东西。在幼鼠长大走出洞穴之前，母鼠会守护在它们左右。有时，母鼠为救幼鼠甚至会勇敢地和猫进行搏斗。一只成年大老鼠比一只幼猫还要厉害，尽管它们力气不相上下，但由于老鼠的门牙尖锐结实，猫根本咬不过它，只能凭借爪子。所以猫在对付老鼠时，不仅需要强壮的体魄，还需要实战经验。

小家鼠

小家鼠比黄胸鼠小许多，数量更多，也更常见；它们有着同样的本能、脾气和天性。而它们之间唯一的区别则是——小家鼠要弱小而且胆怯得多。小家鼠很少远离自己的洞穴，就算最细微的动静都可以使它返回。它给人类造成的损失很小，而且由于性情温和，可以被一定强度的驯化，但绝不依恋人类。由于比较弱小，它的天敌也更多：猫头鹰以及夜间活动的鸟、猫、榉貂都是它的敌人；人们布下的诱饵也能轻易叫它上当，并且一旦死亡就是一大批；它能存活下来的唯一原因就在于它那强大的繁殖力。因此，小家鼠若想从天敌手中逃脱，或者避开敌人，就只能依靠自己的灵活。

我见过被关在捕鼠器中进行生产的小家鼠，它们全年都在繁殖，且一年多次：它们一胎通常产五六只，而且不到半个月，这些小家鼠们便有足够的能力分散到四处，谋求生计。亚里士多德[1]曾经说过，将一只怀孕的家鼠放在一个储存着种子的瓮里，不久之后，里面就会有120只小家鼠，并且它们都是同一个母亲所生，由此可见，小家鼠的繁殖能力是多么强大。

---

[1] 亚里士多德（公元前384年—公元前322年），著名的古希腊哲学家，是柏拉图的学生，也是亚历山大的老师。

就外貌而言，小家鼠的相貌并不丑陋，它们神情活跃，甚至有些机灵，人们讨厌它们，只是因为它们会带来麻烦及小小的意外。小家鼠的腹部是灰白色的，有的小家鼠全身都是白色，当然也有褐色、黑色，颜色深浅不一。它们广泛分布于欧洲、亚洲和非洲地区。据说，美洲最初并没有小家鼠，它们是后来伴随着欧洲人共同迁徙到此地。此说法的真实之处在于：这种小动物会追随人类，生活在人多的地区，因为它们天生爱吃人们制作的面包、奶酪、肥肉、植物油、黄油等食物。

鼹 鼠

乍一看，鼹鼠似乎是天生的"盲人"，然而，事实并非如此。我们之所以会有这种印象，是因为鼹鼠的眼睛太小，又被遮挡得厉害。仿佛是种补偿——尽管造物主没有赋予鼹鼠正常的视觉，却赋予了它们异常灵敏的听觉。鼹鼠与其他动物最大的差别在于，它的脚有五趾，这与人的手掌颇为相似。至于体形，尽管鼹鼠身形较小，却有着超群的力量，另外，其结实的外皮也极为丰腴。至于性情，安静、孤独、温和等都是鼹鼠的优点，为了保持它的天性，造物主又赋予鼹鼠另一项技能——能在顷刻间挖掘一个隐蔽之所，然后迅速扩充其宅第。如此一来，鼹鼠即使足不出户，也能找到大量维持生存的食物。

鼹鼠不怎么喜欢户外活动，因此它常常关闭自己寓所的大门。除非夏季雨水过多，洪水灌满了它的住宅，或者园丁破坏了其住宅的圆顶盖时，它才万不得已地出来。鼹鼠还是个天生的建筑家，对它而言，在牧场上制造一个圆的穹顶或在花园中开辟狭长的坑道等，都是很轻松的。但是，它既不待在烂泥中，也不住在土质坚硬的地区，因为那里土壤过密、石头太多，所以它通常会挑选一块柔软的土地——有充足的水分，聚集着大量的昆虫和蠕虫，因为这些东西是它的主要食粮。

鼹鼠极少走出地下住宅，因此没有多少敌人，即使面对敌人的攻击，它也能轻易逃脱。对它来说，河水泛滥是最大的灾难，人们见过在发洪水时，它们大批涉水逃亡，竭力奔向地势高的地方。然而，逃亡的大部分以及留在洞穴中的幼鼠们都会被淹死。因此，如果没有洪水泛滥，鼹鼠超强的繁殖力也会给我们带来极大的不便。

刺猬与河狸

大自然赋予了刺猬一种钢针般的甲胄和柔软的身体,使攻击它的敌人无从下手。河狸们通过共同劳动来加强它们的团结,并在共同营造的舒适环境中一起聚餐,维持着这种团结。

刺 猬

古语云:"狐狸知道许多事,刺猬只知一件大事。"的确,刺猬不具备狐狸的机智和狡猾,然而它却懂得"不用搏斗而自卫,不用攻击而伤人"。刺猬天生力气不大,也不够灵活,因而当它受到攻击时,既无法反击也无法逃跑,但是大自然赋予了它一种钢针般的甲胄——面对敌人时,它能迅速蜷成一团,将它那杀伤力巨大的武器——全身的刺伸出来,使攻击它的敌人无从下手,敌人越是伤害它,它越是蜷缩得紧,武器竖得越硬。此外,它还能利用害怕时自身产生的反应来进行自卫:它的尿液能散发出浓烈的臭味和潮湿气,使它的敌人十分厌恶而最终放弃。因此大部分狗看到它时,仅仅是狂吠却不去捕捉它;不过,也有些狗会像狐狸一样狡猾,能够找到战胜刺猬的办法,但最终它自己的脚爪也会被刺伤,嘴巴也到处是血。除了狗和狐狸,刺猬似乎并不惧怕其他动物。

我曾在花园中放养了几只刺猬,它们在那里并没有多大危害,而且也不讨人厌恶,它们靠坠落在地上的果实为生,用

□ 刺猬

刺猬别名刺团、猬鼠等,在动物学中属于食虫目。它们个头较小,鼻子较长,嗅觉发达,头顶和背上长有硬刺,当遇到危险时会蜷成一团,变成有刺的球。

鼻子在地上拱土；吃鳃角金龟、金龟子、蟋蟀、蠕虫和部分树根；它们对肉也比较贪婪，不论生熟都吃。我们常常会在乡下的树林中、老树洞里、石头裂缝里发现它们。白天，它们一动不动，一到夜晚就会彻夜"奔跑"，确切地说是在步行。不过，它们很少靠近居民区。刺猬偏爱干燥的高地，但偶尔也会跑到草地上去。我们用手就可以轻松抓住它，因为在面对人时，它既不逃跑，也不用爪和牙齿来自卫；但只要我们一碰，它就会立刻缩成一团。这时，我们只需将它浸到水中就能使它展开身躯。

刺猬是冬眠动物，因此，在夏天储备食物对它们来说没有任何意义。它们吃得很少，而且可以较长时间不进食。同其他冬眠动物一样，刺猬的血是冷的。

河 狸

每年的六七月间，河狸就会聚集在一起，组成一个群体。它们从四面八方赶来，很快组成一支二三百只的大军，它们聚会的地方通常是其居住场所之一，而且总在河边。倘若它们的住宅区水面平稳，它们就不用辛劳地筑堤，但如果它们住宅区的水位会随时出现涨落，它们就必须筑起围堤来截流，使之形成一方水位平稳的池塘或水域。它们筑造的围堤像一道水闸横穿河流，从此岸到对岸，长为80～100英尺，基部厚达10～20英尺。对于河狸这样的小型动物而言，这项工程是十分浩大的，需要付出极为艰辛的劳动。而且也需要极强的坚固性——它们通常是在浅河水处建堤，假如河边有棵大树，能倒向河里，它们就先将它啃断，用来做堤坝的主要部件。它们挑选的树，往往有两个人的身躯那么粗，在切割大树时，它们仅靠四颗门牙，先将树根啃断，并使其朝着横穿河流的方向倾倒，再啃其树杈，使它水平光滑，各处拥有共同的支撑力。

这项工程需要河狸们共同完成：树啃倒后，几只河狸一起上阵，啃断树杈；而其他河狸则在河边奔走，啃些类似人的小腿或大腿粗细的小树，去掉枝杈，在一定高度将它们咬断，充当木桩。河狸们先从岸上将木块运到河边，再将其从水上一直拖到工地，然后做成紧密的桩基，插得很深，木块之间还会缠上树枝。我们可以想象，这项工程是多么艰难！因为要竖起木桩，并使其基本垂直于河底，河狸们必须把木桩靠着河岸，或横在河上，叼起粗的一端；同时其他河狸钻入水底，用前爪刨个洞，将木桩的细端插进洞中，使木桩得以站立。当一部分河狸插木桩时，另一部分则去找泥土，用脚加水搅拌，用尾巴将泥土打紧，并用嘴衔或

□ 河狸

河狸别名海狸，属河狸科，伴水而栖，栖息在寒温带针叶林和针阔混交林地区的河边；善游泳和潜水，主要在夜间活动。

是用前爪搬运大量泥土来填塞间隙处。桩基由好几排木桩组成，高度相等，并排竖立，从此岸延伸到对岸，到处都砌满泥土。在水流过来的一边，树桩是垂直的；而支撑树桩负荷的一边则是倾斜的。因此堤坝底部达10～20英尺宽，顶端则只有两三英尺，这样就能保证空间够大，又有坚固性，并且还具备了最佳的造型以便蓄水、拦水、承受水重、分散冲击力。在最薄弱的堤坝顶端，它们斜开出两三个排水口，随河水的涨落，将其扩大或缩小。当发生突如其来的特大洪水时，堤坝就会出现几个缺口，但水位一降，河狸便会重新将它们修好。河狸通常在水中的居所旁边建造仓库。

每个河狸家庭都有与其数量相应的仓库，所有的河狸都享有同等权利，从不去抢劫其他河狸的仓库。有人曾见过一个数量达20~25个家族的河狸群落，这样大规模的定居点极为罕见，因为常见的河狸群落只有10~12个家族。在每个群落中，单独的成员都有其独立的空间、仓库和住宅，它们绝不允许外来成员住到自己的篱墙内。通常，一个河狸家族有2个、4个或6个成员，大的约有18个或20个，据说最大的家族拥有多达30只的河狸。它们家族成员的数目几乎都是偶数，而且雌雄数量总是相等。因此即使少算一些，河狸的群落也往往会由150或200名成员组成。

河狸群落的成员虽多，却始终相安无事。因为共同的劳动加强了它们的团结，而且它们在共同营造的舒适环境中聚集，并享用大量的食物维持着这种团结。它们胃口很小而且不讲究，厌恶血腥肉膳，如此一来，它们也不会出现掠夺和争斗的念头了。它们享受着人们一直期盼却又得不到的所有幸福，彼此亲密无间，即便出现敌人，也懂得避开；它们以尾击水产生声音进行报警，声音响彻所有"住宅"上空。听到声音后，河狸们就会作出选择，或潜入水中，或藏身洞内，它们"住宅"的墙壁只怕闪电和人类的铁器，因为其他任何动物都无法凿开或推翻。这些庇护所既安全,又舒适:地板上铺满绿色,黄杨或枞树[1]的枝条是地毯,上面干净整洁,没有丝毫垃圾;近水的窗子做凉台。白天,它们在这里纳凉、洗浴,将下半身浸泡在水里,头和上半身直立地挺着,就这样沐浴在阳光下享受着悠闲时光。它们有时会到远一点的冰层下,这时,逮住它们是非常容易的:只要在一侧进攻它们的窝,同时守候在不远处冰层上凿开的窟窿边,就能轻易抓住它们,因为它们必须到窟窿边上呼吸。

河狸在夏天聚集起来,七八月建造巢穴,九月储存树皮树枝,之后便享受劳动成果,品味温馨的生活。秋冬季节是休息和恋爱的时节,河狸之间通过欢乐和艰辛的共同劳动,彼此互相结识、产生好感,结为夫妇。它们的结合不是偶然,也并非纯自然的需要,而是选择趣味相投的同伴。它们一同度过秋冬,彼此惬意;一起待在家中悠闲自在,偶尔也会出门进行愉快有益的散步或带回自己喜欢的新鲜树皮。据说,雌河狸怀胎四月,冬末产崽,每胎通常两三只,而雄河狸大约就在这时离开住宅,到田间享受温馨的春天和清香的水果。虽然它会不时回家,但不会再住在家里。雌河狸则在家里照顾和养育小河狸,几星期后,当小河狸能跟随母亲出门,就轮到雌河狸出去散步了。它们在露天居住,吃鱼虾或新生的树皮,就这样在水上、林间度过夏天。秋天到来时,河狸又聚集在一起。如果夏天泛滥的洪水冲垮了堤坝或窝,它们就必须更早地聚集在一起进行修复。

---

[1]黄杨,黄杨科常绿灌木或小乔木,是制作盆景的珍贵树种。枞树,又名冷杉,一种常青树,主要生长在山上,一般高10~80米,直径0.5~4.0米。

狮与虎

> 狮子不仅自豪、勇猛、有力,而且高贵、仁厚、大度。老虎则过于卑鄙、残暴、冷酷,因此,老虎比狮子可怕得多。

狮

与动物不同,人类受到气候的影响比较轻微,欧洲的白种人、非洲的黑种人、亚洲的黄种人、美洲的红种人只是属于不同的人种,不同的气候只是赋予了人类不同的肤色。人生来就是自然的主人,整个大自然都是他的领地,他似乎能适应任何环境——无论是炎热的南方,还是寒冷的北方,人类都能生存和繁衍。

然而,气候对动物的影响就要大得多,生活在不同气候下的动物会表现出明显不同的特征,这也是它们种类繁多的原因。比起人类,动物之间的差别更明显,而这种差别似乎取决于气候的不同:一些只能生活在热带地区,一些则只能生活在寒冷的气候条件下,例如,驯鹿从不居住在南方地区,狮子从不在北方生活。每一种动物都有自己的乐土和天然王国,它们由于生理需要而待在适合自己的地方。可以说,动物之间物种的不同是气候原因造成的。

炎热地区的陆地动物比寒冷或温和地区的动物要高大强壮,也更勇猛凶残,而这些特点正是源自炎热的气候。生活在非洲或印度烈日下的狮子,比其他狮子更凶猛、强悍,也更可怕。如生活在贝尔杜格里德或撒哈拉的狮子,比起常生活在冰雪覆盖的阿特拉斯山[1]山顶的狮子要骁勇、凶猛、残忍得多。在灼热的沙漠中生存的狮子,是旅客的眼中钉、肉中刺,也是邻邦的祸害,但其数量较少,而且正逐年减少。据那些走遍这一地区的人们证实,现在那里的狮子远没有从前

---

[1]阿特拉斯山:非洲西北部山脉,是非洲最广大的褶皱断裂山地区,阿尔卑斯山系的一部分。横跨摩洛哥、阿尔及利亚和突尼斯三国。长1 800千米,南北宽约450千米。

的多。这种强大、勇猛的动物猎食其他所有的动物,自己却不会成为任何动物的猎物。而这些狮子数量的减少,很大程度是人为原因造成的。必须承认,即使是百兽之王,也难以敌过霍屯督人[1]或黑人的机智计谋。

人的力量和技术的优势不仅能摧毁狮子的力量,还能瓦解它们的勇气。在那将黑人和摩尔人隔开的广袤的撒哈拉大沙漠,在塞内加尔和毛里塔尼亚边境之间,在霍屯督地区北面等荒无人烟的地方,以

□ 狮

狮是唯一一种雌雄两态的猫科动物,其体形巨大,属于群居性动物。狮通常捕食比较大的猎物,例如野牛、羚羊、斑马等,但小型哺乳动物和鸟类它们也不会放过。它们喜欢新鲜的肉类,不喜欢腐臭的尸体。图为亚洲狮。

及非洲和亚洲的所有南部地区,狮子依然为数众多,并且依旧保持着自然给予的本色:它们习惯于攻击任何动物,并能战而胜之,获胜的习惯使它们更加顽强和凶悍。由于它们不了解人类的力量,因此不会畏惧人类;它们没有验证过人类武器的厉害,却想与人类抗争;受伤虽能使它们发怒,却不能吓退它们,即使看到大批人马也不慌张。这些生活在沙漠中的狮子,单枪匹马就敢袭击整个商队,一场顽强和激烈的战斗之后,它们虽然疲惫,却不掉头逃跑而是继续坚持,一边后退,一边搏斗。相反,生活在印度和柏柏尔人[2]城邦或小镇的狮子,在领教过人类的力量后,已经丧失了勇气。甚至只要一听到人类威胁性的吆喝,就会顺从于人,它们不敢袭击人类,只会扑向小牲畜,当被棍棒击打后便放弃猎物,不光彩地作罢。

狮子天性的变化和驯服清楚地表明,它能够记住人们留给它的印象,能够被驯化到一定程度,接受训练。因此,历史故事中出现了牵引凯旋之车的狮子或被迫去作战的狮子或狩猎的狮子,它们忠于自己的主人,只将自己的力量和勇气用

---

[1] 霍屯督人:南部非洲的种族集团,自称科伊科伊人,主要分布在纳米比亚、博茨瓦纳和南非。
[2] 柏柏尔人:西北非洲的一个说闪-含语系柏柏尔语族的民族,主要集中在摩洛哥和阿尔及利亚。

□ 非洲狮

非洲狮是草原上最大的猫科动物，雄狮的体重可达180~270千克。在非洲大草原上，所有的动物在它面前都处于劣势，它可算得上是真正的草原霸主，因此有"草原兽王"之称。

于对付敌人。可以肯定，如果将捕获的年幼狮子和家畜饲养在一起，它们很快就会与家畜打成一片。狮子对主人表现得十分温顺，甚至十分亲密，在幼年时更是如此，即使偶尔会暴露出凶猛的天性，也很少冲着有恩于自己的人。它动作十分勇猛，食欲也极为强大，即使被驯养，也不一定能消灭其野性。因此，让它过久地挨饿，或者无故折磨它使它气恼，将会十分危险。受到虐待时，它不仅会发怒，还会一直耿耿于怀，等待蓄意报复。

同时，它也会记着人们对它的好，并时刻心存感激。我可以引用大量具体事实，也许这其中有某些夸张成分，但它们还是相当可靠的。我们经常看到狮子无视敌人给自己带来的伤害，宽恕它们的放肆行为；它们也曾沦为俘虏，虽然厌烦却并未变得乖戾，反而养成温和的习性，服从于主人，舔舐供应它食物的主人的手，甚至有时会拯救那些被人们当作猎物扔给它的"食物"。而且，似乎正是因为这种慷慨之举，使它们与猎物产生了感情，之后的时间里，狮子继续这样保护着它们，与它们平静地生活在一起，分享食物，有时甚至会让它们全部拿走，它们宁可挨饿，也不愿中断善行。

狮子的外貌与它内在的伟大品质完全相衬：它相貌威严、目光坚毅、举止豪迈、吼声震天；它的身体是那样的匀称和协调，似乎是力量与灵活巧妙结合的典范。它肌肉发达，遒劲有力，身体没有过多的肉和脂肪，更不存在任何多余的赘肉。这种巨大的雄健力量体现在它轻易而神奇的跳跃；猛烈摆动的尾巴足以推倒一个人；可以使表皮和前额的皮肤灵活活动，丰富了它盛怒的表情；摇动鬣毛的能力，愤怒时，鬣毛不仅能竖起，还会向各个方向摆动。

饥饿时，狮子会从正面袭击遇见的所有动物，但由于它令其他动物非常畏惧，动物们都尽量避开它，它只得隐藏起来，出其不意地攻击它们。它潜伏在草木茂盛的地方，从那里奋力扑出，抓住猎物。在沙漠和森林中，它通常的食物是羚羊和猴子，当然，只有当猴子在地面时狮子才能捕捉到它，因为它不能像老虎或美洲豹那样爬树。它一餐能吃很多，大饱口福后可以两三天不进食；它的牙齿十分坚固，能轻易嚼碎骨头和肉，再一并吞下。据说它能忍受长期饥饿，但因为它体温很高，所以不耐渴，见到水就大饮特饮。它喝水的方式与狗很相似，唯一的区别是狗在喝水时舌头向上卷，而它则是向下卷——因此喝水时需要很长时间而且还会漏掉很多水。它喜爱鲜肉，尤其是刚杀死的动物肉，每天大约需要吃7.5千克生肉；它不喜欢扑向散发腐臭气味的尸体，因此宁可去追赶新猎物，也不想返回去享用前一个猎物的残存尸体。

　　狮子吼声很大，在沙漠的夜里，它的吼声如同雷鸣般震响四周。它愤怒时的叫声却又不同，这种声音突然而短促，不似吼声那般轰鸣。它每天都要吼五六次，雨天时更为频繁。它愤怒时的叫喊比吼声更加令人战栗，此时它的尾巴左右直摆，击打着地面，舞动长鬣，面部皮肤急剧抽动，粗大的眉毛上下抖动，亮出令人惧怕的牙齿，伸出有坚硬尖刺的舌头——即使没有牙齿和爪子的协助，也足以剥皮破肉。比起后半身，它的头、颌、前腿要强壮得多。夜晚，它同猫一样能够看清四周的东西；它睡眠时间不长，且易醒；但若说它睡觉时是睁着眼睛的，这一点无疑是毫无根据的。

　　虽然狮子的日常步态总是斜着的，却十分高傲、庄重、缓慢。它跑步的姿势并不是平稳均匀的，而是以跳跃的方式。它的行动十分迅猛，无法立即停止，因此在追赶猎物时总是越过它们。当它扑向猎物时，一下跃出十来步，扑到猎物身上，先用前爪撕裂对方，再用牙齿撕咬并吞食下去。只要它是健壮的，行动就非常敏捷。狮子很少离开沙漠和森林，因为那里有充足的野生动物供其猎食；但是，当它们年老不适合捕捉猎物时，就会经常接近人类居住的地区，对人和家畜带来相当大的危险。然而，当狮子看见人和动物在一起时，多是扑向动物，而不会扑向人，除非人攻击它。但当它发现面前的人曾伤害过它，就会丢掉猎物，转而攻向自己的"仇人"。有人说，比起别的肉，狮子更喜欢骆驼肉和幼象肉，幼象在牙还未长出时并不是狮子的对手，除非母象赶来援救。也就是说，除了大象、犀牛、老虎、河马，其他动物都不是狮子的对手。

　　无论狮子怎样可怕，人们都会骑着马，带着高大的猎犬来猎捕它。人们将它撵走，使它后退，但前提是必须让狗或马事先接受训练，因为未受过训练的动物一闻到狮子的气味就会颤栗而逃。尽管狮子的皮毛很坚实，却仍无法抵挡子弹，甚至连投枪都抵挡不住,然而,人们几乎从不能一枪将它毙命。人们常常通过设计捉住它,就像捕狼一样,使它落入有诱饵的陷阱。狮子一旦被捉,就会立刻变得温顺;在它还处于吃惊或犹豫时,人们就可以缚住它,给它套上嘴套,想牵到哪儿就牵到哪儿。

虎

狮子自豪、勇猛、有力,而且高贵、仁厚、大度;而老虎则过于卑鄙、残暴和冷酷。因此,老虎比狮子可怕得多。狮子经常忘记自己是百兽之王,是所有动物中的最强者,它以安详的步伐前进,从不主动攻击人,除非被挑衅。只有当受到饥饿威胁时,它才会加快步伐,奔跑狩猎。老虎则不然,即使吃得很饱,也总是显得嗜血如命。老虎的暴戾,只有当其需要设圈套捕捉动物时才会暂时收敛。然而,通常情况是,它刚刚狂暴地抓住并撕咬一个猎物后,又会立即扑向另一个猎物。它横行一方,既不怕人也不忌惮武力;它咬死和洗劫家畜群,杀死所有野兽,袭击小象、小犀牛,有时甚至敢冒犯狮子。

我们常说,体型通常与天性一致,狮子仪表高贵,腿的长度与身体长度正好成比例;密而长的狮鬣盖住肩部,遮蔽面部;目光坚定,举止庄重。老虎则体长肢短、脑袋光秃秃的,目光茫然,血红的舌头总是伸到嘴外,表现出永不满足的残暴特性;它的全部本能只是一种无休止、无理由的狂怒。有时候,老虎还会吞噬自己的亲生骨肉,甚至撕碎想要保护幼虎的母虎。不过,在大自然的成员中,这样的物种为数不多。

老虎似乎生来就适应炎热的气候,在马拉巴尔海湾、孟加拉国等地,它经常出没于江、湖岸边,这是因为嗜血的本性不断刺激着它,它需要经常饮水来平息能使它精疲力竭的燥热。水边也方便老虎狩猎,炎热的气候使得其他动物每天来饮几次水,而老虎就在这里等待猎物。事实上,

□ 虎

虎的身形巨大,体毛颜色有浅黄、橘红色等。它们巨大的身体上覆盖着黑色或深棕色的横向条纹,条纹一直延伸到胸腹部。老虎不但是高级的猫科动物,也是目前地球上强大的陆地肉食动物之一。

老虎是在反复地捕杀猎物，因为它总是丢下刚杀死的动物，再去屠杀别的动物。它好像只是为了尽情吸食动物的血，沉迷于这种快乐的享受——撕开猎物，扯开尸体，大口大口地喝溢出的血。然而，当它将马、牛等大型动物杀死后，如果觉得此地不安全，就不当场开膛剖腹，而是为了能自在地将它们撕成碎块，把它们拖曳到森林中，但它的奔跑速度绝不会因为拖着庞然大物而放缓。

老虎是仅有的不能改变天性的动物，武力、威逼都无法制服它们，无论对它们善意还是凶狠都会激怒它们。人类温和的举止能感化一切，唯独对它这种顽石般的性情无能为力；气候能缓解其他野兽的兽性，却不能缓和它的性情，只能稍微减轻它的狂暴。它撕咬喂它食物的手，认为这只手会袭击它；它看到任何生灵都会咆哮；每一种动物在它眼中都是猎物，它先是用贪婪的目光盯住，然后抖动身体和牙齿威胁它们，继而猛冲过去。尽管铁链和栅栏能阻止它的行动，却无法将它的愤怒平息。

豺与熊

豺是介于狼和犬之间的兽类，它有着狼的凶残，也有着狗的随和。熊生活在人迹罕至的地方，独自隐居在自己的巢穴中，即使没有食物储备，也不出洞。

豺

尽管狼种与犬种非常接近，豺却仍能在这两者之间找到归位。正如贝隆（1517—1564年，法国著名博物学家）所说，豺是介于狼和犬之间的兽类，它不仅具有狼的凶残，也具有狗的随和；它的声音是一种夹杂着犬吠和呜咽的嗥叫；它比狗还喜欢乱叫，比狼还贪婪。它们从不独自行动，而是20只、30只，甚至40只地结队而行；它们通常集合起来发动战争或狩猎；它们以小动物为生，在人的眼皮底下袭击各种家畜、家禽，甚至毫无惧色地单独闯入羊圈、牛栏、马厩；如果实在找不到别的东西，它们就吞下鞍、长靴的皮革。缺少活物的时候，它们就会挖出动物或人的尸体。因此人们必须把墓地的泥土夯实，并掺进粗壮的荆棘以阻止它们的挖掘，要知道只有几尺厚的土是无法阻拦它们的。在掘坟时，常常是几只豺一起合作，它们一边掘土一边发出凄厉的吼叫。一旦它们习惯食尸后，就会在墓地间不断奔走。它们还会跟踪部队，袭击商队。它们是四足兽中的乌鸦，再臭的肉它们也喜欢；它们的食欲总

□ 豺

豺，哺乳纲，食肉目，犬科，介于狼和狗之间；外形与狼、狗等相近，比狼小而稍大于赤狐；多居住于岩石缝隙、天然洞穴，或隐匿在灌木丛中，但不会自己挖掘洞穴。

是那么大,最干巴的皮革都可以成为它们的佳肴,任何皮毛、脂肪甚至动物的粪便,它们都吃。

鬣狗也喜好腐肉,喜欢掘尸;它与豺之间有着一致的习性。因此,尽管二者截然不同,但人们仍然常常将这两种动物混淆。鬣狗是一种独居且很沉默的动物,它具有强烈的野性,虽然比豺要强壮许多,但并不像豺那样令人厌憎,它仅仅满足于吞食死者而不去骚扰生者;而豺的吼叫、偷盗和暴行却是所有旅行者所憎恶的,豺集中了鬣狗和狼的无耻卑劣,兼具二者的天性,集各种丑陋的因素于一身。

熊

熊是一种独居性的野生动物,它的本能是逃离所有群体,生活在人迹罕至的地方。它只有生活在最原始、最自然的地方才感到舒适自在。因此,陡峭山谷中的岩穴、密林中的老树洞,都可以作为它的巢穴;它独自隐居在里面,即使没有食物储备,也不出洞,在那里度过寒冷的冬天。

熊的叫声是一种低沉的吼叫,粗哑深沉,常常夹杂着牙齿的战栗,我们常常可以听到这种声音,尤其是将它激怒时。它很容易愤怒,这种愤怒时常是出于任性的狂暴。当它被驯化后,即使显得十分温顺和听话,人们仍需提防着它,谨慎地对待它,切记不要触碰它的鼻尖。

对于被驯化的熊,人们可以教它站立、做手势、跳舞,一些聪慧的熊甚至似乎能听懂乐器的声音,从而跟上乐器的节奏舞动。但是人们对其进行这类训练,必须从幼年开始,并持续一生。年龄大的熊不可能被驯化,因为它非常顽固,无所畏惧,甚至不怕人。但它极容易受惊。据说,只要人们打一声呼哨,就能将它震住,使它大吃一惊,停下脚步站立起来,这时正适

□ 熊

熊体形粗大、尾短小,有棕熊、白熊、黑熊等种类;属于杂食动物,既食植物也食动物。熊虽然体态笨重,但大多能爬树,并擅长游泳。

合开枪击毙它。但是，若不能将它毙命，它就会出于惊恐而扑向射击者，用前肢抱紧他，倘若无人救援，它就会把射击者掐死。

　　熊有很好的听觉和触觉，尽管与其庞大的身躯比起来，它的眼睛要小许多，但其视觉却是极好的。熊的耳朵非常短、皮毛浓密厚实，还有着极其灵敏的嗅觉，其嗅觉甚至胜过其他任何动物。这种嗅觉是建立在它奇特的鼻腔构造上的：里面有四排骨质薄片，彼此间被三个垂直平面分割，极大地扩大了接受气味的面积。熊的四肢非常强壮，手指和脚趾又粗又短，彼此之间紧密地贴着；其次，它打架也是用拳头。这两点与人类有些类似，但这并不能使它高级多少。

象、犀牛与骆驼

象一旦被人驯化，就会变成最温和、最温顺的动物。它们专心地听从主人的吩咐，谨慎地执行主人的命令。在自然本领和智力上，犀牛与象有着较大的差距。对阿拉伯人而言，骆驼是上天赐予他们最好的礼物。

象

野象既不嗜血成性，也不凶残，相反，它生来温顺，从不滥用武力，只有在自卫或保护同类时才会使用"武器"。它是群居动物，人们很少看到它独自流浪或离群独行。它们通常结伴行动，年长者走在队伍的最前端，稍微年轻些的则走在队伍后面，年幼和体弱者就在队伍中间。当然，它们只是在危险的行程中，或是到耕地上吃东西时，才保持这一序列；在草地或森林中散步或是旅行时就不会这样谨慎了，它们之间有一定的距离，但不会相隔很远，这样听到报警后就可

□ 象的进化

象是一种古老的动物，在象的进化史上，先后有三脊齿古象、铲齿象、猛犸象、剑齿象和今天的亚洲象、非洲象等。前三种象的体型都较今天的亚洲象、非洲象大，但它们都已灭绝。

以互相救援了。然而，总有一些象会走失或落于其后，成为猎人袭击的目标。如果猎人想要攻击整个象群，就必须拥有一支小部队才能战胜它们，因为人们只要稍有进犯之举，都十分危险——它们会向袭击者猛扑过去，虽然它们庞大的身体看似非常笨重，但步伐之大，足以轻易地追上跑得最快的人。它们用巨牙戳，或用鼻子将袭击者卷起来像石头一样扔出去，再用脚踩踏，结束他的性命。不过，这种情况只会出现在它们被激怒时，对于那些没招惹自己的人，它们不会随意伤害。但它们对伤害十分敏感，因此人们最好不要与其相遇。那些经常出入象群活动地带的旅行者，必须在夜里燃起篝火，敲打货箱，使它们不敢靠近。据说，大象一旦被人袭击或掉进人们布置的圈套，就会耿耿于怀，随时伺机报复。

野象的鼻子很大，相比其他动物，它的嗅觉更加灵敏，能从很远的地方嗅到人的气味，并根据气味轻而易举地追踪到人的踪迹。古书记载，只要猎人经过的地方，大象就会用鼻子拔下那里的草，然后一一相传，让所有的象都知道敌人的踪迹。这种动物喜欢生活在河岸、深谷、绿荫和湿润地带，它们不能离开水，喝水时，总会先将水搅浑，再用象鼻吸满水，把水送进嘴里。大象不耐寒，也受不了酷热，它们为了避开灼热的阳光，尽量住到幽暗的森林深处；它们也经常泡在水里，庞大的身躯并不妨碍它们戏水，反而有助于它们在水中游泳；虽然它们不能像其他兽类那样深入水下，但那高高竖起的长鼻子却能避免它们溺水。

大象通常以树根、草叶、嫩枝为食，偶尔也吃水果和种子，但并不喜欢肉和鱼。如果某只象发现一处丰饶的牧场，便会呼唤其他的象与自己一起分享这些美味。大象需要很多草料，因此经常换地方。一旦它们来到田里，就会给这里造成极大的破坏，它们的身体沉重无比，践踏掉的植物或庄稼，往往是它们吃下的十倍以上。而且它们多是成群而至，不到一小时，便可以毁掉整块庄稼地。居住于野象出没地区的印度人和黑人了解野象的破坏力，便想尽办法吓跑它们，如发出巨大的声响或燃起熊熊篝火等。尽管如此，象群依然经常占领耕地，赶走家禽和人，有时甚至会彻底掀翻简陋的住宅。象不知道害怕，唯一能令它们止步的方法就是朝它们扔爆竹，这突如其来的炸响通常可以震住它们，有时甚至能让它们掉头逃跑。我们很少能拆散象群，因为它们总是共同决定是进攻还是若无其事地走掉或逃跑。

象一旦被人驯化，就会变成最温和、最柔顺的动物。它依恋照料它、抚摩它、给它食物的人，能理解人的手势，甚至能听懂人的语言，能分辨出人的命令、愤怒或满意的语气。它的行动有条有理，从不会误解主人的话，而是专心听他们的吩咐，谨慎地执行主人的命令。它十分稳重，总会很好地节制自己的行为。它能轻易学会屈膝，便于人们骑坐。它用鼻子向人致敬，还能用它举起重物。它乐意让人给自己穿衣，而且似乎很喜欢自己身上的金鞍，我们用套索将它套住，拴在货车、犁、船或绞盘上，它就用力拖拉，绝不气馁。

驾驭象时，驾象人通常爬上它的脖子，拿着一个铁器或锥子戳它的近耳根处，叫它拐弯或加速。但通常情况下，只需人们几句话就足够了，尤其是在它熟悉主人、对主人充分信任之后。它的感情极为深厚，所以常常拒绝为陌生人效劳，我们还见过大象因一时愤怒而杀死照料自己的主人后绝食自杀的情景。

犀 牛

犀牛的身形仅次于大象，是最强有力的四足兽。它的身躯庞大，从嘴部到尾端至少长12英尺，高6~7英尺，其躯干的周长几乎与身长相等，因此在体形和重量上，犀牛与大象十分接近。但在人类看来，犀牛似乎比象要小得多，因为按照身体比例，犀牛的腿比大象要短许多。

在自然本领和智力上，犀牛却与象有着较大的差距。尽管大自然赋予犀牛所有四足兽的一般特性——皮肤上没有任何感觉系统，没有手和专门的触觉器官等，但由于它没有大象的长鼻，只有两片灵活的嘴唇，所以它的灵敏性要比大象低得多。相比其他动物，它的优越性主要体现在力量、身高和鼻子上坚硬结实的犄角上，这个角所在的位置，比反刍动物的角更有利，反刍动物的角只能武装头部和脖子上部，犀牛的角却能保护整个嘴的前端，防止鼻子、嘴和脸部受到伤害。因此，老虎更愿意攻击象，因为攻击犀牛会有被开膛的危险。

此外，犀牛的身体和四肢被一层刀枪不入的皮包裹着，所以它既不怕虎爪、狮爪，也不怕猎人的铁器和火器。它皮肤

□ 犀牛

犀牛的体积仅次于象，是陆地上最强壮的动物之一。其四肢短小，身体肥壮，皮厚毛少，胆小，与敌人对峙时，一般不会主动出击。

□ 印度犀牛

印度犀牛是最原始的犀牛。它们头大耳长、鼻宽眼小，深灰而又略偏紫色的皮又厚又硬，像古代骑士的盔甲一样，只在肩胛、颈及四肢的关节处有较软的褶皱。

黝黑，与象的皮肤颜色一样，但更厚、更硬。大象对飞虫叮咬非常敏感，犀牛则不然。犀牛的皮不能皱缩，只有颈部、肩部和臀部有粗糙的褶皱，这种构造可以使它的头部和腿部活动起来比较方便。它的腿部粗壮，宽大的脚上有两只大爪。按照身体比例来看，犀牛的头部比象长，眼睛则要小，而且始终是半睁着的；其下颌没有上颌那么突出，上唇能自由活动，并能拉至6～7英寸长；嘴中央有个尖尖的附属器官，这一器官是由肌肉纤维组成，类似于手或象鼻，尽管很不完整，却能灵巧触摸、有力地抓住物体。象的防御工具是它乳白色的长牙；而犀牛则有强大的角，和位于上下颌的四颗尖利门牙，除了这些门牙，它还有24颗臼齿。它的耳朵一直竖着，形状与猪耳有些相似，但与其身体相比要小许多——犀牛的耳部是其头部唯一有鬃毛的部位。犀牛的尾端与象一样，有一束非常坚硬结实的粗鬃。

犀牛多以粗劣的草、带刺的灌木为主食，与草原上鲜美的草相比，它更喜欢这些粗粮；它也很爱吃甘蔗和各类种子，但对肉类却毫无兴趣，因此小动物们不怕它；它也不怕大型动物，甚至可以与虎和平共处，老虎常与它为伴，却不敢袭击它。犀牛不群居，也不像大象那样结队行动；它更为孤僻，野性更强，也更难被征服和猎捕。它只要没有受到挑衅，就不会随意攻击人，但一旦受到挑衅，就会大发雷霆，异常恐怖。它的皮很厚，大马士革利刃[1]、日本军刀都无法刺破，标枪长矛也扎不进去，甚至火枪子弹都不能伤害它；铅弹碰到它的皮就会被撞扁，铁制柱形子弹也不能完全穿透。这个穿着铠甲的身躯唯一的薄弱之处就是腹部、眼睛和耳朵周围，因此猎人不敢迎面攻击它，而是远远地跟踪，在它休息或

---

[1]大马士革利刃：原产地印度，是乌兹钢锭制造，表面具有铸造型花纹的刀具，为世界三大名刀之一。

睡着时再进行攻击。

骆驼

与大象和犀牛的强壮不同，骆驼的体型有些怪异，背上的驼峰更使它显得有些畸形，但在阿拉伯人眼里，骆驼是上天赐予他们最好的礼物，因此骆驼对他们而言，是最神圣的动物。如果没有骆驼，阿拉伯人不能生存，也无法进行贸易和旅行。首先，骆驼奶是阿拉伯人的必备食物；其次，骆驼肉，尤其是小骆驼肉，更是阿拉伯人的美味佳肴；最后，骆驼毛能为阿拉伯人提供更多的额外收入，骆驼每年都会进行一次彻底的换毛，由于其毛细而软，因此被阿拉伯人用来做成穿戴或布置房间的织物。

可以说，骆驼的存在，不仅可以使阿拉伯人衣食不缺，还能令他们无所畏惧。骆驼在沙漠中一天可以跑200千米，世界上任何一支军队，若要追赶一群阿拉伯人都会丧生，所以，阿拉伯人只有在心甘情愿时才会被征服。可是，这些自由、独立、安定，甚至十分富裕的阿拉伯人，却不将这些美好看作是自由的保障，反而用罪恶来玷污沙漠——他们穿过沙漠，到邻近国家抢夺奴隶和财产，利用骆驼来实施抢劫。他们以抢劫为乐趣，因为他们的行动几乎总能成功，尽管邻国蔑视他们，力量上也优于他们，但还是无可奈何地让他们逃脱，让他们不受惩罚地抢走自己的一切。

当一个阿拉伯人决定从事"陆地强盗"这一职业后，他能很快学会忍受旅行的疲劳。一方面，他尽量减少睡眠时间，忍受饥渴、炎热。另一方面，他开始训练骆驼，在骆驼出生不久后，迫使它们蹲下伏到地上，让它们负载比较重的东西，并让它们习惯运载重物，然后再换上更重的货物；在骆驼感到口渴和饥饿时，也不给它们水和食物，而是调整它们吃喝的时间，并逐渐将两餐时间的间隔拉长，同时减少食物供应量；等骆驼稍强壮

□ 换毛的骆驼

由于沙漠中四季温差较大，骆驼会根据季节的变化长毛或脱毛，以此适应寒冷或炎热的气候。图为春季来临时，骆驼褪掉御寒的长毛。

☐ 单峰驼

骆驼躯体高大,腿和颈粗而长,蹄大如盘,两趾,跖有厚皮,适于沙地行走。骆驼有两种:单峰驼和双峰驼。图为单峰驼。

些时,就训练它们奔跑,并以马为参照来刺激骆驼,最终使它们像马一样轻快、强壮。最后,在控制了骆驼的力量、速度和饮食后,他就让骆驼承载维持自己和骆驼生存所必需的食物,动身来到沙漠边缘,抢劫过路人和偏远地区的居民,然后让骆驼驮着战利品。假如受到追击,他便立刻逃跑——登上一头最轻快的骆驼,带领队伍日夜兼程,几乎不吃不喝,在一个星期内轻松跑过300千米。在这段疲劳的赶路时间中,他让骆驼运载东西,每天只让它们休息一个小时,并只给一个面团。骆驼一跑就是十多天,没有水便不喝,当闻到不远处有水时,它们就会加快步伐靠近水源,一次性喝足可以应付整个旅程的水。骆驼的旅程经常持续好几个星期,它们节制饮食的时间,通常可以与旅行时间一样久。

斑马、驼鹿与驯鹿

大自然中的一切都没有绝对相同的,因此每一种生物种类的创造都不同。正如斑马既非马,又非驴,它只是它自己。虽然我们一直试图让斑马与马或驴亲近,但始终无法让它们实现杂交或繁殖。

斑 马

斑马可能是四足动物中身形最好、外表最优雅的动物了——它既有马的优雅外形,又有鹿的轻盈。它披着一身黑白相间的条纹衫,这些条纹的间隔是那么规则、匀称,就如大自然使用尺子和圆规描画出来一般。这些黑白相间的条纹非常奇妙:彼此平行,相互的间隔也极为精确,犹如一块花格布料。而且这些条纹不仅排列在它身上,还布满它的头部、大腿、小腿,甚至耳朵和尾巴。因此从远处看,斑马就像是全身环绕着细带一般。这些"细带"沿着身体轮廓分布,随体形的胖瘦、圆润不同而变宽或变窄,从而勾勒出肌体轮廓。

这些条纹在雌斑马身上是黑白相间,在雄斑马身上则是黑黄相间,但色调都同样鲜艳并闪烁着光泽。斑马的体型较马稍小,比驴稍大。尽管我们常常将斑马与马或驴相比较,甚至称它们为"野马"或"条纹驴",但它们并非马或驴的翻版,而应该算是它们的样板。大自然中的一切都没有绝对相同的,或者每一种类的创造都不同。因此斑马既非马,也非驴,它只是它自己。虽然我们一

□ 斑马

斑马体形优美,身上色彩鲜明,奔跑时动作轻盈。它天生有一种躲避套绳的能力,故不易捕捉;性情暴躁,不易驯服,因此至今仍没有杂交或驯化的品种。

直试图让斑马与马或驴亲近，但依然无法让它们实现杂交或繁殖。

驼鹿与驯鹿

如果将驼鹿和驯鹿作一番比较，我们便能得出二者的准确形状：驼鹿体形更大更粗壮，腿也长得多，脖颈较短，毛更长，角也比驯鹿角更宽更粗大；驯鹿则矮而壮，腿短而粗，蹄更宽大，毛浓密，角长得多且有许多分叉，角的末端如掌般宽大。

它们的颈项下都有长毛，且尾短，耳朵比驯鹿要长许多。与狍子和驯鹿相同，它们也只能以跳跃的方式前进，走路如小跑，轻盈而敏捷，同样的时间内走出的路程与狍子和鹿差不多，而且不知疲倦，可以不停歇地跑上一两天。驯鹿住在山里，驼鹿则在低地和湿润的森林里活动。与鹿一样，它们也是成群结队活动，也能被驯化，但驯鹿比驼鹿更容易被驯化。驼鹿在任何地方都很自由，而驯鹿则变成最原始民族拉普兰人[1]的家畜——他们唯一的家畜。因为在拉普兰人生活的地区，只有斜阳照耀，气候十分寒冷，昼与夜的长短会有季节性的变化，从初秋到来年春末，一直大雪纷飞。即使夏天，荒野中的唯一绿色也只有荆棘、刺柏和苔藓。试问，这样恶劣的条件又怎能养其他家畜呢？而且马、牛、羊等所有对人类有益的动物，在这儿既没有食物，也耐不住严寒，所以，拉普兰人只得在森林中寻找那些容易驯化和最有用的物种。于是，他们开始驯化森林中的鹿、狍子，使之代替原来的牲畜，成为新的家畜。

由此，我们感受到了大自然的慷慨，它向人类提供了马、牛、羊

□ 驯鹿

驯鹿头长而直，耳朵较短，额部凸出，颈较细长，肩稍隆起，尾巴短小，蹄大而宽阔，适于在雪地和崎岖不平的道路上行走。

[1] 拉普兰人：拉普兰的土著人，长得很像亚洲人。身材矮小，皮肤棕黄，黑发浓密。世代以放鹿为生。

以及其他家畜为人类服务。尽管拉普兰人无法饲养马、牛、羊，但他们从驯鹿那里得到了好处。仔细对比，我们会发现，驯鹿的作用更大：首先，它能像马那样拉雪橇、拉车；其次，它工作起来更尽责，步伐更轻盈，可轻易地日行30英里，即使在冰冻的雪原上奔跑也如同在草地上一样；最后，驯鹿的奶比牛奶更有营养，肉也很美味，毛可以做成上好的毛皮制品，皮可以制成柔软、耐久的皮革。因此，对拉普兰人而言，仅驯鹿就能为他们提供马、牛及母羊所能带给人类的一切。

羚羊

羚羊为食草动物,牛科中的一个类群。种类繁多,体形优美、动作轻捷。四肢细长,蹄小而尖,十分机警。其轻盈敏捷的步态可与狍子媲美。但与狍子的跳跃式前进不同,羚羊通常是匀速奔跑。

羚羊,尤其是大羚羊,在非洲最为常见,其次是在印度。它们比其他羊要厉害、凶猛得多。在识别它们时,我们可以根据它们犄角的两个弯和身体两侧底部的黑色或棕色的条纹来进行。羚羊所具备的高大身材和外表,几乎与鹿相同:它们的犄角非常黑,腹部极白,后腿比前腿长。

羚羊一般分布在特莱姆森[1]、杜格莱、杜太尔和撒哈拉等地区。这一地区的羚羊极爱干净,喜欢睡在干燥、整洁的地方。它们奔跑起来非常轻盈,警惕性也极高,在旷野之地,它们会长时间向四周观望,一旦发现人、猎犬或其他敌人,就会立刻逃跑;虽然它们有这种胆怯的习性,但也有着特别的勇气——一旦受到突然袭击,就会立刻停下来,勇敢地面对进攻它们的敌人。

羚羊有着幽邃的眼睛,大而有

□ 藏羚羊

藏羚羊生活在青藏高原,又名一角兽,属偶蹄目、牛科、羚羊亚科。它们拥有强健的四肢,具有善奔跑的优点,以牧草和野草为食,寿命约为八年,属中国国家一级保护动物。

---

[1]特莱姆森:位于阿尔及利亚西北部,是特莱姆森省的首府,以橄榄树种植园和葡萄园闻名。

神，同时又很温柔，东方人甚至有一句谚语说"女人的眼睛如同羚羊的眼睛一样美丽"。大部分羚羊的腿比狍子更轻捷，毛也比狍子短，既柔和又有光泽。和野兔一样，它们的后腿比前腿长，因此上坡比下坡更容易。它们轻盈敏捷的步态可与狍子媲美，但与狍子的跳跃式前进不同，它们通常是匀速奔跑。

大部分羚羊的背部颜色都是浅黄褐色的，腹下呈白色，身体侧面还有一条棕色带。羚羊的尾巴长短不一，长满了黝黑的长毛；它们的耳朵长且直立，中间宽大，顶端呈尖角状。与绵羊相似，所有羚羊都是叉蹄。它们无论雄雌，头上都长有犄角，这一点与山羊很像，只是雄羚羊的角比雌羚羊要粗且长得多。

河马与貘

河马是陆地上嘴巴最大的动物，成年河马咬合力可达1 000多千克，是现存咬合力最大的陆地动物。貘是美洲大陆上体型最大的动物，体形似猪，有可以伸缩的短鼻，擅长游泳和潜水。

河 马

河马身躯比犀牛大，但同样粗壮；腿很短，头虽然没那么长，但更肥大；它既不像犀牛鼻上长角，也不似反刍动物头上长角；它痛苦的叫声既像马嘶，又似水牛吼，因此我们凭借声音的相似为它取名"河马"，就如猞猁[1]吼声似狼，便被称作"猎鹿狼"一样。"河马"这个称谓的另一个含义，是指生活在河里的马。河马的门牙，尤其是下颌上的两颗尖齿，长且有力，质地坚硬，咬铁器时会迸出火花，古人可能据此认为河马能吐火；河马的门牙呈圆柱形，长且有凹槽，尖牙呈棱柱形，长而弯曲，与野猪的獠牙很像。它的白齿与人的白齿颇为相似，呈方形或不规则的长方形，而且很粗，每颗重达2千克左右。最长的牙齿可达12～16英寸，有的甚至超过5千克。除了拥有这些

□ 河马

河马嘴巴宽大，耳朵很小，四肢短粗，躯体像个粗圆桶。它虽为陆生哺乳动物，却过着水陆两栖的生活。它喜吃甘蔗、水稻和草根等，有时也在河里捕鱼吃。河马有坚硬有力的牙齿，常常将嘴张得大大的，以此来威慑对方。

[1] 猞猁：别名猞猁狲、马猞猁，属于猫科，体型似猫而远大于猫，生活在森林、灌丛地带，密林及山岩上较常见。

强大的武器之外,河马的力量也十分惊人。

河马身体笨重,跑起来非常缓慢,追不上其他四足动物。但它游泳的速度,却比在陆地上奔跑的速度快得多。不过与河狸和水獭不同的是,河马脚趾无膜,全靠腹部巨大的容量才能在水中生活。而且它还能在水中待很久,行走时如履平地。它以甘蔗、水稻、草根等为食,能消耗大量植物,破坏耕地。然而,一旦在陆地上,河马的胆子便很小,由于它的腿太短,远离水就不能快速逃脱,所以很容易被人追上。当它遇到危险时,便会扎进水里,在水中潜游很长一段距离后才露面。人们追赶它时,它通常会选择逃跑,但若是偶尔伤了它,它就会狂暴地调转身子,冲向船舶,用牙拖船,往往能掀掉船板,有时甚至会倾覆船只。

貘

貘是美洲大陆上体型最大的动物,正如我们之前所说,该大陆上的生物似乎都非常小,或者说,还未来得及达到最大的体积,不像古老的亚洲地区所生长的象、犀牛、河马等大个头的动物。所以,我们在美洲大陆上发现的多是如貘、羊驼、小羊驼等体型较小的动物。这里的动物,体形只是那些生活在旧大陆上的动物体形的二十分之一。

在这片区域,大自然造物的材料得到惊人的节省,因此这些动物的力量也有缺陷,仿佛造物主在创造生命时忽略了它们,或者它们是造物失败的结果。生存在美洲的动物(专属新大陆的特殊动物)几乎都没有长牙齿、犄角和尾巴;它们相貌奇特,身体与四肢不相称,整体不协调;它们生来就如此卑微,甚至没有行动和觅食的能力;它们在沙漠的荒僻处痛苦地过着萎靡的生活,一旦到了人类居住的地方,它们就无法生存。因为在那里,人和强大的动物很快就会将它们消灭。

尽管貘是美洲大陆最大的动物,但其体积也只是一头小母牛或瘤牛的大小。貘无角无尾,四肢短;与猪很像,

□ 貘

貘科是现存最原始的奇蹄目,保持着前肢4趾、后肢3趾等原始特征。貘是美洲大陆上体型最大的动物。它体形似猪,有可以伸缩的短鼻,擅长游泳和潜水。

都有着弧形的身体；像鹿一样，貘在很小的时候便长着带有花斑的皮毛，稍大点则变成全身深褐色；其头部肥长，有一只类似犀牛的长鼻子；上下颌各长有10颗门牙、10颗臼齿，这是它区别于牛和其他反刍动物的最大特点。

　　貘似乎是一种性情忧郁、眷恋黑暗的动物。它们一般夜间才出来活动，并且喜欢待在水里；即使生活在沼泽地里，也几乎不大远离河边或湖边，一旦感到危险，它便潜入水里，游出很长一段距离才敢露面——这点与河马极为相似，因此某些博物学家曾怀疑它是河马的同类。然而它与河马的天性差别很大，只要将我们对这二者的表述稍作比较，就可以证明这一点。貘生活在水里，却不以鱼为食，因为它虽然拥有20颗锋利的牙，却不食肉。它以植物和草根为生，绝不攻击其他动物；它天性温顺，十分胆怯，竭力避开所有战斗；它体长腿短，但奔跑和游泳却很快；它通常结伴而行，有时会大批出行；它的皮毛十分坚硬、紧密，常常能阻挡子弹的袭击；它的肉淡而无味，而且粗糙，却深受印第安人喜爱。一般来说，在巴西、巴拉圭[1]、圭亚那[2]、亚马孙河流域甚至整个南美范围内，从智利的边界到新西班牙都能发现它的踪迹。

---

[1] 巴拉圭：南美洲中部的内陆国家，首都为亚松森，南美洲国家联盟成员国。
[2] 圭亚那：位于南美洲北部，是南美洲唯一一个以英语为官方语言的国家，也是英联邦成员国。

羊驼与小羊驼

羊驼便于饲养,而且花费较少。它们不仅肉质鲜美,还有上等的细绒毛,一生都在帮人运送货物。小羊驼外形与羊驼很相似,但体型更小,腿更短,鼻吻缩得更为紧凑,它们十分胆怯,一见生人就带着幼驼逃跑。

羊驼真正的故乡,是秘鲁。它们是那里最重要的必需品,也是印第安人的全部财富。羊驼不仅肉质鲜美,还有上等的细绒毛;它们一生都在不断帮人们运送货物,通常情况下,可载重75千克,最强壮的甚至可运载125千克;它们能在所有其他动物无法通行的地域进行长途旅行,但速度较慢,每天只能走四五英里路;它们步态庄重稳健,步履坚实,可以在陡急的沟壑中行走,也可以攀越险峻陡峭的山岩;它们通常可以连续走上四五天,需要休息时,便自己做主暂停一两天再重新上路。

□ 羊驼

羊驼别名美洲驼、无峰驼。体形颇似高大的绵羊,头较小,颈长而粗,体背平直,四肢细长,以高山棘刺植物为食。是印第安人主要的运输工具。

羊驼成长速度较快,但寿命很短。它们3岁时就能生育,到了12岁依然精力充沛,但之后便开始逐渐衰弱,到15岁时便彻底衰竭了。它们的天性似乎是根据美洲人的天性塑造而成,温和而冷静,做事有分寸。旅途中需要休息时,它们会十分小心地屈膝跪下,相应地放低身躯,以防货物落下或弄乱;一旦听到赶驼人的哨响,它们便小心翼翼地站起来,重新上路。只要有草,它们就边走边吃,但夜里却从不进食,因为夜晚的时候,它们通常会进行反刍，这样一来，即使白天什么也没吃，它们也不会觉得饥饿。羊驼睡觉时头倚在胸前，脚曲在腹下。若是人们让它过度负重，它会因为无法承载而被压倒，这时，即使打它，它也无法站起来——它固执地待在摔倒的地方，假如继续虐待它，它就会绝望地以头撞地而自杀。羊驼既不用蹄，也不用齿进行自卫，因为它们除了气愤再无别的武器。它们朝侮辱自己的人吐唾沫，据说它们愤怒时分泌的唾沫刺激性很强，甚至会使人的皮肤长疮疹。

羊驼身高约四英尺，加上脖子和脑袋长为五六英尺。它们头部很漂亮，眼睛大、鼻吻长，嘴唇厚，上唇裂开，有点耷拉；无门齿和大齿，耳长四英寸，朝前生长，容易移动；尾长八英寸，细而直，微微上翘；它们的蹄子与牛蹄一样叉开，这使它行走时不致摔倒。其背部、臀部、尾巴覆盖着一层短绒毛，但体侧和腹下的毛却很长；此外，它们毛色不同，有白色、黑色和混合色；粪便与山羊的类似。

羊驼便于饲养，而且花费较少。由于它们是偶蹄动物，所以无须钉掌；满身的厚毛，可以不用装鞍。它们食量很小，对于食物也没有过多要求，只要有青草就足够了；饮水方面也很节制。

小羊驼外形与羊驼很相似，但体型更小，腿更短，鼻吻缩得更为紧凑，它们长着干玫瑰色的绒毛，但颜色没有羊驼那么深，也无犄角。它们住在山顶上，冰雪的覆盖似乎并不妨碍它们，反而使它们更愉快。它们结队而行，步履轻捷；它们十分胆怯，一看见生人就带着幼驼逃跑。过去，秘鲁的国王严禁猎捕小羊驼，因为它们数量很少，即使现在，羊驼的数量也比西班牙人刚到的时候要少得多。它们的肉不像野羊驼那么好吃，人们猎捕它们只是为了毛皮。猎捕羊驼时，先将它们赶到窄路上，在那里拉上三四英尺高的绳子，绳子上挂满衣物和布片，小羊驼看到这些随风飘动的衣物就不敢从那里走，于是聚成一团，这样捕猎者就可以轻易将它们大量捕杀了。但羊驼中也有一些大胆的，它们利用自己身材的高大，从绳子上跳过去，其他小羊驼也会用同样的办法躲开猎人。

树懒与猴子

树懒动作迟钝缓慢，懒得出奇，它们虽然终身生活在树枝上，却选择了与敏捷的猴子完全相反的进化道路。猴子虽然与人类有些相似，却不是人类的亚种，也不能在动物中排第一位，因为它并不是最聪明的。

树 懒

二趾树懒和三趾树懒这两种相貌丑陋的动物，或许是唯一被大自然虐待的动物——它们向我们展示的是生来的不幸。

它们生来没有牙，因此这些可怜的家伙既不能捕捉猎物，也不能食肉，甚至不能吃草——它们只能沦落到以树叶、野果为生的地步。它们耗费许多时间爬到树下，却要花费更多的时间爬到树枝上，这种缓慢而乏味的锻炼有时需要持续很多天，在此期间，它们不得不忍受饥饿。爬上树后，它们便不再下来，而是紧紧地攀在树枝上，慢慢地吞食树叶，直到吃掉树枝上所有的叶子。它们就这样度过几周，也不需要任何"饮料"来为这种干枯无味的食物伴餐；等把树叶吃光后，它们仍然滞留在树上，因为它们下不来。最后，当它们再次感到饥饿，且这种强烈的感觉使它们不得不下来时，它们便让自己摔下来，如同一块没有弹簧的东西那样重重地落下，而此时它们僵硬、懒惰的腿往往还没来得及伸展开来缓解这一冲力。

□ 树懒

树懒是一种古老的动物。它们终日挂在树上，行动迟缓，是行动最慢的哺乳动物，由于极少移动，反而不易被猎手发现。

一旦到了地面，它们的命运便交给了所有的敌人。由于它们的肉质不错，因此人和肉食动物都会捕杀它们。它们似乎生育很少，或者说，即使经常繁殖，存活率也很低，因此，它们的生存岌岌可危。

猴 子

大自然里的每个物种，都要求有自己的位置和可被区别的特征。我们可以观察到，象、犀牛、狮子等都有其独特的生存环境，而其他动物都愿意与自己的同类聚集在一起，形成一个群体。博物学家通过一个如同网状的图谱，为我们介绍了动物的属，图谱中，有的是以脚、牙齿、犄角、鬃毛进行分类，有的则是以一些更小的特征进行归类。这其中，有的动物形体十分完美，比如猴子，它与人类十分接近，我们必须十分细致才能将二者区别。人类因为只有普通的身高，所以比起其他大型动物，其独立性也要弱一些。对于猩猩，如果人们只看其外表，难免会认为它是最后的猴子或原始的人类，因为它除了没有灵魂，具有人类所具有的其他一切。单从体形来看，猩猩与人类相差无几，与猴子则毫无区别。

□ 长尾叶猴

长尾叶猴浑身长有细长柔软的棕色体毛，尾巴超过身体的长度。它们喜欢吃各种果子、树叶、嫩芽、花朵等。

因此，人类的灵魂、思想、语言，都是大自然单独赐予的。猩猩虽然没有语言和思维，却具有类似人类的躯体、四肢、感官、大脑和舌头。但它虽然能模仿人类的动作，却做不出任何人类的行为，这或许是因为它缺乏教育，更有可能是因为人们对它的判断不公正。也许有人会觉得，把森林里的猴子与城市里的人类放在一起进行比较并不公平，应该把它与同样没有接受过教育的野人进行对比。但是，我们真的知道野人是什么样子的吗？通常来说，我们想象中的野人是这样的：头发直竖，脸上布满长长的胡子，两条新月形的鬓角显得十分粗野；眼睛深陷于眼窝中，像野兽一样怒目圆睁，目光带有野性；嘴唇厚而前翘，鼻子扁平；身体和四肢多毛，皮肤粗糙坚硬得像牛皮，钩形的指甲又长又厚，脚底结满老茧；乳房长而柔软，腹部的皮肉一直垂到膝部，孩子们在污泥中打滚，四处乱窜，父母则坐在地上，神态狰狞，全身都是臭气熏天的污垢。这是典型的霍唐托野人的肖像，而纯原始状态下的野人要比霍唐托野人的形象更糟糕。如果人们愿意将猴子和人类进

□ 金丝猴

金丝猴群栖在高山密林中，主要在树上生活。它们具有典型的家庭生活方式，成员之间相互关照，一起觅食、一起玩耍休息。

行比较，就得在这个肖像上添加人体的结构关系、气质的协调、公猴对异性的强烈性欲等，那么我们将会看到，野人和猴子虽不是同一物种，却很难发现它们的差别。

诚然，如果单从外形上进行判断，猴子可以被归结为人类物种的异化，造物主不愿意把人类的外形塑造成与动物截然不同的样子，但同时，他又拒绝把人类的外形塑得与猴子绝对相似。如果上帝将赐予人身上的那口仙气给予猴子，那么猴子定会成为人类的竞争对手；如果再给它们注入思维，那它们就会超越其他物种，会思考也会说话。因此，尽管在霍唐托野人和猴子之间有着类似的地方，但区别还是巨大的，因为前者拥有思维和语言。

谁敢说一个愚笨的人的身体构造与一个聪明人的身体构造有差异？笨人的缺陷只在于器官质量较差，但他们一样拥有灵魂。因此，既然人与人绝对相似，我们就不能因为二者存在着细小差别就毁灭或阻止其思想的产生。同样，尽管动物没有思想，但受训练时间最长的动物也是最聪明的。大象需要的成长时间最长，小象出生后的头一年都需要母象的照顾，但它是所有动物中最聪明的；豚鼠只需三周时间就可以长大并具有繁殖能力，但它却是最笨的动物之一；至于猴子，幼猴比人类的婴儿强壮，生长得也快，只需母猴照顾数月即可，但它所能接受的教育很少。

所以，猴子只是动物，即使它有些类似人类，却不是人类的亚种，更不能在动物中排第一位，因为它并不是最聪明的。然而一些人认为，猴子与人类十分相

像，因此它不仅能模仿人类，还能做人类所做的一切。之前，我们已经论证过所有的人类活动都带有社会性，这些行为首先取决于灵魂，其次是教育，但前提是父母必须长期照料孩子。而在猴子中，这种照料却很短暂，因此它做不了人类所做的任何事情。

模仿是猴类最引人注目的特点，一般人认为这是它独特的才能。但在作出判断之前，我们应当首先去考察它的模仿是自由的还是被迫的。猴子模仿我们，是否在它想要模仿时就能做到？我尤其要提到那些不带偏见观察它的人，我断定他们和我有着同样的看法：猴子的模仿没有任何自觉意识。它们像人类一样使用自己的手臂，却不会想到我们人类也有手臂。由于四肢和器官都与人类十分相似，因此猴子必然会有与人类相似的动作。但动作相同并不意味着是有目的的模仿活动，就像我们制造出两只同样的挂钟或两部同样的机器，它们的运动也会相同，但如果我们就此认为它们的运动是为了互相模仿，那就大错特错了。猴子的身体构造与人相似，就像两部同样的"机器"，必然会有类似的运动。但是，类似并不等于模仿。一种是由物质组成，另一种则以思维存在。模仿，首先必须以模仿的意图为前提，但猴子没有思维去思考这种意图。因此，只要人类想模仿猴子，是一定能够模仿成功的，但猴子永远不会想到要模仿人类。

第 3 章
飞禽篇

CHAPTER 3

飞禽是动物界的一大类，因为具有飞翔能力而得名。它们以植物种子、昆虫、田鼠或蛇等为食，大多对人类有益。在本章中，布封用他热情而浪漫的笔调，向我们展现了隐藏在大自然中的飞禽类的生存与繁衍。在他看来，鹰勇气超群，秃鹫卑微残暴，鸽子性情温和，麻雀懒惰贪吃……不管它们有着怎样的优缺点，他都融注了十足的亲昵之情。

鹰与秃鹫

鹰在食肉类猛禽中位居第一,因为它不但比秃鹫强大,而且更为高贵,不像秃鹫那样卑微残暴。鹰的性情高傲而豪迈,动作勇猛、勇气超群,既要猎食,又要表现自己的力量和搏斗精神。秃鹫只有怯懦的本性,只要动物尸体能满足它的食欲,它就绝不会与活物相争。

鹰

鹰在体魄与精神方面与狮子有许多相似之处,它们都有着王者般的力量和风度,并因此而获得"百禽之首"的美誉。鹰气质高傲,不屑与那些普通的小鸟雀计较,但对于那些贪嘴的乌鸦、叽叽喳喳的麻雀,它在忍无可忍时,也会结束它们的性命。鹰只关注它的征服对象,并享受自己的战利品。它控制自己的食欲,从不贪婪地吃掉全部猎物,而是与狮子一样,总是大方地把剩余食物分给其他动物。它宁愿饿死,也不吃那些腐臭的尸体。它有着狮子般的孤傲,守护着自己的领域,维护着在自己领地内猎食的绝对权威,通常,我们很少能看到两群狮子共处一林,而两只鹰同占一方则更少见。鹰只以食物的多少来决定是否扩张自己的领地。

鹰的眼睛炯炯有神,眼珠的颜色与狮子相近,爪子的形状也极为类似,连呼吸都一样沉重,叫声也一样洪亮。鹰与狮子的捕猎本能与生俱来,同样凶猛、高傲,难以驯化,因此对它们的驯养必须从幼龄

□ 鹰

鹰有敏锐的视觉,能在高空飞翔时看到地面上的猎物。它的喙尖锐弯曲,下喙较短,四趾具有锐利的钩爪,适于抓捕猎物。它们性情凶猛,肉食性,以鸟、鼠和其他小型动物为食;两翼发达,善于飞翔,一般多在昼间活动,多栖息于山林或平原地带。

开始。驯鹰必须非常有耐心，只有掌握高超技巧的人，才能将雏鹰训练成捕猎高手，而且随着年龄和力量的增长，猎鹰会逐渐对主人构成危险。据记载，过去在东方曾有人豢养猎鹰以帮助人类捕猎，但现在它已从驯隼场（驯养猎隼的场所，也驯养其他猛兽）里慢慢消失了：鹰太重，架在肩膀上会使人感到不堪重负；鹰桀骜不驯、性情暴躁，不易控制，主人对其任性或暴躁的脾气往往难以控制。鹰爪和喙呈弯钩形，强劲可怕，这些野性的形象代表着它的天性。除了拥有这些锐利武器外，鹰的体格也非常强壮，它的双腿与双翼遒劲有力，骨骼结实，肌肉紧密，羽毛粗硬，姿态高傲英武，动作迅捷，飞行起来极其迅速。

鹰可以轻松地带走鹅或鹤等大型飞禽，也能轻易抓走野兔、羊羔或小山羊，当它袭击小鹿或小牛时，一般先在猎捕地吃肉喝血，然后再把碎肉带回自己的"地巢"（之所以称为"地巢"，是因为它们的巢如平地一般）。

鹰把巢筑在两块陡峭的岩石之间，那里非常干燥而且不易接近。鹰巢构造极为坚固，既结实又耐用，建造一次便可享用一生，可谓建筑史上的一件杰作：它像一块平地，用许多五六英尺长的棍棒搭建而成，棍棒首尾相压，缠着一些柔软的枝条，里面再铺垫着灯芯草和欧石楠[1]枝一类的东西。巢宽约几英尺，非常坚固，不仅能承受成年鹰和雏鹰的重量，还能负担大量食物。鹰巢上面没有天顶，突出前伸的岩石就是天然的遮挡物。雌鹰通常在巢中央产卵，每次只产二三枚，孵化期约为三十天，但由于其中常常有未受精的蛋卵，因而在同一个巢中很少存在三只雏鹰，一般只有一两只。也有人指出，当雏鹰长大一些后，雌鹰便杀死鹰崽中那些最弱小或最馋嘴的，其原因只能归结为食物的匮乏——在食物缺乏的情况下，雏鹰的父母会尽量减少家庭成员的数量。一旦雏鹰强壮起来，能够独自觅食时，父母就会将它们赶走，并不再允许它们回来。

秃 鹫

鹰在食肉类猛禽中位居第一，是因为它不但比秃鹫强大，而且更为高贵，不像秃鹫那样卑微残暴。鹰的性情高傲而豪迈，动作勇猛、勇气超群，既要猎食，又要表现自己的力量和搏斗精神；秃鹫却只有怯懦的本性——只要动物尸体能满

---

[1]欧石楠：挪威的国花，灌木类植物，叶子幼细，属长绿植物，高15～20厘米不等。现存最多的欧石楠群生地，以德国北部的自然保护区吕讷堡石楠草原最为闻名。

□ 吃腐肉的秃鹫

秃鹫天生喜欢吃腐肉，见到任何腐尸都不会放过。因为它们的体内可以产生一种能够抑制病菌的抗菌素，所以它们可以肆无忌惮地吞食腐肉。从另一方面看，它们整天清除腐尸，为人类打扫卫生，也是大自然的"清道夫"。

足它的食欲，便绝不会与活物相争。鹰擅长独自搏杀，只身追逐、攻击并抓住敌人或猎物；而秃鹫只要遇到稍微的抵抗就会纠集同类，共同充当杀手。与鹰相比，秃鹫继承了老虎的力量与残暴、豺的贪婪与卑鄙，它们结伴挖掘死尸，吞吃腐肉；鹰则拥有狮子的高贵与力量、大度与豪爽。

我们可以从秃鹫与鹰的不同性格和外表来将其区分：秃鹫眼睛凸出眼窝，鹰的眼球则深陷在内。秃鹫，顾名思义就是秃，它的头和颈部都是光秃秃的，只有少量的绒毛或零星的羽毛，而鹰的这些部位却长满了羽毛。我们也可以通过爪子的形状辨别它们：鹰爪几乎呈半圆形，因为它们几乎不用站在平地上；秃鹫的爪子则是又短又扁。秃鹫翅膀上长满绒羽，但其他食肉猛禽则没有；秃鹫的喉下是细毛，而其他猛禽是羽毛。另外，通过站立的姿势，我们也能很轻易地辨别二者：鹰总是高傲地站着，身体与足爪呈垂直角度；秃鹫则为半水平状，低头哈腰的姿态与其卑贱的性格极为相符。在食肉猛禽中，几乎只有秃鹫是结队飞行，而且飞行十分笨拙、沉重，有时甚至需要试上几次才能勉强起飞。因此，我们有时甚至可以从很远的地方就能将其识别。

鸢与鹫、伯劳、猫头鹰

鸢与鹫极为常见,它们经常接近人类生存的地方,很少待在荒漠中,以所有的肉类为食。伯劳极爱食肉,甚至可以归为最残酷、最嗜血成性的猛禽。猫头鹰的食物很杂,总把巢穴里填满食物,是最善于捕捉和储存食物的食肉猛禽。

鸢与鹫

在食肉猛禽中,鸢与鹫排在秃鹫之后,它们与秃鹫在性情和习惯方面都极为相似。秃鹫由于形体、力量占有优势,因此排在鸟类的前列。而鸢与鹫却没有这些优势,它们比秃鹫小,所以只能从数量上弥补甚至超过秃鹫。鸢与鹫十分常见,比秃鹫更让人厌恶——它们经常接近人类生存的地方,很少待在荒漠中,也绝不在荒无人烟的地方筑巢;它们喜欢肥沃的平原和山丘,不喜欢贫瘠的山区;它们的食物很杂,对它们而言,所有的肉类都是佳肴。由于土地肥沃、植被茂盛的地方往往聚集着大量的昆虫、爬行动物、鸟类及小动物,因此鸢与鹫通常就定居在那里。它们凶狠、残忍且狂妄自大,不善于察觉危险,因此猎人轻易便能靠近,将它们猎杀。

尽管鸢与鹫在本性上十分接近,体形和其他许多方面也都很相似,但我们仍能轻易将它们,以及它们与其他食肉猛禽区别开来。鸢有一个显著的特征:尾部呈

□ 鹫 奥杜邦 水彩 19世纪 美国

鹫,肉食类猛禽,以昆虫、爬虫类、鼠类为食。其全身羽毛呈褐色,仅尾部颜色稍淡,外形像鹰,也叫土鹰;多栖息于平原、丘陵、海岸等开阔地或丛林中。

凹形，尾羽中间部分很短，从远处望去，像一个叉，所以也称"叉尾鹰"。鸢的翅膀比鸳长，飞行要轻松得多。鸢的一生几乎都在空中度过，似乎从不休息，每天都飞很远，但并不是为了捕猎或寻找猎物，而是天性使然。鸢飞翔的姿态很优美，令人惊羡，在空中翱翔时，那长而窄的双翼似乎伸展不动，尾部则像舵一样主导着飞行。它从不觉得疲倦，起飞时轻松自如，下降的姿态如从倾斜的木板上滑落。它在天空中飞行犹如鱼在水中畅游，既可以急速起飞，也可以随时减速，甚至可以时常停下，静止在空中达数小时，期间丝毫看不出它扇动翅膀。

伯劳

伯劳尽管体型较小，但非常勇敢，它身体各部位都小巧玲珑，宽宽的弯钩嘴非常强壮。伯劳极爱食肉，因此可以把它归于食肉猛禽类，甚至可以归于最残酷、最嗜血成性的猛禽。我们总能惊奇地看到，一只小小的伯劳居然会勇气凛然、毫不畏惧地同喜鹊、乌鸦等比它更大更强壮的鸟进行争斗。它不仅为了自卫而争斗，还常常主动发起攻击，尤其是当一对伯劳共同保护幼鸟免遭欺负时，它们总能在搏杀中取得优势。伯劳不允许敌人靠近，一旦敌人闯入自己的领地，它们便猛冲上去，一边大声鸣叫，一边给对手致命一击，愤怒地将进犯者赶走，使其不敢再来。在与强敌展开的实力悬殊的战争中，我们很少见到伯劳屈服，或任凭敌人掳走，它们有时会选择把敌人抓得很紧，毫不松爪，直至与敌人同归于尽。所以就连最勇敢的鹰、乌鸦等猛禽都很尊重伯劳，不敢去找它们麻烦。

伯劳一般以昆虫为食，但更喜肉类食物。它们在自己的领土中觅食，从来不怕受到惩罚，经常追逐出现在自己视野内的所有小鸟；它们也猎食小山鹑或小野兔，那些掉到陷阱里的斑鸠、乌鸦以及其他的

□ 傻子伯劳鸟　奥杜邦　水彩　19世纪　美国

傻子伯劳鸟头部和尾部为灰色，翅膀和尾羽为黑色。其以昆虫、爬虫类、小型哺乳动物为主食，常将猎物挂在尖锐的树枝上，再撕下吃掉，被西方人称为"屠夫鸟"。

小鸟也会成为它们的腹中餐。它们用锋利的爪子紧紧揪住猎物，用喙啄碎猎物的脑袋及颈部，将它们杀死后，便拔掉猎物的毛，大吃一顿，再将剩余残骸撕碎带回巢中。

猫头鹰

诗人把鹰赞为"天王"，把猫头鹰称为"天后"。如果不作仔细分辨，猫头鹰与普通的鹰看起来似乎很像，都拥有同样大小的强壮的身体，但实际上猫头鹰体型比鹰小，全身各部位的比例也与鹰不同。它的腿部、身子和尾巴都比鹰短小，头部却大得多，翅膀在伸展时约为5英尺，远没有鹰的双翼宽。而且，猫头鹰具有非常显著的特征：头颅硕大，脸庞宽阔，耳洞

□ 猫头鹰

猫头鹰因头部宽大似猫头而得名。其喙和爪呈钩形，十分锐利。两眼位于头部正前方，视野宽广。昼伏夜出，以鼠类为主食，是农林益鸟。

大而深。它头上长着一对长耳，羽毛竖起时有两寸多长；黑色的嘴巴呈弯钩形；一双大眼睛清澈明亮，瞳孔又黑又大，眼周围呈橘黄色；由放射状羽毛构成面盘，面部长着浅色的绒毛或白色的不规则短毛，四周有卷曲的短羽；强壮弯曲的爪子呈黑色；颈部较短；褐色的羽毛，背部间有黑点和黄斑，腹部呈黄色，夹杂若干黑点和褐色条纹；爪的上部直到趾甲，都覆盖着一层厚厚的橙红色羽毛。在宁静的夜晚，它"咿唔咿唔"的叫声回荡在旷野中，显得十分恐怖。

猫头鹰通常居住在山上的岩洞或被遗弃的塔楼内。它们的食物很杂，除了吃上述小动物外，还吃蝙蝠、蛇、蜥蜴、蛤蟆等，并以这些食物喂养后代。它们从不知疲倦，总在巢穴里填满食物，是最善于捕捉和储存食物的食肉猛禽。

鸽子、麻雀

无论是家养鸽子还是野生鸽子，都拥有共同优点：喜爱群居，依恋同类，性情温和。与鸽子相比，麻雀似乎毫无益处，它们既懒惰又贪吃，只能依靠人们的施舍为生。

鸽 子

那些身体笨重的飞禽，如鸡、火鸡、孔雀等，都非常容易驯化；而身子轻盈、飞得迅速的鸟类，则极难驯养。人们圈起一块地，建造一个茅草棚舍，就足以圈养繁殖家禽。而要诱来鸽子，并留住、安顿它们，则需专门为它们修建一个鸽楼；鸽楼的外墙必须用泥抹得既平又光，里面还要砌上许多的小格子。

鸽子既不像狗或马那样容易被驯化，也不似鸡那样像个囚徒，可以说，只有在它们自愿做人们俘虏的时候，人们才能豢养它们。它们接近人类，是因为人们能为它们提供丰富的食物、安逸的住处和各种舒适条件。一旦人们不能提供它们需要的一切，或者让它们感到有什么不满，它们就会飞到别处。不过，有些鸽子宁愿长年栖息在旧城墙的土洞里，或者蓬松的树洞中，也不愿住进最清洁的鸽棚；有些鸽子则似乎执意要离开人们为其准备的住处，无论人们怎样做，也无法将它们留在鸽棚；另外一些鸽子却不敢离开住处，待在家中寸步不离，这时，人们就需要亲自到鸽棚给它们喂食。

鸽子在人类历史上扮演了很多角色，如宠物、信使，以及人类的食物。

□ 鸽子

鸽子有野鸽和家鸽两类，野生原鸽是家鸽的祖先。由于鸽子具有本能的爱巢欲、归巢性强，同时又有野外觅食能力，因此人们把它作为家禽饲养。

鸽子具有归巢能力，在它成年之后，如果把它带到很远的地方，它仍然能找到自己原本的巢。于是，人们利用鸽子的这种能力，培养出了信鸽。

无论是家养鸽子还是野生鸽子，都拥有共同优点：喜爱群居，依恋同类，性情温和，互相忠诚，爱清洁，会保养且有求爱怜的心愿。它们对伴侣有着持久的热情，从不互相厌烦，也不发任何脾气，它们共同承担所有事情，雄鸽甚至会和雌鸽轮流孵卵、呵护幼鸽，以减轻配偶的辛劳。雌鸽与雄鸽之间能轻易建立起平等的关系，而这正是维系彼此长久幸福的基础，就这点而论，它们足以成为人类的楷模。

麻 雀

在荒僻的地区和那些远离人群的地方，人们几乎很难找到麻雀的踪迹，因为它们与鼠类一样，总是眷恋人类的住宅。人们发现，城里的麻雀数量比乡村还要多，因为它们不喜欢栖息在树林或广袤的田野里，而总是追寻人多的地方，它们既懒惰又贪吃，只能靠人类的施舍为生。人类的粮仓和谷仓、鸡舍和鸽楼，都是它们最喜欢光顾的地方。由于它们生性贪婪，数量众多，所以对人类而言，几乎毫无益处——羽毛一无所用，肉也不能做成美味佳肴，叫声刺耳，行为无所顾忌，因此到处被人驱赶，人们甚至不惜付出高昂的代价将它们轰走。

麻雀还十分狡猾，很少害怕人。人们也很难使其上当。它们能轻易逃开人们设下的圈套，但十分憎恨那些企图抓住它们的人。

麻雀的巢穴里面是羽毛，外部是干草，假如毁掉其窝，它们当天就能搭建一个新巢。麻雀窝里一般有五六枚蛋卵，或者更多，一旦被人破坏，8～10天内它们又可以产一窝。若是在树上或屋顶上的蛋被人袭击，它们就会把蛋下在更隐秘的库房里。麻雀能消耗大量粮食，据饲养麻雀的人证实，一对成年麻雀每年几乎需要食用10千克谷物。尽管麻雀有时会给幼鸟喂食昆虫，而且自己也吃大量昆虫，但它们的主要食物还是谷子。每当农民准备播种、收割或储存谷物时，甚至当农妇往家禽棚里撒谷粒时，它们都会紧随其后。它们也到鸽棚里寻找食物，有时甚至找到了幼鸽的嗉囊[1]里；它们也吃蜜蜂，喜欢毁掉对人类有益的昆虫，正因为

---

[1] 嗉囊：脊椎动物鸟类食管后段的暂时储存食物的膨大部分。食物在嗉囊里经过润湿和软化，再被送入前胃和砂囊，有利于消化。

□ 麻雀

麻雀又名家雀、琉麻雀，鸟纲，文鸟科，是与人类伴生的鸟类。麻雀虽吃昆虫，但是以吃粮食为主，因此农民都很厌恶它。

如此，人类才要想尽一切办法消灭它们。

麻雀通常栖息在屋檐下、墙洞里或人们给它提供的鸟笼里，有时也到枯井内或有百叶窗的窗台上筑巢。也有些麻雀在树上筑窝，有人证实，他曾在大核桃树和很高的柳树上发现了麻雀窝。树上的麻雀窝通常在树顶上，同样外用干草，内用羽毛。也有特殊的麻雀窝，窝上有一种篷盖，可以防止雨水进入，但如果它们把窝建在洞中或已有遮掩的地方时，它们就不会费力去做这个篷盖。由此可以看出，麻雀还是有少许理性的。当然，有些麻雀又懒又大胆，自己不愿费力筑窝，就赶走白尾燕然后占据其窝。有时它们也袭击鸽子，赶走它们，占据鸽棚。正如一些人看到的那样，这些家伙的习性多种多样，比别的鸟儿具有更多变、更完善的性情，而这无疑是由于它们习惯于群体生活。它们只从社会索取一切适合自己的东西，却又不为社会奉献什么，由此，它们获得了一种谨慎的本能，这种谨慎以处境、时间和与其他条件有关的习惯的不同形式表现出来。

金丝雀、莺、红喉雀

在所有森林的主人中,金丝雀可算得上是室内音乐家,虽然力度不大,又欠音调变化,但有着超群的记忆力和模仿力;莺的数量最多,也最可爱;红喉雀则是所有鸟类中起床最早的,当其他鸟儿还在睡觉时,它就已经开始唱歌了。

金丝雀

如果说夜莺是"树林歌手",那么金丝雀则是"室内音乐家"。夜莺保留着自然界赋予的一切,金丝雀则得益于艺术的熏陶。金丝雀的歌喉力度并不大,声音也传得不远,并且缺少音调的变化,但它有着灵敏的听觉系统,模仿力和记忆力也十分超群。由于性格的不同,动物的感官也有差异。金丝雀在倾听时的专注和易于接受陌生事物的特性,使它变得性情温和,更适合群居。这些天性使它与人们相处得更亲近,而且它们依恋人,也乐于与人亲近。它会表现出亲热与抱怨,却没有任何恶意,即使生气也不会伤害人。金丝雀与其他家养鸟一样,只要有谷子就能生活,不像夜莺那样,必须喂肉食或昆虫,而且需要加工好。金丝雀的驯养很容易,也很有趣,它领悟力极强,很快就会放弃它最初的旋律来适应人类的歌声和乐器;它能配合人类的教育,而且带给人类的东西远远超出人类赋予它的东西。夜莺以其才能而自豪,它似乎想保持自己的全部天

□ 金丝雀　奥杜邦　水彩　19世纪　美国

金丝雀又名芙蓉鸟,属雀目;有着婉转动人的歌喉以及超群的听觉和模仿能力,能模仿一些简单的声音,加之其性情温和,易于驯化,素为养鸟爱好者喜爱。

性，全然不顾人们对它的调教。

夜莺总是喜欢自己鸣唱，它的歌喉花样百出，可谓大自然的杰作。但人类艺术却无法改变其一丝一毫。而金丝雀的歌喉则是一种轻柔的优雅，并且极易被改变，它似乎任何时候都在歌唱。它的歌声陪我们度过漫长的岁月，让我们幸福地生活，给年轻人以欢乐，为隐居的人驱赶孤独，让人们与它一起感受欢快的心情。人们可以从近处观察它，并被它那小小爱心千百次地唤起内心的感动。

莺

阴霾的冬天犹如僵死的季节，更确切地说，是自然界的休眠和沉睡的时期。停止活动的昆虫，潜伏不动的爬行类动物，失去绿色的毫无生机的植物，所有面容憔悴或神情忧伤的居民，以及被尘封在冰冻牢狱中的水族生命，大部分被关在岩洞、山洞和地洞里的走兽，这一切都为我们展现着忧伤和荒无人烟的画面。然而，鸟儿初春的回归，为大自然的复苏带来信号，这些活跃在林中的小生命，用它们的歌声唤醒了沉睡的大自然——树木开始吐出新芽，小树林披上了新装，一切都在彰显着生命的回归。

在这些森林的主人中，莺的数量最多，也最可爱。它们拥有活跃、敏捷、轻盈的特质；它们的一切举动都那么地富有感情；所有的声音都透露出欢乐的旋律，所有的行为都在诉说着爱的方式。当树木伸展枝叶、绽放花蕾时，这些漂亮的鸟儿就来到了我们身边。它们有的来到我们居住地的花园，有的来到林荫大路和丛林，也有一些飞入大森林中，还有一些把自己隐藏于芦苇丛中。就这样，它们布满大地的各个角落，伴着欢快的歌声游荡在自然万物中。

尽管它们聚集了以上所有优点，但我仍然想把"美丽"这个优点加到它们天生优雅的气质中；然而，大自然似乎只注重塑造它们可爱的性情，却忘了美化它们的羽毛。莺的羽毛暗淡无光，只有两三种莺身上带有装饰性的斑点，其他则都是暗淡的灰白色或褐色。

莺居住在花园里、树丛中或者种植蚕豆的菜地里，栖息在豆藤的支架上；它们在这里戏耍、筑巢，不断出入，直到收获的时节。一旦收获季节到来，就意味着迁徙的日期临近了，它们就得准备离开这片乐土了。

观看它们相互娱乐、追逐，就如同观赏一出小戏，不过它们相互间的打闹是轻微的，战斗也是天真无邪的，而且总是以某些歌儿作为战斗的结束。斑鸠是忠实爱情的象征，莺则是多情的象征；但是莺的快乐、活泼，并非代表它们对爱情不热心，也并非缺少对爱情的忠贞，因为雄鸟在雌鸟孵卵时总会千般呵护，共同照料刚出生的小鸟，即使小莺长大，也不分离。

莺有着胆怯的天性，常常躲避那些与自己同样弱小的鸟类，更怕遇到自己的天敌——伯劳。然而，危险一旦过去，它就将之抛诸脑后，开始欢乐愉快地歌唱起来。它通常将自己隐藏在最茂密的树枝间歌唱，只是偶尔在灌木丛上露面片刻，继而又返回到树丛深处。清晨，我们可以看见它采饮露珠；夏季阵雨后，我们可以看见它在湿叶上摇曳着树枝上的雨水进行沐浴。

□ 莺　奥杜邦　水彩　19世纪　美国

莺的种类很多，大部分的羽毛都暗淡无光，只有少数带有杂色的装饰斑点。莺的叫声大都清脆悦耳，它们通常将自己隐藏在最茂密的树林间唱歌。

在莺类中，黑头莺的歌声最动人、最持久，这点与夜莺很相似。我们能长久地享受它的歌声，在春天的"唱诗班"销声匿迹之后的好几个星期，我们仍能听到黑头莺的歌声在树林中回响。它的嗓音轻快纯净，尽管音域不太广阔，但美妙动听，犹如一连串微妙的音调变化，婉转而富有层次。它的歌声仿佛带有树林的清新和安静，能让人们感受到幸福的味道。面对这样的歌声，我们怎能不为之动情呢？

红喉雀

红喉雀喜欢待在阴凉且潮湿的地方。初春时节，它在还有些潮湿的地面轻盈地飞着，随意捉些蚯蚓或小昆虫充饥。我们偶尔会发现它像只蝴蝶在空中飞舞，不停地围绕着一片树叶旋转，这是它正在捕捉苍蝇；有时，我们也会发现它在陆地上扇动着翅膀，踏着小碎步冲向猎物。秋季里，它的食物很多：荆棘丛中的果实、葡萄园里可口的葡萄以及树林里的酸浆果，但这些很容易让它掉进人们设下的陷阱。因为猎鸟人了解它们的习性，所以常常用一些小野果放在陷阱旁当作诱

□ 红喉雀

红喉雀，属鸫科，喉部和胸部为橙色。它们主要分布在亚洲的中部和东部，在法国的公园里十分常见。

饵来诱捕它们。红喉雀经常光顾水边，在那里进行沐浴或饮水，尤其是秋季。因为这时它比其他任何季节都要显得肥壮，所以更需要水来消凉解渴。

红喉雀是所有鸟类中起床最早的：每天清晨，当其他鸟儿还在睡觉时，它已经开始歌唱了。它休息时间也很晚，所以在很晚的时候我们依然可以听到它的歌声，看到它飞翔的身影；因此，人们经常在夜幕降临时去捕捉它。红喉雀生性有些痴呆，容易轻信他人，而且好动又好奇，只要诱鸟人发出像鸟一样的鸣叫，或者摇动枝条，发出一些响声就能吸引它，随后就能轻易捕捉它，因此它算得上是最容易上当的鸟儿。猫头鹰的叫声，或用诱鸟笛模仿猫头鹰的叫声也可以惊动它；甚至只需把手指放在嘴里模仿它的叫声或其他鸟的声音，也能惊动它。它飞来时，人们从很远就能听到那明朗的叫声，那不是一种婉转的歌声，只是每天的例行叫声，或是在表达发现新东西时的激动。它在布下的圈套周围不停地徘徊，直到落入陷阱。一旦其中一只逃脱，就会发出声音向同类报警，其他靠近圈套的鸟便立刻逃之夭夭。人们在树林边布置粘鸟板和安装在竿子上的圈套，也能捕捉到红喉雀。然而，最可靠的捕捉工具当属捕鸟夹子和套鸟圈，如果在这些圈套中放置诱饵，只需在林中的空地或小路中间张开网，这些可怜的鸟儿就会受到好奇心的驱使，自己钻进圈套中。

南美鹤

> 南美鹤善于行走奔跑，但不善于飞翔，不过它们偶尔也会飞到离地面不高的地方或低矮的树枝上休息。它们的飞翔高度只有几英尺，飞翔时身体显得十分笨拙，远没有奔跑时那样轻捷。

在自然界中，南美鹤居住在南美地区的热带森林中，它们从不靠近已被开发的地区，更不涉足人类居住地。它们属于群居动物，喜欢成群地生活，喜欢在山区或地势较高的地区活动，一般不愿意待在沼泽地或水边。南美鹤善于行走奔跑，却不善于飞翔，它们只会偶尔飞到离地面不高的地方或低矮的树枝上休息。它们的飞翔高度只有几英尺高，飞翔时身体显得十分笨拙，远没有奔跑时那样轻捷。它们像凤冠雉等鸡形目飞禽一样，多以野果为食。当遇到人时，便飞快地逃走，同时发出火鸡一般的尖叫。

南美鹤从不捡拾树枝、草棍筑窝搭巢，它们在大树的底部挖坑当巢，并把蛋卵产在那里。它们产蛋比较多，数量可达10~16枚，与其他鸟类一样，其产蛋数量会随着雌鸟年龄的增加而出现变化。它们的蛋几乎呈圆球状，比鸡蛋稍大，颜色呈淡绿。刚出生的幼鸟身上长着绒毛，即最早长出的细绒毛，这层绒毛比小鸡或小山鹑的绒毛保留的时间稍长，约2英寸，浓密而柔软。由于它们全身长满绒毛，因此，人们有时会将它们与长有鬃毛的走兽混淆。

南美鹤极易饲养，且喜欢亲近照顾它的人，它们表现出像狗一样的殷勤和忠诚。如果在家中饲养一只南美鹤，它会接近主人，并主动献殷勤、跟随着主人，在他身旁跑来跑去，以此来表示它乐意见到和伴随主人。但若有某个对手让南美鹤产生不好感觉时，它就会用嘴啄对方的腿，将之赶走，有时甚至会追到很远的地方。其实并非是因为它受到虐待或攻击才袭击对方，而是因为它生来任性，一旦认为对方长相难看或气味难闻，就会感到不适。南美鹤非常服从主人的命令，只要主人发话，它就可以去任何人的身边。南美鹤喜欢被抚摸，尤其喜欢人们挠

□ 南美鹤　奥杜邦　水彩　19世纪　美国

南美鹤面颊和头顶裸露，为鲜红色，飞羽和颈为黑色，其余部分的羽毛为纯白色。它们不擅长飞，但长于奔跑，通常成群地生活在一起。南美鹤主要以采集野果为食，偶尔也吃小蜥蜴等。

它的头和颈部，然而，当它习惯了这些亲昵的爱抚时，就会变得十分缠人，总会要求人们再三抚摸。它有时会不等人们的呼唤，在人们吃饭时就跑到饭厅里，把自己当成主人，先驱赶饭厅里的猫或狗，再向人们要吃的。它信心十足且胆大包天，从不逃走，连体形相当的狗都不得不让位给它。

南美鹤与狗之间的搏斗，通常会持续很长时间，在战斗中，它会先跳到空中，躲过狗的尖牙利齿，然后落到狗的身上，想方设法用嘴或爪弄瞎狗的眼睛。一旦占了上风，它便起劲地追赶狗，这时人们若是不制止它，它就一定会将狗置于死地。此外，在与人的交往中，它们几乎具有与狗完全相同的本能，因此有人甚至说，可以培养它去牧羊。南美鹤的嫉妒心很强，如果看到有人与它分享主人的爱抚，它就会记恨那个人。比如，每当它跑到桌前，看到黑人或仆人光着腿挨着主人时，它就会死命地去啄他们的腿。

鹡鸰与鹪鹩

鹡鸰毫不胆怯地靠近洗衣妇，捡她们扔过来的面包屑，并不停地拍打尾巴，似乎在模仿妇女们洗衣的动作，正是这种习惯性的动作，使它们获得了一个别称——"洗衣鸟"。鹪鹩个头小巧，在天寒地冻的冬天里，我们依然可以时常在农村和城镇附近看见它。

鹡 鸰

鹡鸰的体形并不比普通的山雀大多少，但它长着一条很长的尾巴，因此让人误以为很大。它的总身长约为7英寸，其中尾巴就占了3.5英寸。在飞行时，它的尾巴是展开的，类似于船桨。正是这个又长又宽的"桨"，使它可以控制飞行的平衡、转身、前冲和折回；但降落时，就需要连续上下摆动五六次，才能控制平衡。

它们在河滩上欢快轻盈地奔跑，偶尔迈开长腿站在水中。人们可以经常看到这样一幅场景：鹡鸰徘徊在水磨房的闸门边上，时而停在闸门边的石头上，时而围绕在洗衣妇的身边。它们毫不胆怯地靠近洗衣妇，捡她们扔过来的面包屑，并不停地拍打尾巴，似乎在模仿妇女们洗衣的动作，正是这种习惯性的动作，使它们获得了一个别称——"洗衣鸟"。

也有一种鹡鸰对牛羊情有独钟，喜欢待在草地上陪伴畜群。它们在牛、羊群中飞来飞去，偶尔自由大胆地在其间散步，偶尔停在牛羊背上；它们也能无拘无束地与牧

□ 鹡鸰

鹡鸰属雀形目，鹡鸰科，羽毛颜色有黑、黄、白、灰、绿等，尾呈圆尾状，中央尾羽较外侧尾羽长，为地栖鸟类，在农田上块、树洞、岩缝中筑巢，多食昆虫，是农林益鸟。

人在一起，飞前飞后，从不担心有危险；它们甚至会在狼或猛禽靠近时发出报警的鸣叫。因此，这些生活在田园中的鸟又有"牧羊鸟"的美称。它们天性淳朴，平和友好，是人类的朋友；除非人类野蛮地驱赶它们，或者它们自己害怕送命，否则它们决不会远离人类。对于鹡鸰而言，它们对情感十分看重，它们对人类的亲密是自然界中任何鸟都无法企及的：它们很少躲避人，即使离开也不会太远；它们对人十分信任，就连那些拿着武器的猎人靠近时，它们也不会胆怯，即便飞走，一会儿又会马上飞回来，似乎根本不知道何为逃跑。

鹡鸰虽然是人类的朋友，但并不屈服于人类，更不会成为奴隶，它们一旦被抓到笼子里，便会很快死去。它们喜欢生活在美丽的自然中，惧怕狭小的牢笼，除非是冬天，人们把它关到房间里，再丢些面包屑，它们似乎勉强能忍受。有时候，若是水面上有行驶的轮船，它们便会飞到船上，钻进船舱，与船员们混熟，在整个旅途中跟随着船员，直到下船时才分手。

鹪鹩

鹪鹩是一种个头小巧的鸟儿。冬天，即使外面天寒地冻，在农村和城镇附近我们依然可以时常看见它。傍晚，鹪鹩回巢前总会在外面逗留一会儿，时而站在树木的高处，时而站在柴堆顶上，用嘹亮的歌喉发出愉悦的鸣叫；它有时也会在屋顶稍留片刻，之后才会钻到屋檐下或者墙洞里，当它从里面出来后，又会蹦蹦跳跳地翘着小尾巴跑到树枝堆上。它不能飞很远，而且总是绕着圈飞，但扇动翅膀的频率却很快，人类很难看清它挥动翅膀的动作，只能听到空气振动的声音。因此，希腊人称它为"嗡嗡响的陀螺"。这个别称不仅恰当地表现了它的飞行姿态，还形象地描绘了它短小紧凑的身形。

在我们这里，鹪鹩是唯一能在冬天生活的鸟儿。在这万物萧条的季节里，只有它依然保持着愉快欢乐的情绪。它总是那么活跃，正如贝隆[1]所说，它的快乐无法用人类的语言形容。它的叫声既高昂又清晰响亮，由一些短促的音符组成——唏嘀哩啼，唏嘀哩啼，大约每五六秒钟就会重复一次。在静谧的冬天，我们偶尔会听到乌鸦那难听的叫声，而鹪鹩的鸣唱，则是我们所能听到的最为轻快

---

[1]贝隆：皮埃尔·贝隆（Pierre Belon, 1517—1564年），也译作皮埃尔·贝龙，法国博物学家；著有鱼类和鸟类的博物学著作。他第一个观察到鱼类和哺乳动物的脊椎骨是解剖学上的相同器官，是比较解剖学的奠基人之一。

优雅的声音,尤其是飘雪的时候,或异常寒冷的夜晚,更容易听到它们的叫声。鹪鹩生活在鸡舍或柴禾堆里,它们在树枝中、树皮上、屋顶下、墙洞里甚至枯井中寻找昆虫的蛹或尸体为食。此外,它们还经常到温泉旁或者不结冰的小河边饮水;它们成群结队地钻进空心的柳树里觅食,然后又很快飞回家中。它们不拘谨,也毫无戒备之心,人们能轻易靠近它们,却很难抓到它们,因为它们轻巧灵活,总能从敌人的魔爪中逃生。

春天,鹪鹩生活在树林中,在靠近地面的茂密树枝上筑巢,也在草地上筑窝;有时还会到倒地的树干下或岩石边、小溪边上突出的地方、野外孤伶伶的茅草屋顶下,甚至伐木工的小屋顶上建造住宅。鹪鹩搭窝时需要收集许多苔藓充当巢穴的外壳,里面再铺上柔软的羽毛,它们的窝又圆又大,外表十分不起眼,就如丢在一边的苔藓,因此总能躲过敌人的寻找。鹪鹩的巢穴只有一个非常小的出入口,里面通常有9~10个蛋,个头很小,颜色灰白有片红色的斑点。它们一旦察觉自己的蛋卵被人发现,会弃蛋而逃。

□ **卡罗来纳鹪鹩　奥杜邦　水彩　19世纪　美国**

卡罗来纳鹪鹩身长10厘米左右,喙只有1.35厘米长,双翅展开有15厘米左右。鹪鹩不是候鸟,冬天无须迁徙到温暖的地方,因此,在冬天的雪地上也可以看到它们的身影。

蜂鸟、翠鸟与鹦鹉

> 蜂鸟身上闪烁着绿翡翠、红宝石、黄玉般的色泽,从不让地上的尘土玷污自己高贵的身姿。翠鸟像彩虹般色调细腻,像珐琅一样鲜艳夺目。鹦鹉以鸟类特有的形式使我们快乐,为我们排解忧愁。

蜂 鸟

在所有动物中,蜂鸟的体态最优美,色彩最绚丽。如同天然铸造的装饰物、大自然的瑰宝,就连金雕和玉琢的精品也无法与之媲美。蜂鸟属于鸟类,很小。正所谓"最完美的东西往往汇集于最微小的东西中",小蜂鸟就是大自然的精美杰作,它汇集了大自然赋予其他鸟儿的所有天资:轻盈、迅疾、敏捷、优雅以及华丽的羽毛。它身上闪烁着绿翡翠、红宝石、黄玉般的色泽,从不让地上的尘土玷污自己高贵的身姿,终日飞翔在空中,偶尔擦过草地,在花丛间穿梭,永远生活在自由的天地中。它有着花的鲜艳与光泽,花蜜是它的食粮,它只生活在鲜花常开的国度里。

蜂鸟生活在美洲大陆最炎热的地区。它们种类繁多,但似乎只活跃在赤道两边的南北回归线之间。那些在夏天把活动范围扩展到温带的蜂鸟,在那儿也只作短暂的逗留;它们仿佛是太阳的追随者,与它一起东升西落,乘着风的翅膀,跟着永恒的春天一起翱翔。

这些小鸟绚丽多彩,它们火焰

□ 蜂鸟

蜂鸟是世界上最小的鸟,大小和蜜蜂差不多,飞行时发出像蜜蜂飞行时的嗡嗡声,因此得名蜂鸟。由于体形极小,它的蛋只有豆粒般大小。

般的色彩让印第安人为之惊讶，因此而称它们为"太阳之光"。西班牙人则称它们为"米粒鸟"——因为它们身材极小，体重只相当于二十几粒米重（一粒米约为0.05克）。尼伦堡曾说，蜂鸟连同它的窝加在一起，重量也不足2克。因此在体积方面，蜂鸟比牛虻和胡蜂还小。它的嘴巴似一根细针，舌头如一根纤细的线；眼睛像两个闪光的黑点；翅膀上的羽毛非常细，像是透明的；双足又短又小，不易被人察觉；它极少用足，即使停下也只是为了过夜，白天则总是纵情地在空中遨游；它一旦飞行起来便持续不断，而且速度很快，发出"嗡嗡"的响声。它双翅拍打的频率十分迅捷，所以当它在空中停留时，看上去是静止的。人们只见它在一朵花前一动不动地停留片刻，然后箭一般朝另一朵

□ 绿紫耳蜂鸟

绿紫耳蜂鸟是一种外形很漂亮的鸟，生活在高原的树林或丛林中。雄鸟的背部呈草绿色，臀部及上层尾羽为褐色，尾巴上有一道深蓝色的阔带。雌鸟的体形比雄鸟小。

花飞去。它是所有花朵的客人，它用细长的舌头探进花朵的怀中，用翅膀抚摸它们，但它既不会固定在一个地方，也不会一去不回；它来去无常仅仅是因为它随心所欲和以无邪的方式恣意欢愉，因为这位花的情人虽然靠花儿生存，却并不摧残它们使它们凋谢；它只吮吸它们的花蜜，而这，似乎是它舌头的唯一用途。蜂鸟的舌头由一对有凹槽的部分组成，形成一个管，顶端分叉，并在一起犹如一个吸管，而功能也与吸筒一样。当它吸食花蜜时，是将舌头伸到嘴外，探向花蕊的深处，吮吸甜美的花蜜。

蜂鸟体型虽小却勇气超群，而且朝气蓬勃；人们有时会看见它愤怒地追逐比它大20倍的鸟，附在它们身上，反复啄它们，让它们载着自己飞，一直到平息了它那微不足道的愤怒为止。有时，蜂鸟之间也发生非常激烈的搏斗。急躁或许是它们的天性。如果它飞近一朵花，发现花儿已经凋零，无蜜可采时，便会立刻毁掉花瓣，以示恼怒。蜂鸟只能发出一种低微的急促而反复的叫声"嘶卡勒不、嘶卡勒不……"，清晨就能听见它们在林中鸣叫，当太阳放出光芒时，它们便振翅

而起，飞到辽阔的原野上去。

蜂鸟是孤独的，但筑巢时，却可以经常看到它们成双成对地出入。它们的巢与其纤细的身形一样精致，是用花上采来的细绒或小毛絮筑成的，这种巢编织得很精细，里面有一层又软又厚的壁，十分结实。筑巢时，雌鸟负责织造，雄鸟则衔运材料，它们筑巢时非常认真：一根一根地寻找、挑选那些适合编织的纤维，精心地为未来的儿女织成温柔的摇篮；它们用脖颈和尾巴把巢边抹光，在巢外蒙上许多小块的胶质树皮，密密地粘起来，使巢既坚固又能抵御风雨。蜂鸟的巢建在橘子树、柠檬树的两片叶子或一根小树枝上面，有时也建在茅屋边下垂的干草上。蜂鸟的窝巢只有杏子的一半，形状为半圆，里面有两只白色的蛋，如豌豆般大小，雄鸟和雌鸟轮流孵蛋，小鸟13天就可以孵出来，这时它们只有一只苍蝇大小。迪泰特尔神甫说："我一直无法看清蜂鸟用什么来喂幼鸟，只注意到它把沾满花蜜的舌头让幼鸟舔食。"

饲养蜂鸟极为困难，甚至不太可能。有人曾经尝试用果汁喂养一些蜂鸟，可是几个星期后，蜂鸟就死了。这种果汁虽然清淡，但仍与蜂鸟从花朵里采来的精细的汁液有着较大的差别，或许用蜂蜜来喂，它们会有机会存活。

捕捉蜂鸟一般用沙子或用吹管吹射小石子击打。蜂鸟的警戒心不强，甚至人们走到离它约6步的距离，它也毫无察觉。捕捉蜂鸟还有一个方法：手执一根细木棍，尖头涂着胶，守候在花丛中，当蜂鸟停在花前时，就可轻易地用木棍将它粘住。蜂鸟一旦被捉，很快就会死掉，当地的印第安女人通常用它作首饰，如她们的耳环就是用这种可爱的小鸟做的。秘鲁人还用蜂鸟毛做羽毛画：他们用蜂鸟的羽毛组成图画，他们的记载中曾夸赞这种图画的精美。有人曾经见过这类作品，对它们的艳丽和精致都赞不绝口。

蜂鸟有许多种，它们都得到了大自然的照顾和青睐。蜂鸟的近亲——蜂雀也在同样的气候中产生，并以同样的模子造就出来。它们同样光彩夺目、小巧轻盈、以花为生，全身羽毛柔美且充满光泽；蜂鸟美丽、活跃、经常采花的特性，以及筑巢和生活方式等在蜂雀身上同样适用，它们也拥有着同样可爱的性格。由于这两种鸟各方面都很相似，我们常常将它们混淆，认为是同一种鸟。然而它们彼此有一种明显的差别，这种区别在于喙，蜂雀的喙平而细长，喙尖稍稍凸起，整个喙弯曲着，不像蜂鸟那么直。此外，蜂雀柔软轻盈的身子比蜂鸟要长一些，它们一般说来同样粗圆，但有些小型蜂雀比蜂鸟还小得多。

翠 鸟

在我所在的这个气候区域内，翠鸟是最美丽的鸟类之一。在欧洲，没有任何一种鸟儿可以比得上翠鸟颜色的晶亮、富丽和鲜艳，它们像彩虹般色调细腻，像珐琅一样鲜艳夺目，像丝绸一般带有鲜亮的光泽。翠鸟的后背中部和尾巴上端，是鲜艳明亮的蓝色，在阳光的照射下闪烁着宝石般的光彩和绿松石的光泽；翅膀上涂抹着绿色和蓝色相间的颜色，大部分羽毛带有一种海蓝色的斑点；头和颈项上部的羽毛是蔚蓝色的，点缀着一些浅蓝色的斑点。胸前红色的羽毛泛着微微的黄色，如同一团烧得通红的煤炭。

翠鸟的美丽外表似乎得益于阳光的恩赐，在其居住区域内，太阳以一种纯洁的光泽为万物印上丰富色彩。确实，尽管我们不能确定这里的翠鸟是否原产于东南方，但从整体而言，它们的原属地就应该是东方和南方。因为，欧洲只有一种翠鸟，非洲和亚洲却可以为我们提供二十多种，而美洲炎热的气候区至少还有八种。

翠鸟虽然最初生活在更炎热的气候区，但现在已习惯于低温，甚至可以适应欧洲寒冷的气候。即使在冬季，我们也能看见它们的踪迹。它们沿着小溪行走，看到水中的鱼儿，就立刻钻到水下捕捉，然后带着战利品上岸。正是这个原因，德国人称它为"冰鸟"。贝隆曾把翠鸟误认为候鸟，以为它只是从法国经过，但实际上，霜降的时候它们也住在这里。

翠鸟飞行迅速、快捷，通常沿着曲折的小溪飞行，它们掠过水面，一边飞一边发出尖锐的叫声，"叽！叽！叽！叽！"春天，翠鸟的鸣叫则是另一种音调。它们站在水边，尽管水流声和瀑布声很大，我们依然能听得到它们的歌声。翠鸟非常好动，常常从远处飞来，站在伸出水面的树枝上捉鱼。它在那里一动不动地等待小鱼游过来（有时甚至会等两个小时），一旦发现有鱼经过，便立刻钻入水

□ 翠鸟

翠鸟有鲜艳美丽的羽毛、长而坚固的喙、有力的爪子和高超的捕鱼技术，常生活在水边，以鱼为食。

中，扑向猎物，几秒钟后便带着自己的战利品回到岸上享用。

若是水面上没有伸出的树枝，翠鸟就守候在靠近岸边的石头上或是沙砾上，一旦觉察到有小鱼，便瞬间一跃（12~15英尺），再垂直冲向水中。我们也常常看到翠鸟在快速飞行时突然停住，在同一地方一动不动地停留几秒钟，这一现象在冬天尤为常见。当河水汹涌或水面结冰时，翠鸟就不得不离开小河，找地方休息。每当歇息时，它会待在15~20英尺的高空；当它想换地方时，便降低高度，待在离水面不到一尺的地方，然后重新飞到高处休息。这种反复进行的动作表明：它不断下到低处去捕捉水面上的小鱼或昆虫，但通常一无所获，然而，为了觅食它还是常常以这种方式飞很远的路。

翠鸟居住在小河与小溪旁，但并不筑巢，它主要利用水鼠或蟹虾挖的洞，再将其挖深、修补，把入口处修理得更狭窄。巢穴中有小鱼刺和沾着泥土的鳞片等，因此看起来并不像翠鸟的巢，但我们的确在这里看到了它产的蛋。

鹦 鹉

□ 鹦鹉
鹦鹉有着绚丽的色彩、高亢的叫声以及独具特色的钩状喙，使人们很容易识别它们。因其色彩漂亮，能模仿人类的部分语言，许多人把它当作宠物来饲养。

就动物与人类之间的关系而言，猴子通过模仿人类的言行举止来与人类建立关系，而鹦鹉则是通过语言与人类建立关系，它们与人类的关系更亲近、更密切。狗、马或象之所以与人能够亲密地在一起，是因为它们能够给人类带来某种功用和效益；而鹦鹉则是因为它能以鸟类特殊的形式使人类快乐，排解人类的忧愁。我们孤独时，它充当我们的伙伴；我们无聊时，它能充当对话者，时而欢笑，时而语气凝重，甚至偶尔会冒出牛头不对马嘴的话语引人大笑，有时又语言正确得令人惊奇。尽管这种没有思想的语言游戏，有一种我们说不出的奇怪和滑稽，但它带给人的愉快，比那些空洞无物而又索然无味的演说强得多。凭借这种对人类语言的模仿，鹦鹉似乎汲取了人类的天性和生活方式中的某些东西，如爱憎分明、依恋、嫉妒、偏爱、任性，时而地自我赞叹、自我庆幸、自我振奋、自得其乐、自我叹息。如果人们爱抚它，它就十分温顺听话；若是谁家办丧事，它也会学着低声呜咽，并模仿人们呼唤哀悼的那个人的名字，唤醒人们心中的情感和喜怒哀乐。

啄木鸟

> 啄木鸟一生凄惨清苦,大自然赋予它的一切似乎也造就了它的这种命运。它永远在为自己的生存忙碌,根本没有休息和娱乐的时间,即使夜里睡觉时也总是保持着白天劳动时的姿势。

在被大自然强迫以捕猎为生的鸟类中,啄木鸟想必是最辛劳的鸟了。它始终在工作,或者说一辈子在苦干,其他鸟类各自的特长——或跑,或飞,或守候,或出击,都是依靠勇气和技巧的自由活动,啄木鸟却天生注定要辛苦劳动,因为只有在啄透坚硬的树皮和剥开密实的硬纤维之后,它才能找到隐藏其中的食物。它永远在为自己的生存忙碌,根本没有休息和娱乐的时间,即使夜里睡觉时,也总是保持着白天劳动时的姿势。它不会其他空中居民所拥有的轻歌曼舞,也无法参加各种百鸟合奏音乐会;它只会发出孤独的叫声,凄惨悲凉的声调打破了森林的宁静,音调的哀怨似乎在诉说自己劳作的艰辛。它动作急促,神态焦虑,体貌粗陋,加上生性孤僻,从不合群,因此很少与同类来往。

啄木鸟一生凄惨清苦,大自然赋予它的一切似乎也造就了它的这种命运。它的爪子有四根厚实强劲的脚趾,两个向前,两个朝后,而连接腿后部称为"距"的那个脚趾最长,也最有力;它的脚趾前端长着粗壮的弯爪,后端长在短而筋络强健的后脚胫上。

□ 啄木鸟

啄木鸟的喙强直如凿,舌头长且能伸缩,舌尖长有短钩,脚稍短,尾部呈平尾或楔状,尾羽通常有12枚,羽干坚硬且富有弹性,能在啄木时支撑身体。

啄木鸟用它有力的脚趾攀附在树干上，再绕着树干作各个方向的移动。它的喙锋利、挺直，形如铁锥；末端呈方形，纵向有一道凹槽，尖端扁平挺直，犹如一把凿子，它用这天生的工具啄开树皮，划开树干，找到害虫的藏身之地；它头颈粗短，强劲的肌肉发力并控制着喙的凿啄，直至啄开一个树洞，朝树心开出一条通道；它的舌头像蚯蚓一样细长，末端有又尖又硬的骨质，它伸出舌头，犹如一把锥子从啄开的树洞探进去，挑出害虫；它的尾巴由十根翎羽组成，向内弯曲，末端整齐光秃，两边长着硬毛，为了在树上攀得更稳，啄起来更方便，啄木鸟经常采用倒悬的姿势，这时它的硬尾就成了一个控制身体平衡的支撑点。啄木鸟居住在树洞内，若是再挖空一部分，就成为巢穴。雏鸟生活在树洞里，虽然有翅膀，但注定得围着树干攀爬，所以进进出出总不离树。

□ 灰头绿啄木鸟

灰头绿啄木鸟身长约27厘米，雄鸟背部呈绿色，腰部和尾上呈黄绿色，额部和头顶呈红色。雌雄相似，但雌鸟头顶和额部并非红色。

在法国森林里，绿啄木鸟是最常见和最普通的，每当春天来临，树林中就会响起它刺耳生硬的叫声："啼呀卡冈，啼呀卡冈"，在很远都能听到，特别是在它一冲一歇、一起一落地飞行时尤爱如此鸣叫。它们飞行时，忽而向下俯冲，忽而向上直蹿，在空中划出弯曲的弧线；但尽管如此，它们仍有较强的滞空能力，即便飞得不高，却能飞越相当宽的开阔地。在交配季节，除了习惯的鸣叫，它还发出啾啾的声音，类似连续的大笑，喧闹着持续着，可以重复30~40次。

绿啄木鸟在地上的时间比其他同类要长，它尤其喜欢待在蚁穴附近，因此人们总能在蚁穴附近发现它并将它捕获。它守候在蚂蚁路过的地方，把长舌头平摊在小路上，当感觉到舌上爬满蚂蚁时，就卷起舌头吞下它们。当天气寒冷时，外出的蚂蚁不多，啄木鸟就在蚁穴上方用脚爪和嘴扒开一个缺口，把舌头伸到里面，从容地将蚂蚁甚至幼虫一起吞食。

其他时间，绿啄木鸟总攀附在树上，不停地啄它攀缘的那棵树。它工作十分积极,常把干枯的树皮全剥下来。人们从很远的地方就可以听到它的啄木声,甚至能数清它啄木的次数。人们接近它很容易,遇到猎人前来,它也只是围着树干绕圈,躲到另一面。有人说,啄木鸟在树身上啄了几下就会跑到对面去看看树干是否啄透,但实际上,它到树的另一面是为了截捕害虫,因为害虫经它一啄全都惊得四散逃跑。据说,啄木鸟能根据啄木的声音判断树木什么地方是空心的,里面是否会有蛀虫,或是知道哪里有个洞穴可以用来筑巢。

绿啄木鸟的巢通常建在被虫蛀空的树洞内,离地约十几英尺高。它通常寻找松柳、垂柳等木质松软的树木筑巢,却很少把巢穴筑在橡树棕树的树洞里。雌、雄啄木鸟轮流不停地工作,齐力啄穿树木,找到树心并将之挖空,掏大洞穴,把碎木屑及木渣都用脚扒到窝外。有时,它们把树洞挖得曲折深邃,连光线也无法透进,然后在黑暗的巢里哺育幼鸟。绿啄木鸟每次下五个淡绿色并带有黑斑的蛋。幼鸟很小的时候就会爬树,然后才学会飞行。雌、雄啄木鸟很少分开,而且比别的鸟都睡得早,它们一般要在鸟巢中待到天明。

鹳与鹭

被驯化的鹳被人类赋予了不少优良品德：温顺、忠诚、孝心、和睦友爱。鹭则呈现给我们一副痛苦、不安和贫穷的形象，它们似乎能忍受饥饿的威胁和寒冷的折磨。

鹳

鹳与所有翅膀大、尾巴短的鸟类一样，能够有力而持久地飞行。鹳飞行时很像舵，头朝前探去，双腿朝后伸直，能飞得很高，即使在暴风雨中，也能长途飞行。大约5月8—10日，我们可以看到鹳飞去德国，在此之前，它一直居住在法国各地。格斯纳（孔德拉·格斯纳，16世纪瑞士医生、植物学家，现代动物学、目录学奠基人）说，鹳于4月份在燕子之前到达瑞士，有时可能更早，而它们到达阿尔萨斯[1]则是在2月末或是3月。鹳是春天的使者，它们的出现代表着春天的到来；它们总是回到原本居住的地方，如果旧巢已毁，它们就用树枝和草茎重新建造一个新巢。它们的巢往往建在高高的顶

□ 白鹳

白鹳是一种大型涉禽，除了翼端为黑色外，全身多为白色，并带有金属光泽。它们的喙和双腿很长，都为红色；多在池塘、沼泽边觅食。

---

[1] 阿尔萨斯：为法国东部的一个地区。它被莱茵河分成南北两个部分：北部的下莱茵省和南部的上莱茵省。它和洛林都是白葡萄酒的著名产地，都在普法战争后被割让给普鲁士。"一战"结束后回归法国，"二战"初期又被纳粹德国占领，至"二战"结束再次被法国收回。

端：如钟楼的雉堞[1]上、水边的大树上，或陡峭的岩石顶尖。在贝隆那个时代的法国，人们在房顶置放车轮，以便引鹳筑巢，甚至在今天，德国和阿尔萨斯地区的人们还保留着这种习惯；而在荷兰，人们则在建筑物顶上置放方形木箱来吸引鹳筑巢。

鹳休息时，单腿站立，脖颈蜷曲，头缩向后面，靠在肩上。它的视觉非常敏锐，能轻易发现猎物：一些爬行动物如青蛙、蜥蜴、游蛇等，因此，它通常会在爬行动物较多的沼泽地、水边或潮湿的山谷中捕食。

鹳的走路姿势与鹤一样，步子很大，很有节奏。鹳在生气或不安时，会反复叼啄，发出咯咯的响声，我们据此造出两个象声词"噼噼啪啪"和"咯噜咯噜"，而古罗马人彼特罗尼乌斯（公元1世纪时的古罗马作家，著有《萨蒂里孔》）把这称为"响板"之声，更是恰如其分。

鹳天性温和不怕人，很容易被驯化。它在人类的园子里生活，清除园中的虫子和爬行动物；似乎很爱清洁，排泄时总会去偏僻的地方；看起来总是一副忧伤的、无精打采的样子；然而，它也会有某种欢快的表现，因为它喜欢和儿童一起玩耍、嬉闹；鹳驯化后寿命很长，并且能忍受严寒的冬季。

被驯化的鹳被人类赋予了不少优良品德：温顺、忠诚、有孝心、和睦友爱。确实，鹳长时间哺育子女，不等到子女长大或者有能力自卫和捕食是绝不会离开它们；当小鹳离开巢，在空中学飞的时候，母鹳就用翅膀载着它们，遇到危险就去保护它们。有人曾见过，如果母鹳在小鹳有危险时救不了它们，宁愿与它们一起死，也不会抛弃它们。人们还发现，鹳对照顾它的主人总会有依恋甚至感激之情，人们经常听见鹳经过门前时发出声音，仿佛是在提醒人们，它回来了，出门时也会有同样的表示。不过，这些品质还不算什么，更让人钦佩的是，这种鸟儿对老弱的父母，总会表现出特别的关爱和照顾。人们经常看到年轻健壮的鹳送食物给待在巢边疲惫衰弱的鹳，不过这或许只是偶然的现象。也许正如前人所说，鹳确实有感人的尊老敬老的本能，造物主将人们经常背弃的这种孝道，置于它们的身上，是为了给人类树立一个榜样。历史上，希腊人以鹳为榜样制定赡养父母的法律，这个法律的名称就叫"鹳"。阿里斯托芬（古希腊喜剧作家，著有《阿卡

---

[1] 雉堞：古代城墙的内侧叫宇墙或女墙，外侧叫垛墙或雉堞，它们都是古代城墙的重要组成部分。

奈人》)以此为题材写了一部针对人性的讽刺剧。埃利安(公元3世纪希腊作家,著有《动物史》)则肯定地说,鹳的这种优良品德,是埃及人尊重并崇拜鹳的主要原因;而今天,人们相信鹳在哪里安家,就能给哪里带来幸福,这或许是受了古人的影响吧。

鹭

鹭呈现给我们的是一副痛苦、不安和贫穷的形象。它们仅有的谋生手段,是埋伏在同一地方,一连几小时,甚至几天,在那里一动不动,等待猎物的出现,有时真让人怀疑它们到底是不是一个活物。我们若是用望远镜观测(因为鹭很少让人靠近),只能看见它站立在一块石头上,好像睡着了——单腿站立,身子几乎挺直,脖颈蜷曲在胸脯和腹部上,头和喙卧在肩膀之间;若是它开始变换姿势,移动起来,那就是要采取另一种令人感觉更加不自然的姿势:它走入淹到膝部的水中,头插在双腿之间,以便追逐游过的青蛙或小鱼。然而,通常情况下,由于行动受限,它只能待在那里等待猎物主动送到嘴边,因此难免要长时间挨饿,有时甚至会因缺乏食物而活活被饿死,因为当水面结冰的时候,它们没有能力迁到气候暖和的地方。一些博物学家将鹭归结为冬离春返的候鸟之列,这无疑是错误的。因为,我们看到它们一年四季都生活在法国,甚至在最严寒、最漫长的寒冬也是如此。不过,这时它们被迫离开水面结冰的沼泽与江河,转移到温暖的泉水旁边,也正是这段时间,它们最好动。它们在那里来回跋涉以改变处境,但其实仍然在同一地区活动。

鹭在天气变冷时开始聚集起来,它们似乎能忍受饥饿的威胁和寒冷的折磨——但仅是依赖自己的耐性和节制挺过去。然而,这种淡漠的品质往往伴随着厌世的思想,一旦它们让人逮住关起来,就会持续两个星期不吃食物,甚至丢弃人们试图塞进它嘴里的食物。毫无疑

□ 白鹭

白鹭又称鹭鸶,是一种非常美丽的水鸟;多在沼泽地、湖泊、潮湿的森林和湿地生活,在乔木或灌木上筑巢;捕食水中的鱼虾、小型两栖类和甲壳动物。

问，它天性的忧郁又因囚禁而增加了，这种天性战胜了它求生的本能，而这种本能，是大自然赋予所有动物最重要的技能，可是冷漠的鹭却不在乎，它即使死去也不发怨声，更没有遗憾的表示。

除了孵卵期间，鹭的生活总是凄惨而孤独，它似乎不懂什么是快乐，也不知道怎样去避免痛苦。在天气最恶劣的时候，它独自待着，暴露于风雨之中，站在溪边的一根木桩上，或者站在被水淹没的一个土丘的石头上；其他鸟在这种情况下都躲进了树丛中，土秧鸡钻进茂密的草丛里，蒲鸡[1]钻进芦苇中，只有鹭，这个可怜的家伙，就这样待在露天，任凭风雨和雾雪的侵袭。

鹭虽然有一双长腿，却无助于奔跑。白天的大部分时间，它的长腿只是起到支撑身体休息的作用，它的休息相当于睡眠；夜晚则要飞一阵子。无论什么季节，什么时刻，我们都能听见鹭在空中鸣叫，它的声音单一、短促而尖锐，与雁相比，它的声音要短促得多，而且带点哀鸣。当它感到痛苦时，鸣声就会拖长，音调也更为尖厉，并且非常刺耳。鹭的飞行能力很强，它在飞行时腿是向后伸直的。鹭在飞行和栖息在树上的时候都习惯于把颈收缩在肩间，呈驼背状。

---

[1] 蒲鸡：又名大麻鸭。一种体型较大的涉禽，身长70～80厘米，翼展125～135厘米，体重900～1100克。具保护色，羽毛拟周围的环境。栖息于水域附近的沼泽草丛、芦苇丛中，白天隐藏于蒲草苇丛中，黄昏或夜间活动。取食鱼、虾、蛙、蟹、螺、水生昆虫等。

鹤、野雁与野鸭

鹤能飞得很高,飞行时排成队列,井然有序,犹如等边三角形,这样仿佛是为了减少空气的阻力。雁飞行时也保持着一致的队列,这种飞行编队显示出一种智慧,比那些无序的成群迁徙的鸟类高明得多。

鹤

鹤飞得极高,且飞行时排成队列,井然有序,犹如等边三角形,这样仿佛是为了减少空气的阻力。当风力加大,有打散队列的危险时,它们就密切地挤在一起;若是遭到鹰的袭击,也是如此。它们经常在夜间飞越长空,不过,它们身影还未到,响亮的鸣叫声就已传来。在夜间飞行时,领头鹤不时发出声音,以通报鹤群应走的路线,整个鹤群便会全体附和,每只鹤仿佛在表示着自己正跟随其后并保持队形。

鹤的飞行方式十分雅致,虽然队形有各种变化,但总能持续很久。据观察,鹤群不同的飞行方式,是在预示着天气和温度的变化。它们能飞很高,自然比我们更能感受到远处气象的运动和变化。白天,鹤群的鸣叫预示着有雨,若是嘈杂的惊叫,则表示暴风雨即将来临;若是清晨和傍晚看见它们结队安然地飞行,便是天气晴好的征兆;反之,如果鹤群预感到暴风雨即将来临,就会降低高度,落到地上。鹤起飞时十分吃力,必须跑几步,张开翅膀,先飞起一点儿,再展翅

□ 黑颈鹤

黑颈鹤全身羽毛以黑色和灰白为主,羽缘带有棕色,头顶呈暗红色,脖子和尾羽为黑色。它们大多生活在2 500米以上的高原湖泊及湖边灌木丛中。

飞翔，并快速而有力地舞动双翼。

夜晚，鹤聚集在地面停歇，同时还设置岗哨，我们把这种谨慎看作是警惕的象征。鹤睡觉时，把头插进翅膀中，但是领头鹤的头却高高扬起，因为它正在担任站岗的任务，一旦发现危险，它就叫一声以示报警。普林尼[1]说，为了迁徙，鹤才选出了头领。但如同人类社会一样，我们不应该把那看成是一种接受或赋予的权力，而应当看到它们交往的智慧——能聚集成群地跟随领头鹤，以便出发、旅行和返回，而且秩序井然。因此，亚里士多德把鹤归结为结群聚乐的鸟类之首。

初秋时节，天气渐渐变冷，这时，也是鹤迁徙的季节，它们要转去另一片天空下生活。多瑙河[2]流域和德国境内的鹤，都飞往意大利。在法国各省，九、十月间都能见到鹤，如果暮秋时节气候还十分温和，它们能在法国待到11月份。但大部分鹤群都是匆匆飞过法国，并不停歇。等到来年开春，鹤又会从南方返回北方。

野雁与野鸭

雁通常飞得很高，只有在雾天，才会贴近地面。它们飞行时总是沉稳平和，无声无息，翅膀拍击着空气，仿佛在空中一寸寸移动。雁飞行时也保持着一致的队列。这种飞行编队显示出一种智慧，比那些无序的成群迁徙的鸟类高明得多。雁群所遵循的队列，似乎是由它们的一种几何天性排出来的，这种排列既恰当，又有利。对每只雁来说，这种排列既能跟随和保持队形，又有开阔的空间，飞行起来也比较自如；对整个雁群来说，这样既可以减小空气的阻力，又可以减轻飞行的疲劳。雁队一般排成两条斜线，前端合成一个角，大致为"人"字形；数量少的雁群，就只排成一列。不过每个雁群一般至少都由四五十只雁组成，队伍中，每只雁都会准确地保持自己在队列中的位置。领头雁位于"人"字形的尖端，最先迎击空气的阻力，疲倦时就退到队尾休息，其他雁则轮流在前面开道。

---

[1] 普林尼：盖乌斯·普林尼·塞孔都斯（Gaius Plinius Secundus，公元23（或24）—79年），又称老普林尼，古代罗马的百科全书式作家，以《博物志》一书著称。
[2] 多瑙河：是欧洲第二长河，仅次于伏尔加河。它发源于德国西南部黑林山的东坡，流经9个国家，是世界上干流流经国家最多的河流之一。全长2 850千米（1 770英里），流域面积81.7万平方千米，河口年平均流量6 430米/秒，多年平均径流量2 030亿立方米。

普林尼曾经饶有兴趣地表述这种整齐的、几乎是经过思考的飞行:"任何人都能观察到雁群,因为它们是在大白天,而不是在夜晚经过。"

大约每年的10月15日,第一批野鸭会在法国出现,这只是小股,数量极少;到了11月份,大多数野鸭就会随后而至。这些野鸭来自北方地区,它们从一个池塘飞到另一个池塘,从一条溪流飞到另一条溪流。与此同时,猎人开始了大面积猎杀:或者白天搜索,或者傍晚埋伏,或者使用多种圈套和大网。不过野鸭警惕性也极高,必须运用计谋,使用各种手段加对其偷袭、引诱或欺骗。当野鸭需要落到某个地方时,它们会先在空中盘旋好几圈,仿佛是在侦察,当没有发现敌人时,它们就越飞越低,斜着掠过水面,游向宽阔的水域。它们会始终与岸边保持着很远的距离,以免受到袭击。与此同时,还会有几只野鸭负责放哨,一旦出现危险就立刻发出警报。因此,猎人往往还未靠近,就眼睁睁地看着它们飞走了。

□ 野雁

野雁在飞行时,如果数量较少就排成"一"字形的队列,如果数量较多就排成"人"字形的队列,无论遇到什么情况,它们都能保持队伍整齐。

猎杀野鸭最好的时机是在傍晚——野鸭群将要降落在水边,此时猎人隐藏在草棚里,或者以别的方式躲藏起来,然后放置几只家养的母鸭做诱饵,当他听见翅膀的扑打声传来,就知道野鸭将要飞来,于是抓紧时间打下那些先到的野鸭。假如要大规模地猎杀野鸭,就得预先布网,机关则由躲藏在隐蔽处的猎人控制。网铺在水面上,能覆盖相当大的范围,只要一收网,就能将被家养母鸭引诱来的野鸭一网打尽。在猎捕野鸭的过程中,猎人必须有很好的耐性——躲藏在隐蔽处一动不能动,身子往往冻得半僵,染上风寒比打到猎物的可能性要大得多。然而,猎杀的兴趣似乎总占上风,尽管猎人每次都往手上吹着热气,发誓再也不去冰冷的隐蔽所了,可是在发誓的当晚,他又计划着次日的打猎了。

山鹬与土秧鸡

所有山鹬的行为都一致,因此可以说,山鹬是没有个性的鸟儿,它们的个体习惯完全取决于整个种群的习性。土秧鸡敏捷而机灵,被猎犬追击时,总能凭借自己的机敏逃脱。

山 鹬

在所有候鸟中,山鹬可能是猎人最喜欢的猎物,因为它的肉味鲜美,又易于捕捉。山鹬大约在每年10月中旬和斑鸠同时来到法国的森林,它在狩猎季节来到这里,自然壮大了猎物的数量。整整一个夏季,山鹬都住在高山上,直到下了头场霜雪后,它才决定下山。它从10月初开始,从度夏的比利牛斯山[1]和阿尔卑斯山[2]上下来,来到内地丘陵的树林中,一直飞到的平原上。

山鹬会在夜间或白天飞行,它们总是一个接着一个,或者两个一起,但从不像大雁那样成群结队。它们活动在大篱笆、矮树林和乔木林中,特别喜欢那些有沃土和落叶的树林;它们成天躲藏、栖息在那里,十分善于隐藏,只有猎狗才能把它们赶出来。每到夜晚,它们就离开这些树木茂密的地方,飞散到林中的空地,在树林的边缘寻找柔软潮湿的草地和沼泽,在那里沐浴,洗掉那些在寻找食物时沾上的泥土。山鹬的行为十分一致,可以说,它们是没有个性的鸟儿,它们的个体习惯完全取决于整个种群的习性。

山鹬从树林里飞出来时会扑打翅膀,发出声响,它笔直地飞出乔木林(但在

---

[1]比利牛斯山:比利牛斯山是欧洲西南部最大的山脉,是法国和西班牙两国的界山,安道尔共和国位于其间。它西起大西洋比斯开湾畔,东至地中海岸。长约435千米,宽80~140千米(东端宽仅10千米,中部最宽达160千米),海拔大多在2千米以上。
[2]阿尔卑斯山:是欧洲中南部的大山脉,覆盖了意大利北部边界,法国东南部、瑞士、列支敦士登、奥地利、德国南部及斯洛文尼亚。该山系自北非阿特拉斯延伸,从亚热带地中海海岸法国的尼斯附近向北延伸至日内瓦湖,再向东北伸展至多瑙河上的维也纳。

矮树林中就不得不经常绕个急弯），飞到灌木丛中，躲避猎人的追踪。它的飞行速度很快，但飞得不高，也无法持久飞行；飞行时常常陡然降落，就好像失去控制而跌落一样。它的动作非常敏捷，在地上逃跑也比较方便，它一到地上就快速地跑起来，但很快又停下来，抬起头观察四处，求得安心。普林尼有理由将山鹬敏捷的奔跑比作山鹑，因为山鹑也是这样躲避危险的。当我们试图在山鹬摔倒的地方寻找它时，它早已逃得不知所踪了。在繁殖期，山鹬通常在夜间结合，白天分离。雄鸟发情的时候会一直飞翔，傍晚时分，它会飞到树林的上空，找到雌鸟，在地上交配。它们的巢筑在枯枝落叶中或者小灌木丛的下面，是用枯树枝、干草和干叶筑成的。雌山鹬每窝产蛋3～4枚，孵化期23天左右。山鹬的幼鸟一般以蚯蚓、鳞翅目[1]等昆虫的幼虫为食。

□ 小山鹬　奥杜邦　水彩　19世纪　美国

雄山鹬和雌山鹬很相似，体羽以淡黄褐色为主，常生活于林木茂盛的丘陵、海岸、沼泽和河流一带。它们保护幼鸟的方式很特别，当危险来临时，亲鸟会用腿夹着幼鸟飞走。

土秧鸡

在潮湿的牧场，从草开始长高到收割的这段时间，草丛最茂密的地方常会发出一种短促、尖厉而枯燥的叫声。这种声音类似用手指拨弄梳子的齿发出的声响。人们若是闻声走过去，那声音就会消失，过了一会儿，声音又从离人50步开外的地方传来：人们往往以为那是一种爬行动物的鸣叫，但它其实是土秧鸡的叫声。这种鸟极少飞起来逃走，而是在地上飞速地奔跑，穿过茂密的草丛，留下清晰的踪迹。在法国，大约5月10—12日，我们就能听到土秧鸡的叫声，同时也能听到鹌鹑的鸣叫，由此看来，土秧鸡和鹌鹑似乎总是相伴相随，同时到达又同时离开。土秧鸡的体长约30厘米，头很小并伴有十分明显的斑纹，通常以蚯蚓、昆虫

---

[1] 鳞翅目：包括蛾、蝶两类昆虫。属有翅亚纲、全变态类。全世界已约20万种，中国已知约8 000余种。该目为昆虫纲中仅次于鞘翅目的第2个大目。

□ 土秧鸡

土秧鸡中等体型，体长约29厘米。上体多纵纹，头顶褐色，眉纹浅灰，眼线深灰，脸灰，颏白，颈及胸灰色，两胁具黑白色横斑。

和植物的嫩芽为食。

土秧鸡敏捷而机灵，被猎犬追逐时，偶尔会让猎犬靠自己很近，就在即将被逮住时，又奇迹般地安全逃脱。它还会在逃跑中猛然停住，缩成一团，这时猎犬就会因为收势不住而从它的上面直冲过去，当猎犬再次回头时，它已经失去了踪迹。据说土秧鸡正是利用了敌人的这一失误，又沿原路返回，躲过敌人的追击。只有在最危急的关头，土秧鸡才会飞起来逃逸；不过它飞行时十分笨拙，而且也飞不太远，一般飞一会儿就会落下来。可是，每当我们到它降落的地点去寻找它时，又会徒劳无获，因为等我们赶到时，它已经跑出百步远了。可见，土秧鸡逃跑时善于用飞快的步伐来弥缓慢而笨拙的飞行。因此，它利用双足的时候要比利用双翼多，它总以茂密的草丛做掩护，在牧场和田地间奔跑，而且它逃跑的路线变幻不定，往返交错，毫无规律。另外，它细瘦的身体也十分便于它在芦苇和沼泽地中穿梭。

然而，到了迁徙的季节，土秧鸡也能像鹌鹑那样，拥有不可思议的力量，飞越一段很长的距离。它们往往是在夜间飞行，借助风的力量飞到法国南方省份，又试图从那里飞越地中海。毫无疑问，在它们跨越地中海时，会有大部分葬身海底，因为人们注意到，它们返回时的数量比出发时要少很多。

凤头麦鸡与鸻

秋天雨水霏霏之时，法国各省就会出现成群结队的鸻，它们伴随雨季而来，因此被称为"雨鸟"。它们像凤头麦鸡一样，在潮地和淤泥地中寻找昆虫或蚯蚓为食。

凤头麦鸡在起飞时会叫上两声，在夜间飞行时也会不时地鸣叫。它的翅膀非常有力，不但能连续飞行很久，还能飞得很高。当它落到地上，便会疾走跳跃，以连续的或跳或飞的形式跑遍整个地段。

这是种天真活泼的鸟儿，喜欢玩耍嬉戏，即使在空中飞行，也能飞出各种姿态。而且无论哪种姿态，它都能坚持很长时间。它的敏捷是其他鸟儿无法媲美的，因此称它为飞行高手也当之无愧。

当气候开始转暖时，成群的凤头麦鸡来到我们的牧场上，扎进绿色的麦田里。清晨，低洼的草地上密密麻麻地落满了凤头麦鸡，它们以特殊的技巧挖出隐藏在土里的蚯蚓。凤头麦鸡一看到蚯蚓翻出来的一堆小土球，便轻轻扒开它，使蚯蚓洞显露出来，再用足踩踏旁边的地面，然后静静地等待着。这样，只需一会儿，地下的蚯蚓便被这轻微的振动引出来了，一旦它们露头，凤头麦鸡就会毫不犹豫地将其捉住。晚上，鸟儿们还有别的技巧：它们在草地上奔跑，用脚来感觉正在纳凉的虫子，再捉住它们饱餐一顿，随后到水塘或小溪流边洗净喙和爪子。

□ 凤头麦鸡

凤头麦鸡，小型涉禽，鹳形目鸻科，体长32厘米，广泛分布于北美洲、非洲和亚欧大陆。

□ 长脚雌鸻

鸻，鸟纲，鸻科部分种类的通称。羽色平淡，多为沙灰色并缀有深浅不同的黄、褐等色斑纹。图为长脚雌鸻，它的长脚趾能分散自身的体重，所以能站在漂浮的水生植物上。

秋天雨水霏霏之时，法国各省就会出现成群结队的鸻，它们伴随雨季而来，所以我们称它为"雨鸟"。它们像凤头麦鸡一样，在潮地和淤泥地中寻找昆虫或蚯蚓；鸻不会固定地居住在某一地区，而且很少在同一地点停留一昼夜以上。由于数量众多，它们每到一个地区觅食，就会捉尽当地能吃的小动物，然后转移到另一个地方。当第一场雪来临时，它们便不得不离开法国，飞往气候更温暖的地区。

它们在地面时，并不会老实地待着，而是忙碌地觅食或者活动。在成群用餐时，它们会有几只放哨的，稍有风吹草动，放哨者就会发出尖叫声，向大家报警。它们顺风飞行，队列十分奇特：飞行时齐头并进，列成横排，在空中形成非常密集、宽广的横断面队列，有时则会有好几个平行的横断面队列，横列极宽，纵列极短。

鹈鹕

鹈鹕的生活很富足，它比其他以鱼为食的鸟儿多长了一个大口袋，可以储存大量捕捉到的食物。它很容易被驯养，虽然身体笨重，但天性活泼，一点也不怕生。

鹈鹕引起了很多博物学家的兴趣和关注，一方面是因为这种水禽相貌奇特：它个头高，喙下长着一个大食囊；另一方面在于"鹈鹕"这个名称在历代传说中声望很高，在一些民族的宗教象征中也非常神圣。传说中，人们把鹈鹕描绘成撕开自己的胸脯，用鲜血来喂养全家的慈父形象。然而，这个传说原本是古埃及人描绘秃鹫的寓言，我们把它用在鹈鹕身上并不合适，因为鹈鹕的生活很富足，它比其他以鱼为食的鸟多长了一个大口袋，可以储存大量捕捉到的食物。

从个头来看，鹈鹕和天鹅相差无几，有的甚至比天鹅大些。如果信天翁[1]的身子不那么宽，火烈鸟[2]的双腿不那么长的话，鹈鹕应该算是水禽中体形最大的鸟儿了。鹈鹕的双

□ 鹈鹕

鹈鹕的嘴长三十多厘米，大皮囊是下喙与皮肤相连接形成的，可以自由伸缩，是它们储存食物的地方。鹈鹕和鸬鹚一样，是捕鱼能手。

---

[1] 信天翁：属于鹱形目、信天翁科，共4属21种。它们分别分布在从约南纬25°至流冰群岛的南半球海域，并利用该区域内的岛屿进行繁殖。

[2] 火烈鸟：学名Phoenico pterus ruber，因全身火红色而得名，分三属五种；体型大小似鹅，高约106厘米，翼展152.4厘米，雄性较雌性稍大。这种外形美丽的鸟类在飞行前，得狂奔一阵以获得起飞时所需动力。因其羽色鲜丽，被人当作观赏鸟饲养。

腿很短，但翅膀展开的宽度却有十一二英尺长，因此能在空中自由地飞行，而且能滞空很久，轻盈地飘浮在天空。它要么不动，一旦采取行动就会垂直扎下来，直冲入水中捕捉鱼类。其目标猎物一般不能逃脱它的追击，因为它出击时力量很猛，宽大的翅膀拍击着水面，把水搅动起来，使鱼发懵，难以逃脱，鹈鹕单独活动的时候，就是以这种方式捕鱼的。它们也会成群结队地协同行动：排列起来围成一大圈，一起游动，并逐渐收紧圈子，这时困在圈子中的鱼就会成为它们从容分享的猎物。

鹈鹕很容易被驯化，虽然它身体笨重，但天性活泼，一点也不怕生。贝隆在罗得岛就见过一只鹈鹕在城镇中随意散步；还有库尔曼（德国著名学者）讲述的那个著名故事：一只鹈鹕曾经跟随着马克西米安[1]皇帝，飞翔在行军队伍的上空，尽管它的翼展开有15英尺宽，但由于有时飞得太高，因此看上去只有一只燕子那么大。

---

[1] 马克西米安：马库斯·奥勒留·瓦勒里乌斯·马克西米安努斯·赫库里乌斯（约250—310年7月），通称马克西米安（Maximian）。285年任罗马帝国副帝，286年被戴克里先任命为同朝皇帝，统治罗马帝国西部，305年5月1日与戴克里先一同退位，由其副手君士坦提乌斯一世接任。其后曾于306年复出，支持其子马克森提乌斯的叛乱，不久因夺权未果，被迫逃往君士坦丁一世处寻求庇护，于308年放弃对罗马皇位的争夺。310年，他趁君士坦丁一世出兵在外时发动叛变，但应者寥寥，很快被回师的君士坦丁一世擒于马赛。同年夏，被迫自杀。

军舰鸟

像风一样轻灵的军舰鸟，在海上四处游弋，飞得既高又远，海员们给它起了个绰号——战鸟。军舰鸟对此受之无愧，因为它们有时会很霸道，甚至强迫其他鸟交出捕捉的食物。

所有带翼的飞行者中，军舰鸟的飞行最出色、最强劲有力，也是飞得最遥远的。它们展开巨大的翅膀，飘浮在空中，没有明显的动作，好像在湛蓝的天空中悠然地游泳，一旦时机到来，就会如利箭般飞速地冲向猎物。每当暴风雨开始肆虐，像风一样轻灵的军舰鸟就会冲上云霄，飞到暴风雨之上寻求安宁。军舰鸟在海上四处游弋，飞得既高又远，数百里的行程要一口气飞完，若是白天时间不够，它们就会在夜晚继续飞行，一直飞到食物丰富的海域才停止。

远洋中迁徙的鱼群，如飞鱼[1]，为了躲避金枪鱼[2]和剑鱼[3]的追捕，往往会跃出水面，但是却难逃军舰鸟的捕捉。正是这种迁徙的鱼群将军舰鸟引向远洋。迁徙的鱼群有时非常密集，它们在水中游动的声音比较大，海面也呈现出白色；军舰鸟在很远就可以望见，于是从高空俯冲直下，再转而沿着海平面飞行，紧贴海面而又不沾上水，一路捕捉鱼儿，用喙叼，或用爪子抓。

我们只能在热带地区，或者热带以南地区的海洋上才能看到军舰鸟。军舰鸟对热带鸟有一种控制力，它们经常迫使多种鸟儿，尤其是鲣鸟，充当自己的食

---

[1]飞鱼：长相奇特，胸鳍特别发达，像鸟类的翅膀一样。长长的胸鳍一直延伸到尾部，整个身体像织布的"长梭"。它凭借自己流线型的优美体型，在海中以每秒10米的速度高速运动。它能够跃出水面十几米，在空中停留的最长时间是40多秒，飞行的最远距离有400多米。飞鱼的背部颜色和海水接近，它经常在海水表面活动。

[2]金枪鱼：又叫鲔鱼，一种大型远洋性重要商品食用鱼；常见于世界暖水海域，与鲭、鲐、马鲛等近缘，通常同隶于鲭科。

[3]剑鱼：又称剑旗鱼，是一种大型的掠食性鱼类，是剑鱼科剑鱼属的唯一物种。剑鱼分布于全球的热带和温带海域。全长可超过5米，体重可达500千克。其特征是长而尖的吻部，占鱼全长约三分之一。以乌贼和鱼类为食。虽然剑鱼体型庞大，但其游速可达每小时100千米，是海中游速最快的鱼类之一。

□ 军舰鸟

军舰鸟是一种大型热带海鸟，飞行速度快，飞行距离远。它们常贴着海面飞行，捕捉海面上的飞鱼等，有时比较霸道，会强迫其他鸟儿交出捕捉的猎物，所以又被称为战鸟。

物供应者——它们用翅膀拍打或用喙啄，迫使鲣鸟将吞食的鱼吐出来。为此，海员们给它起了个绰号——战鸟，军舰鸟对此受之无愧，因为有时它们甚至会袭击人。

军舰鸟如此肆意妄为，既是倚仗武力和飞行速度，也是因为贪婪。它的身体构造使其确实适合作战：爪子十分锐利，喙的前端长着尖利的钩，腿又短又粗，全身长满猛禽那样的羽毛，飞行速度快，视力特别敏锐。所有这些属性，使它看起来似乎有点像鹰，也同样使它成为"海上暴君"。不过，从形态上看，军舰鸟更适合生活在水里，虽然人们几乎从未看过它们游泳，但它们的脚趾有半圆形的蹼相连，因此它们接近于鲣鸟、鹈鹕之类的鸟儿，完全可以被视为蹼足类。再者，军舰鸟的喙前端既尖又带有弯钩，因此非常适合捕猎，但又不同于陆地猛禽的喙，因为军舰鸟的喙很长，上面有点凹陷，弯钩在喙的前端，看起来好像是分开的，就像鲣鸟的喙钩那样，接缝处没有明显的鼻孔。

军舰鸟的体形与鸡相差无几，可是翅膀展开时却有8英尺、10英尺，甚至14英尺宽。它们就是依赖这样巨大的翅膀作远程飞行，飞到海洋中间。在海天之间，它们通常是航海者枯燥的旅程中所能见到的唯一物种。然而翅膀太长也很碍事，这种战鸟又跟胆怯的鸟儿差不多，落下后，再起飞就十分费劲，往往还未来得及起飞就被人捕捉。因此，军舰鸟必须站在突起的岩石上，或者大树的冠顶，才方便起飞。

天鹅与鹅

天鹅既有威势,又有力量、勇气,而且有不滥施权威的意志和非自卫而不用武力的决心。虽然鹅与天鹅很相似,但它却由雁驯化而来,在所有家禽中也是非常了不起的。

天 鹅

不管是动物社会还是人类社会,从前都是依靠暴力成就霸主地位,而现在却是依靠仁德造就贤君。大地上的狮、虎,空中的鹰、鹫,都是以善于征战而称雄,以逞强行凶去统治下属;而天鹅却非如此,它之所以能成为水上之王,完全是凭着一切足以缔造太平盛世的美德,如高尚、尊严、宽厚等。天鹅既有威势,又有力量、勇气,而且有不滥施权威的意志和非自卫而不用武力的精神;它能战斗并取胜,却从不主动攻击他人。作为水禽界里倡导和平的君王,它敢于与空中的任何霸主相对抗,它不挑衅,也不畏惧,只对鹰的来犯严阵以待。它强劲的翅膀就是盾牌,它以坚韧的翅膀频繁有力地扑击,来对付鹰的尖嘴利爪,击退鹰的进攻。它奋力的抵抗常常是以获得胜利而告终。而且,它也只有鹰这个霸道的敌人,其他善战的猛禽都十分尊敬它。天鹅与整个自然界和平共处,在种类繁多的水禽世界中,与其说它是以君主的身份监护着,不如说是以朋友的身份照顾

□ 天鹅

天鹅体形优美,有弯曲的长颈、紧凑的身体、宽大的脚掌,在水中滑行时神态庄重,飞翔时长颈前伸,徐缓地扇动双翅;越冬迁飞时在高空组成斜线或"人"字形队列前进。

着，而那些水禽仿佛个个都俯首帖耳地臣服于它。它只是这个安宁王国的领袖，是这个国家的首脑，只要求宁静和自由。它向别人要求多少，就赋予别人多少，面对这样的一个首脑，全体公民自然是不必畏惧它了。

　　天鹅面目妍美，体态优雅，与它温和的天性正好相称，它让所有看到它的人都十分赏心悦目。它到任何地方，都会成为当地的点缀，使那里增色不少，人人都喜爱它、欢迎它、欣赏它。那俊秀的身姿、圆润的形貌、优美的线条、洁白的羽毛、柔和又传神的动作，以及忽而英姿勃发、忽而悠然忘形的姿态，总之，天鹅身上的一切都散发着魅力，使我们有一种欣赏优雅与妍美时的舒畅和陶醉感，使人觉得它与众不同。它还被人描绘成爱情之鸟（在古希腊神话里，美女海伦是勒达和一只天鹅孕育的，这只天鹅是宙斯的幻形）。而我们所论述的一切，都证明了这个富有才情与风趣的神话是很有根据的。

　　当看见天鹅那雍容潇洒的模样，看见它在水上轻捷自如地活动，就不得不承认，它不但是水禽里排名第一的航行者，还是大自然提供给我们的天然航行术的最美模型。确实，它的颈项时而高高地挺着，时而呈优美的弧度，胸脯挺直、丰满，仿佛是劈波斩浪的船头；它宽阔的腹部就像船底；它的身子为了便于快速航行，向前倾斜，越向前就越挺起，最后高高翘起如同船舯；它的尾巴是真正的舵；脚蹼则是宽阔的桨；它的一对大翅膀迎风半张着，微微鼓起，起着风帆的作用，推动着这艘有生命的船舶。

　　天鹅知道自己的高贵，并因此而自豪；它也知道自己的美丽，但很是洁身自好。它似乎故意摆出自己的全部优点，像是要博得人的赞美，引起人的注意。而事实上，它也的确令人百看不厌，无论是我们从远处看它成群地行驶在浩瀚的烟波中，犹如有翅的船队一般，自由自在地游弋；还是它应着人类的召唤，独自离开船队，靠近岸旁，以种种柔和、婉转、优雅的动作，显出它的美色，施出它的妩媚，供人们尽情欣赏。

　　天鹅既天生丽质，又有热爱自由的美德，而且不在我们所能强制或幽禁的奴隶之列。它无拘无束地生活在我们的湖泊里，如果它不能享受到足够的自由，有被奴役、被俘囚之感，就不会继续逗留，更不会在那里安家。它任意地在水上四处遨游，或到岸旁着陆，或离岸游到湖心，或沿着水边来到岸脚下栖息，躲到灯芯草丛中，钻到最偏僻的港湾里，然后又离开自己的幽居，回到有人的地方，享受与人相处的乐趣——它似乎很喜欢接近人类，它把人类当作自己栖息地的主人与朋友，而不是暴君。

　　天鹅在一切方面都超出家鹅，家鹅只以野草和籽粒为生；天鹅则会去寻找一种比较精美的、不平凡的食物，它不断使用妙计，或做出各种不同的姿态捕捉鱼类，并尽量使用自己的灵巧与气力。它善于避开或抵抗敌人。一只老天鹅在水里，毫不惧怕一只强大的狗，它挥动翅膀的力量，连人腿都能击断，可想而知其迅疾、猛烈程度之强大。总之，天鹅似乎不畏惧任何暗算和攻击，因为它的勇敢程度丝毫不亚于它的灵巧与力气。

□ 黑天鹅

　　黑天鹅原产于澳洲，是世界著名的观赏珍禽。它们全身的羽毛呈卷曲状，颜色主要为黑灰色或黑褐色，腹部为灰白色。它们一般栖息于海岸、海湾、湖泊等水域，以水生动植物为食。

　　人工驯养过的天鹅，其平常的叫声十分粗浊。那是一种类似哮喘的声音，十分像俗语所谓的"猫念咒"，古人用谐音"独能嚷"表示出来，听着那种音调，就觉得它仿佛是在恫吓，或是愤怒。古人描写的那些被人百般赞美的和鸣的天鹅，显然不是以像我们驯养的这种鸣声喑哑的天鹅作为蓝本的。我们发现，野天鹅曾较好地保持着它的天然特质。它对它那充分自由的圆润音调，有着十分良好的感觉。的确，我们在它的鸣叫里，可以听出一种有节奏、婉转悠扬的歌声，犹如军号的响亮，只是它们尖锐的、少变幻的音调相比那些鸣禽的温柔与悠扬朗润的富于变化的唱腔，还是有些差距的。

　　此外，古人不仅把天鹅形容成一个神奇的歌手，他们还认为，在一切能感怀生命即将终结的生物中，只有天鹅会在弥留之际歌唱——用和谐的声音作为生命终结的前奏。他们称，天鹅发出这样柔和、感人的声调，是在它将要死去的时候，它是要对生命作一个哀痛而深情的告别。这种声调，如怨如诉，低沉、悲伤、凄怆地构成它自己的挽歌。他们又说，人们只有在旭日初升、风平浪静的时候，才能听到这种歌声，甚至还有人看到许多天鹅唱着自己的挽歌，在音乐声中慢慢死去。在自然史上任何一个虚构的逸闻，以及古代社会里任何一则寓言中，再没有比这个传说更被人赞美、被人多次重述、使人相信的了。这个传说控制了古希腊人的活跃而敏感的想象力:诗人、雄辩家乃至哲学家,都接受了这个传说。他们认为这件事实在太美,根本无须怀疑。我们应该原谅他们杜撰的这个寓言,因为它确实可爱,确实动人,其价值远在那些悲惨枯燥的史实之上,对于敏感的心灵而言,这都是些慰藉的比喻。无疑地,天鹅并不是赞美自己的死亡。但是,每逢谈到一个伟大天才临终前最后一次飞扬和辉煌的表现时,人们总是无限感慨地想到这样一句动人的语言:"这是天鹅之歌!"

鹅

在各类动物中,占首要地位的动物获得了人们的全部赞誉,而留给次等动物的,只有通过比较所得出的鄙夷。鹅与天鹅之间的对比就如同拿驴与马比较一样:鹅和驴都没有获得它们自身价值应有的评价,低一等的动物似乎被看作是一种真正的堕落。人们不顾它们应有的真正品质,拿它与头等动物作些不利的对照。因此,暂且把天鹅过于高贵的形象放在一边,我们会发现,鹅在所有家禽中也是非常了不起的。

鹅头大,喙扁阔,前额有肉瘤,脖子很长,身体宽壮,龙骨长,胸部丰满,尾短,脚大有蹼。它肥胖的身体、挺拔的身姿、庄严的步履,以及洁净的、充满光泽的羽毛和它非常合群、非常恋旧的特性,使它容易对人产生一种强烈的依恋和长久的感激,而且它很早就以警惕性高而著名。

家鹅来自于雁,大约在三四千年前就已经被人类驯养。现如今,它们在世界各地均有饲养。鹅以青草为食,耐寒,合群性及抗病能力都很强。它生长快,寿命比其他家禽长。体重一般4~15公斤。卵化期为一个月。喜欢栖息在池塘等水域附近,善于游泳。毫不夸张地说,鹅是家禽中极有益的一类,因为除了鲜美的肉质,鹅还向人们提供柔和、精致的羽毛作为衣服的原料;

□ 鹅

鹅是人类驯养的第一种家禽,来自于野生的鸿雁或灰雁。它们身体肥胖、身姿挺拔、步履庄严,羽毛洁净而富有光泽,是家禽中极为有益的一类。

另外，它的一种羽毛可以做成笔，记录我们的思想——此刻我正用这种笔写下对鹅的赞美之词。

养鹅不需花费太多，更无需精心的照料：它容易适应家禽的共同生活，能忍受与其他家禽关在同一禽棚中——尽管这种生活方式，尤其这种强制性不怎么适合它天性的发展。要饲养大群鹅，就必须把它们养在靠近水边和河滩的地方，这里必须有宽阔的河滩、草地或空地，能让它们在地上自由自在地吃草、嬉戏。我们不允许它们进草场，因为不但它们的粪便会烧坏嫩草，它们的喙还会将草连根拔起。为此，我们必须小心翼翼地让它们远离麦田，在收割之后，才让它们到麦田里自由活动。

孔雀、山鹬与嘲鸫

> 孔雀体格高大、相貌庄严重、举止豪迈、神态高贵、身姿优雅,这一切都昭示着它是一种高贵的生物。山鹬在遇到敌人时会采取一种极为谨慎、复杂的方法来引开敌人,以拯救自己的子女。嘲鸫的歌声只是为了表达内心的情感。

孔 雀

假如动物的王国只属于美,而不属于暴力,那么毫无疑问,孔雀就是这个王国的君主。除了孔雀,还没有哪种鸟雀能把大自然慷慨馈赠的全部集于一身。孔雀体格高大、相貌庄、举止豪迈、神态高贵、身姿优雅,这一切都昭示着它是一种高贵的生物。颤动、轻柔的冠羽以最丰富的色彩绘制而成,装饰着它的头部,使它增高不少,却不会成为它的累赘;它那无可比拟的羽毛仿佛汇集了一切的金碧辉煌,鲜花一样绚烂,宝石一般璀璨,彩虹似的美丽,这一切都使我们赏心悦目、眼花缭乱、惊叹不已!

大自然不但赋予孔雀各种色彩的羽毛,使其成为大自然的伟大作品,还以无可模仿的画笔让它们格外协调、细腻、朦胧,使它们成为一幅独一无二的画面。这幅画中的色彩将明暗、冷暖等不同的色调融为一体,提炼出一种异常瑰丽的光泽和光线效果,就连技艺最高超的艺术家也无法模仿,更无法描绘。

春天,当雌孔雀突然

□ 孔雀

孔雀的双翼不太发达,飞行时慢而笨拙,只有在下降滑行时稍快一些。它们多栖息在河谷地带和灌木丛、竹林、树林的开阔地,以蘑菇、嫩草及其他昆虫为食。下图左为雄孔雀,右为雌孔雀。

出现在雄孔雀面前时，雄孔雀会变得更加美丽——目光闪烁着兴奋的光芒，表情非常丰富，头上的冠毛不停摇动，表达着内心的情感；长长的尾羽伸展着，炫耀着它的珍贵财富；羽毛在阳光照射下发出耀眼的光芒，产生了更柔顺动人的光泽和更和谐多变的色彩；它的行为举动引起的微妙变化、起伏波动和转瞬即逝的束束反光，不断地被新的其他微妙变化所代替，这种新光泽与别的光泽总是那么不同，总令人无比赞叹。它的脑袋和颈项高傲地朝后面转过去，合着这绚丽的底色优雅地显现出来。

□ 孔雀开屏

孔雀是有名的观赏鸟，因其羽毛美丽、能开屏而闻名于世。雄孔雀尾上的覆羽特别发达，平时收拢在身后，伸展开来长一米左右；色彩绚丽，鲜艳夺目。

此时，孔雀了解自己的优势，好像只是为了向它那虽然缺乏这种优势，但同样十分可爱的同伴致敬。爱的激情使它的动作更加优美，更增添生动的风韵。

这些光彩夺目的羽毛虽然胜过美丽的花朵，但也会像花朵一样枯萎，它们每年都要脱落，这让孔雀深感羞愧。它害怕别人看到自己现在所处的窘境，于是就寻找最阴暗、僻静的地方，躲避人们的视线，直到来年春天重新佩戴上全新的装饰，才穿着新装走上舞台，享受人们对它的称赞。它对赞美很敏感，而鼓励它开屏的正确方式，就是投以专注的目光并加以赞美。相反，当人们对它的美丽显得无动于衷、漠不关心时，它就会对这些根本不懂得欣赏自己美丽羽毛的人收拢自己全部的珍藏，将它们隐藏起来。

山鹑

雄山鹑不参与孵化幼鹑，却与雌山鹑共同承担对幼鹑的照料；它们共同抚育子女，不断对它们呼喊，给它们指明适合食用的食物，教它们用趾爪挖掘泥土获取食物。我们经常能看见它们紧挨着蹲下来，用翅膀遮住自己的儿女，这些幼鹑的小脑袋从父母的翅膀底下露出来，睁着敏锐的眼睛。在这种情况下，老山鹑难以决定是否走开；同样地，一个喜欢捕捉猎物的猎人也很难下决心要不要在这种令人感动的

□ 刀翎鹑 奥杜邦 水彩 19世纪 美国

刀翎鹑体形较小，与小鸡相似；头小，嘴宽，头上有两根长羽毛，看起来像印第安酋长。和大多数鹑一样，雄翎鹑不孵蛋，但会与雌翎鹑一起照顾幼鹑。

情况下猎杀它们。但是如果这时出现一条猎犬，而且又离它们很近，雄山鹑就会发出特殊的叫声，并立刻跑到三四十步开外的地方站着，反复拍打着翅膀冲向猎犬，是亲情激发了它的勇气。

除此之外，山鹑有时还会采用一种更谨慎、更复杂的方法引开这些敌人来拯救自己的子女。人们看到，雄山鹑在露面之后就开始逃跑，它耷拉着翅膀，跑起来很沉重的样子，仿佛是故意麻痹敌人，让敌人以为可以轻易地捕获它。但它总是逃得很远，又不易被捉，就这样把敌人吸引得离小山鹑越来越远。雌山鹑则将躲藏在草地和落叶上的儿女们集中起来，乘猎犬未回来，将孩子们带到很远的地方，而且在搬家的过程中，它们不会发出一点声响。

嘲鸫

嘲鸫是所有飞禽（包括夜莺）中最出色的歌手。它像夜莺一样用歌喉来吸引人。此外，它还喜欢以模仿其他鸟类的叫声为乐，这也是它名字的由来。然而，它的鸣叫只是为了美化和锻炼自己的歌声，只是以各种可能的方式不知疲倦地练习歌喉。

嘲鸫不但唱得认真，而且生动，或者更恰当地说，它的歌声里表达了内心的情感。它用自己的音来自娱，伴以有节奏的动作，并且总是用天然的或后天学成的调子不断变化着自己的唱腔。它通常是先慢慢地抬高自己的翅膀，再低下头来高声歌唱，展示着它生动而轻盈的歌喉。不过在这种奇异的练习方式持续一段时间后，它的各种动作才开始协调起来。和着这种出色的旋律节奏，它活跃而急迫地挥动起翅膀，以应和节拍。

嘲鸫飞行时，在空中描绘出相互交错的多道圆圈，它沿着一条上升、下降、再不断上升的抛物线飞翔，一次又一次地以这种飞翔和跳跃施展着自己飞行的本领。它先在树顶上空自由地翱翔，再逐渐减慢翅膀的扇动，最后一动不动，仿佛悬挂在空中。嘲鸫飞行时也会歌唱，它在富有表现力的叫声中把自己的嗓音推向高潮，其音调先明晰、响亮，继而以多种变化降下来，直至完全消失，隐没在沉寂中，犹如优美旋律的终结。嘲鸫身长约25厘米，羽毛为灰褐色，居住在郊野的灌木丛和广阔的森林中。它不停地歌唱，其实是以歌声宣扬自己的领地。嘲鸫虽然不美丽，但它美妙的歌声却能弥补外貌上的不足。它是一种食肉鸟，会吃一些对庄稼有害的昆虫。

□ 北嘲鸫

　　北嘲鸫的头部和尾部为墨绿色，翅膀和喙为黑色，腹部呈褐色。北嘲鸫是一种爱美的鸟，它们喜欢在常青藤上筑巢，用藤上的花朵来装饰自己的家。

夜莺与戴菊莺

夜莺的歌唱从不重复,至少从来不被迫地重复,它能把握歌唱的各种特点,善于通过对比来增加歌声的效果。而戴菊莺的叫声尖厉、刺耳,犹如蝈蝈的叫声。

夜 莺

对于任何一个感情细腻的人来说,夜莺这个名字都会使他联想起春天那美丽的夜晚:空气清新,万籁俱寂,整个大自然都在凝神静思、心醉神迷地聆听着这个森林歌手的鸣唱。我们可以描述出其他一些会唱歌的鸟类,比如云雀、金丝雀、嘲鸫等,它们的歌声在某些方面堪与夜莺的歌声媲美,当夜莺缄口不唱时,它们都会愉快地为人献歌。这些鸟儿也有美丽的歌喉,有些鸟儿甚至有着更为柔和的音色,还有些鸟儿有着高超的歌唱技巧。可是在夜莺的多种才能和它神奇多变的鸣唱面前,它们都会黯然失色。因此,这些鸟儿的歌声,从音域来看,只是夜莺歌声中的一段。夜莺的歌唱从不重复,至少从来不被迫地重复。假如它重唱某一段时,就会以一种新的鸣啭使之生动起来,美化新的音调。它能唱出各类曲调,表达各种思想;它把握歌唱的各种特点,善于通过对比来增强歌声的效果。

这位春天合唱队的领唱者准备唱自然的颂歌:它用一连串的音符,从细弱的、

□ 夜莺　邓肯·阿舍　摄影　当代　美国

夜莺以它柔和、美妙的歌声,以及有时可持续20秒不间断的鸣唱,令其他鸟儿相形见绌。它的音域之宽阔连人类的歌唱家都羡慕不已。

含糊的音调开始,仿佛在调试乐器,以激起聆听者的兴趣;接下来,它信心十足,以饱满的音色来展开自己的各种本领;嗓门响亮的琶音,轻快自如的和弦,急速进发的音群,都同样清晰流畅;激越迅捷的突发鸣啭,发音清晰有力,甚至带有阳刚之气;哀怨的音调中蕴含着柔和的韵律,美妙动人;它歌声中的真情流露,使听者的心为之触动,唤起敏感的忧伤。正是这热忱的声音,让人似乎听出了一个幸福的情郎向伴侣倾诉着绵绵的情话。在心爱的人面前,它与妒忌自己幸福的那个情敌一起鸣唱,一较高下。

这些情感各异的乐章夹杂着休止符,它们在不同的旋律中有力地集合起来,引起了极大的效果。我们感受着这些美妙动人的声音,期待着再次享受,希望它能令人更加愉快。假如我们偶尔错过几个音节,那么之后所听到的就不允许再次错过,因为那美妙反复的乐章,会让人满怀希望。

夜莺以它柔和、曼妙的歌声,以及有时可以持续20秒而不间断的鸣唱,令其他鸟儿相形见绌。在鸣唱中,我们从开始到结束能够听出16种不同的音调,可以确信这种鸟儿懂得即兴发挥,使音符反复多变。夜莺的歌声可以传到方圆一公里之外,尤其是天高气爽的日子,我们从很远的地方就能听到那优美的歌声。

戴菊莺

戴菊莺体形极小,甚至能从普通捕鸟网的网眼中穿过去,轻而易举地逃脱各种笼子的羁绊。当人们把它放在一个自以为关得很严实的小房间里,它很快就会消失得无影无踪,因为只要房间有一个微小的洞口,它就可以钻出去。它来到花园,机灵地溜进林间小径,很快就会不见踪影,花园中最小的树都足以让它藏身。猎人如果要向它开枪,直径最小的铅弹对它来说都太大了,要想获得完整的戴菊莺,就必须在猎枪中装进最小的沙砾。当人们用黏鸟枝、捕鸟笼,或是很细的网捉住它时,

□ 红冠戴菊莺　奥杜邦　水彩　19世纪　美国

红冠戴菊莺因头部有一片红色羽毛而得名。其生性活泼,不断地在树上蹿来蹿去,捕食昆虫;嘶嘶的鸣声听似昆虫。

放在手中几乎看不到它的身影；但是这并不代表它不活跃，当人们以为已经抓住它时，它早已经跑得很远了。戴菊莺叫声尖厉、刺耳，犹如蝈蝈的叫声，亚里士多德说它的歌声充满愉悦，显然是将戴菊莺与鹪鹩混淆了。

雌戴菊莺在一个空心的球状巢里，产下六七个豌豆大小的蛋卵。它们的巢由苔藓和蜘蛛网牢固地编织在一起，里面有柔软的绒毛，出口在窝的一边；它们在森林里、花园的树丛里，或者宅院内的松树上都可以筑巢。

戴菊莺通常以小型昆虫为食。夏天，它们边飞边轻捷地捕捉小虫；冬天，则在隐蔽的地方找小虫。它们也吃各种小虫的幼虫，擅长寻找并捕获这些猎物。戴菊莺非常贪吃，有时吃得太猛，会被噎住，甚至被撑死。夏天，它们以小浆果、小种子，如茴香子等为食。人们也曾见到它们在老柳树洞里寻找食物，但从未在它们的嗉囊中找到过小砾石。

燕子与雨燕

燕子使我们摆脱了库蚊[1]、象虫等多种害虫的侵袭,使我们的庄稼和森林尽量减少损失。雨燕虽然是真正的燕子,但在许多方面比燕子的特征更为明显,因为它们的主要属性有别于另一类燕子。

燕 子

最早的燕子,一般在春分后不久飞来法国,不管2月和3月初的气温多温暖,不管3月末和4月初的气温多寒冷,它们总是在这个时节才在法国出现。在这之前,它们飞到中部地区,晚些时候就飞到北部地区。

我们应该欢迎并善待每一只向我们报春并真正为我们效劳的鸟儿。而我们对这些鸟儿的善待应该建立在保障它们自身安全的基础上。大多数人会偶尔保护它,也有人到了迷信它的程度;但也经常会有人醉心于猎捕燕子的非人道的娱乐,他们没有别的动机,只是把它们作为猎杀的目标来显示或提高自己的射击技巧。奇特的是,这些无辜、天真的鸟儿似乎不怕枪声,甚至当猎人向它们发起一场残酷、荒唐的攻击时,它们还是下不了决心

□ 家燕

家燕背部呈深蓝色;胸部偏红,有一道蓝色的带,腹部为白色;尾巴很长,在飞行时用来控制方向。家燕常用黏土和唾液在居民的室内房梁上和墙角上筑巢穴,最喜接近人类。

---

[1] 库蚊:为双翅目蚊科,库蚊属的若干物种的总称。属于完全变态昆虫,幼虫于水中发育,雄性成虫吸食植物汁液,雌性以繁殖器吸收人畜血液补充营养,能传播丝虫病和流行性乙型脑炎等疾病。

躲避。然而，人们对燕子的攻击，损失了自己的利益，是十分荒唐的。因为燕子使我们摆脱了库蚊、象虫等多种害虫的侵袭，这些虫类破坏我们的庄稼和森林，它们的出现会给某一地区造成重大损失。但燕子和其他食虫鸟类却能帮助我们尽量减小损失。

燕子靠它们在飞行时捕捉的有翅昆虫为生，但由于这些昆虫的飞行高度会随天气的变化而变化，因此天冷或下雨时，它们就会低飞捕捉昆虫。它们掠过大地，在植物茎梗上、草地上或者在道路上寻找昆虫；它们也掠过河面，有时将半边身子浸入水中捕捉昆虫，在食物非常匮乏时，它们也会跟蜘蛛争猎物，甚至钻进蛛网中，把蜘蛛一同吃掉。

燕子的飞行与夜莺不同，这主要体现在两个方面：首先，它飞行时不会发出一种低沉喑哑的"嗡嗡"声，因为它不像夜莺那样在飞行时张着嘴；其次，尽管它似乎没有更长或更有力的翅膀，动作也不很灵活，但它的飞行却更轻捷、优雅，这是因为它看得很远，可以极其方便地发挥双翅的全部力量。可以说，飞行是燕子与生俱来的状态，甚至是它必不可少的状态：它飞着吃食、饮水、洗澡，有时甚至飞着给幼鸟吐哺。

它的举止可能不如隼[1]那么快捷，但它更轻便、自由，既能猛冲直下，又能悠闲地滑翔。天空就是它的领地，它在空中飞遍四面八方，尽情地享受飞翔的快乐，欢乐的呢喃是它表达快乐的标志。它时而追捕飞来飞去的昆虫，轻柔灵活地跟踪它们的踪迹，或者丢弃一只去追赶另一只，在飞行中又捉住第三只；时而轻轻地掠过地面或水面，去捕获那些因下雨或阴凉而聚集在一起的昆虫；时而凭借动作的轻盈灵活，躲避猛禽的袭击。它能一直保持着最快的飞行速度并随时变换飞行方向，似乎要在空中勾画出变幻不定的迷宫似的图案，其飞行路线相互交错又纠缠在一起，飞升又降落，消失又重现，表现出千姿百态、复杂多变的轨迹，让人根本无法用线条以及言语和笔墨表现出来。

雨 燕

雨燕虽然是真正的燕子，但它们在许多方面比燕子的特征更为明显，我之

---

[1]隼：鸟类的一科，翅膀窄而尖，上嘴呈钩曲状，背青黑色，尾尖白色，腹部黄色。饲养驯熟后，可以帮助打猎，亦称"鹘"。

所以这样说，是因为它们的主要属性有别于另一类燕子。它们的颈、喙、足趾更短；头和喉部更大，翅膀更长；它们飞得更高、更快，几乎从不停落在地上，每当它们由于某种意外而落到地面时，就会艰难地站起来，勉强地在小土冈上行走，爬上土丘或石头，竭力利用地形优势，使自己的长翅膀发挥作用。它们起飞比较困难，主要是因为它们的身体构造比较特别：跗骨很短，在休息时，这个跗骨形成足后跟支撑在地上。因此，它们差不多是俯着身子休息，在这种姿势中，翅膀太长对它们并没有好处，反而成为障碍，仅仅起到控制一种无益的左右平衡的作用。假如地势平

□ 雨燕

　　雨燕有长而窄的翅膀，脚爪很弱，喙短但喙裂较宽。它们喜欢飞翔，捕捉飞行中的昆虫为食，惧热，因此在夏季常待在洞中，只有清晨或傍晚出来活动。

坦，没有任何坎坷，鸟类之中最轻盈的雨燕就会变成最笨拙的爬行动物；假如是在一个坚硬、平滑的地面上，它们则寸步难行；任何位置的改变对它们来说都是不方便的。这样一来，地面对它们而言就是一个巨大的障碍，使它们不得不小心翼翼地避开。

　　雨燕比较喜欢寓居在楼房里，它们宁愿有个稳定的住处，也不愿选择一个更舒适或愉悦的野外住处。它在城市里的住处，不过是一个墙洞而已，其洞底比洞口要宽大。它们最喜欢高高在上的洞，因为高的洞穴使它们有安全感；它们去寻找洞穴，有时是钟楼和高塔，有时在桥拱下，那里的洞并不高，但从表面上看，它们觉得能更好地藏身；它们也会在空心树中或者陡峭的坡壁上安家，与翠鸟、蜂虎[1]和河岸的燕子做邻居。它们选定一个洞，每年都回到那里，虽然它们的住宅没有任何明显的标志，但它们仍能辨认出来。有时候，麻雀占据了它们的巢

---

[1]蜂虎：小型攀禽，因嗜食蜂类而得名。喙细长而尖、侧扁而下弯。翅长而尖，尾长，尾羽12枚；体羽华丽，以绿色最普遍，也有红、蓝、黄、栗色。善于在飞行中捕食，但食物可因地点、季节而异。多分布于东半球的热带和温带地区，常见于非洲、欧洲南部、东南亚和大洋洲。

穴，在这种情况下，雨燕会轻声细语地请出不速之客，夺回自己的巢穴。

雨燕怕热，因此经常待在窝巢中——在高墙和岩石缝中，在高楼的柱顶和瓦片之间度过中午时光。清晨和傍晚，它们毫无目的地盘旋——仅仅是出于锻炼翅膀的需要；太阳出来和落山后的半小时，它们几乎总是成群结队，时而无休止地勾画出无数的圆圈，时而排成一行，朝着同一条线路和方向飞行，时而环绕高大的建筑物打转。它们常常张开双翼但并不扑打，紧接着又突然抖动双翅。我们经常看见这样的姿态，却弄不清它们的意图。

从7月初开始，可以在这些鸟儿身上察觉到一些预示迁徙的举动：它们聚集的数量急剧增多，在10～20天的时间里，每到炎热的傍晚，它们就开始举行大聚会，数量越来越多。在第戎[1]，它们经常环绕着钟楼飞行。这些聚集而来的雨燕多不胜数，它们来自中部地区，仅仅是过路的外来雨燕。在太阳落山后，它们分成小群鸣叫着飞向高空，在它们离开了我们的视线很长的时间里，仍然能听到它们的声音。它们肯定是在树林中过夜，因为它们在树林中筑巢、捕食昆虫。那些白天待在平原的雨燕，甚至那些居住在城里的雨燕，都会有一些在傍晚时分飞往树丛，一直待到夜里。过了一段时间，生活在城里的雨燕也会聚集起来，一起上路，结队飞往气候舒适的地方。

---

[1]第戎（Dijon）：法国东部城市，勃艮第运河河港，科多尔省的省会。在巴黎东南270千米，建于罗马时代。工业有机械、铁路器材、化学、食品、皮革、塑料等，是重要的铁路枢纽。

NATURAL
HISTORY

第四编 | 植 物

在距今二十五亿年前的元古代，地球上出现了已知最早的植物——菌类和藻类，其后，生长在海域环境的藻类一度非常繁盛。直到四亿三千八百万年前的志留纪，绿藻才得以摆脱生长环境的限制，首次登陆，进化为蕨类植物，为大地初次穿上绿装。在经过漫长的地质期后，裸子植物和被子植物也相继兴起。而正是有了被子植物的花开花落，四季分明的地球才被装点得格外美丽。

秋 实

第 1 章
植物的概念与作用

CHAPTER 1

大多数植物是由无数的细胞组成的,但不同的植物之间有着较大区别:有些植物只是由一个细胞构成;有些植物的构造却非常复杂,即由数目众多的细胞形成一定的组织,各个组织再进一步连接成为器官。

植物具有两大作用:光合作用,即通过叶绿体,利用光能,把二氧化碳和水转化成储存能量的有机物,并释放出氧气;蒸腾作用,即水分从活的植物体表面(主要是叶子),以水蒸气的状态散发到大气中。

植物的细胞

滋养我们生存的自然，是由无数的细胞组成，因此，我们有必要对细胞进行详尽的叙述。细胞，就是组成万物的基本结构，由细胞壁、细胞核、线粒体、叶绿体、内质网、液泡等有机体构成。

如我们所言，细胞是组成万物最基本的结构，大多数植物便是由无数细胞组成的。但不同植物之间，仍然存在很大区别：有些植物只是由一个细胞构成；有些植物的构造却非常复杂，包含着数目众多的细胞，这些细胞形成一定的组织，各个组织又进一步连接成为器官。

细胞的组成部分——细胞壁，是指存在于细胞外围的一层厚壁，其主要成分为多糖类[1]物质。细胞壁的不同，是植物细胞区别于动物细胞的主要特征之一。植物细胞壁的主要成分是纤维素、半纤维素以及果胶质，它是由三个部分组成：一为胞间层[2]，又称中胶层；二为初生壁[3]；最后一个为次生壁[4]。

不同植物、不同部位、不同功能、不同发育时期的细胞壁，在结构和成分上也有所不同。例如，由分生组织细胞刚分裂形成的幼嫩细胞，其壁只有

---

[1]多糖类：构成生命的四大基本物质之一，广泛存在于高等植物、动物、微生物、地衣和海藻等中，如植物的种子、茎和叶组织、动物黏液、昆虫及甲壳动物的壳真菌、细菌的胞内胞外等。多糖在抗肿瘤、抗炎、抗病毒、降血糖、抗衰老、抗凝血、促进免疫等方面发挥着生物活性作用。

[2]胞间层：又称中层（middle lamella），是连接相邻细胞初生壁的中间区域，其主要成分是果胶（pectin），具有很强的亲水性和可塑性，使相邻细胞彼此黏结在一起。果胶易于被酸或酶溶解，从而引起细胞的相互分离，是许多果实成熟后变软的原因。

[3]初生壁：初生壁是指细胞分裂后，最初由原生质体分泌形成的细胞壁，存在于所有活的植物细胞中。初生壁位于胞间层的内侧，是细胞生长过程中形成的壁层，一般较薄，厚度为1~3微米。

[4]次生壁：次生壁是在细胞生长停止以后，原生质体继续分泌壁物质沉积于初生壁内侧而形成的，一般较厚，但并不是每一细胞均具有次生壁。它主要存在于植物体中起输导、支持和保护作用的细胞。

很薄的一层胞间层，随着细胞的生长和成熟，才有原生质体所分泌的初生壁层形成。

细胞核，是细胞内最大、最重要的细胞器，它是由核膜、染色质、核仁和核液几部分组成。细胞核不仅是细胞的控制中心，在细胞的代谢、生长、分化中起着重要作用，还包含着植物细胞中的遗传物质，可以说是整个植物细胞的"生命中枢"。因为它里面存在着染色质，也就是我们平常所知的"染色体"。染色体的构成成分主要是脱氧核糖核酸，即"DNA"，而DNA上面

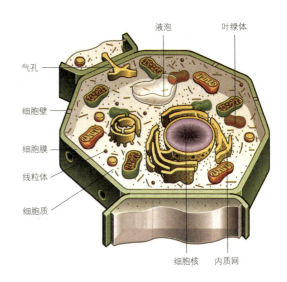

□ 植物细胞结构

细胞是最小的生命单位，是组成有机体的形态和功能的基本单位，其自身又是由许多部分构成的。植物的细胞由细胞核、细胞质、细胞壁、线粒体、叶绿体和液泡等几个部分组成，其中的细胞壁是动物细胞所不具备的。

的碱基排列顺序中，储存着细胞的遗传信息。一般说来，这里面有着怎样的信息，植物的下一代就有着怎样的特征。因此，细胞核可以说是所有真核生物细胞中最重要的物质。

线粒体，一种细胞器，由双层膜围绕而成，它是植物的呼吸作用发生的场所。线粒体的功能如同一个能量供应站，通过呼吸作用，把糖转化为二氧化碳和水，同时把能量以ATP的形式予以释放。这是一种高能物质，细胞中的很多合成反应都需要消耗大量的ATP。

高尔基体，由扁囊和小泡组成，它与细胞的分泌活动有重要关系，通常参与植物细胞壁的形成。

叶绿体，指藻类和植物体中所含有的叶绿素，是植物进行光合作用的器官，也是植物最显著的细胞器之一。被称为一切生命活动所需的能量——太阳能（光能），通过光合作用被转化成化学能。由于光合作用能利用光能、二氧化碳和水合成储藏能量的有机物，同时产生氧，因此绿色植物的光合作用是地球上有机体生存、繁殖和发展的根本源泉。

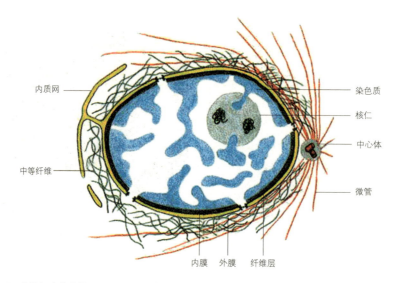

□ 植物细胞核结构

细胞核是细胞内最大的细胞器。它是由核膜、染色质、核仁和核液几部分组成。细胞核是细胞的控制中心,在细胞的代谢、生长、分化中起着重要作用,是遗传物质的主要存在部位。

叶绿体含有叶绿素、胡萝卜素和叶黄素[1],其中叶绿素的含量最多,遮蔽了其他色素,所以一般植物都呈现绿色。此外,叶绿体由叶绿体外被、类囊体和基质三部分组成。叶绿体包含着三种不同的膜,外膜、内膜、类囊体膜,以及三种彼此分开的腔——膜间隙、基质和类囊体腔。其中,类囊体是叶绿体的主要组件,所有的光能转化都是在类囊体的膜上进行的。许多类囊体像圆盘一样叠在一起,成为基粒,基粒是光合作用中暗反应进行的场所。

内质网,植物细胞内膜系统所构成的一个连续的管道系统,这个管道系统有两种类型:粗糙内质网和光滑内质网,前者由于具有核糖体而参与所有蛋白质的合成与加工;后者则由于表面没有核糖体而只参与合成脂类。

液泡,植物细胞中的泡状结构,是植物所特有的结构。液泡往往存在于成熟的植物细胞之中,它们会随着细胞的生长而长大,然后相互合并,最后在细

---

[1] 叶黄素,又名"植物黄体素",在自然界中与玉米黄素共同存在,是构成玉米、蔬菜、水果、花卉等植物色素的主要成分,含于叶子的叶绿体中,可将吸收的光能传递给叶绿素a,对光氧化、光破坏具有保护作用,也是构成人眼视网膜黄斑区域的主要色素。

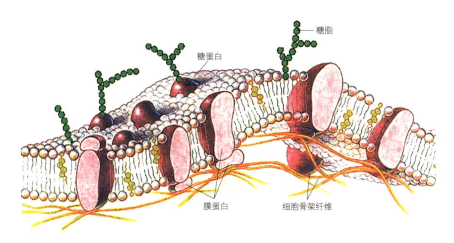

☐ 细胞膜结构

  细胞膜又称质膜，是细胞表面的一层薄膜，有时称为细胞外膜或原生质膜，主要结构成分一般是蛋白质、类脂和碳水化合物。细胞膜最基本的功能是吸收细胞所必需的养分和排出代谢产物。

  胞中央形成一个大的中央液泡，这个细胞可占据细胞体积的90％以上。当中央液泡形成后，细胞质的其余部分与细胞核挤在一起，成为紧贴细胞壁的一个薄层。具有一个大的中央液泡，是成熟的植物细胞的显著特征，也是植物细胞与动物细胞在结构上的明显区别之一。

  液泡的表面包裹着一层薄薄的膜，即液泡膜，其内充满着细胞液。细胞液是含有多种有机物和无机物的复杂的水溶液，如无机盐、生物碱、糖类、蛋白质、有机酸以及各种色素等代谢物，甚至还含有有毒化合物。细胞液始终处于高渗状态，因此使细胞处于饱满状态。而液泡膜具有特殊的选择透性，因为膜上有些小孔，能够让一些微小的物质穿过，使许多物质积聚在液泡中，从而使不同的植物产生不同的味道，例如甘蔗的茎和甜菜的根中，含有大量蔗糖，具有浓厚的甜味。也有些果实，由于含有丰富的有机酸而具有强烈的酸味。

  由于细胞液中富含各类物质，使它保持着相当的浓度，这与细胞的渗透压以及水分的吸收有着很大的关系，因此液泡与植物细胞的水分代谢密切相关。简单来说，就是当植物吸水后，液泡保持稳定的膨压，这时植物的叶子就是舒展的；当植物缺水时，液泡缩小，植物的叶子也就萎蔫了。

植物的组织与器官

高等植物的体内是由多细胞组成的，为了适应环境，这些多细胞植物体内会不断分化出许多生理功能不同、形态结构也不同的细胞组合，它们之间有机配合，紧密联系，形成了各种器官。

细胞分化为组织，是植物体需要适应不同生理功能的结果。一种植物，其细胞分化的程度越高，结构就越复杂，也越能适应环境。正如被子植物，由于它分化的程度高，产生了非常完善的组织结构，因此无论从数量上，还是在分布上，相比其他的植物都占有绝对的优势。

依照组织功能和结构的不同，人们把组织分为分生组织、基本组织、保护组织、输导组织、机械组织和分泌组织。后五种组织，都是在器官形成时由分生组织衍生的细胞发展而成的，因此，有人把它们总称为成熟组织。这些组织各司其职，共同发挥着不同的作用和功能，并且相互配合，共同促进植物的生长。

细胞在分化后，能够形成许多形态、结构和功能不同的细胞群，这些形态相似、结构和功能相同的细胞群就叫组织。生物体的这些不同功能和作用的组织，按一定的次序联合起来，就能形成具有一定功能的结构，这就是器官。一些器官进一步有序地连接起来，共同完成一项或几项生理活动，就构成了各种不同的系

□ **植物体内运输**

植物的韧皮部是高等植物输送叶片中合成的有机物的通道。植物叶片之间有很大一部分空隙，形成连续的通道，共质体（包括韧皮部）与离质体（包括木质部）平行地分布在植物体内，形成两大网络，分别承担有机物与水分和无机物的运输，可将二氧化碳、水分和无机养料输送到需要的部位，供呼吸之用。

植物的细胞及细胞壁

细胞壁是植物细胞的质膜外围,由细胞分泌物形成的一层厚而复杂的结构。成熟植物细胞的细胞壁分为三层:中层、初生壁和次生壁。同时,细胞壁上还会角化,即增加角质。角质在表皮细胞外堆积成层,称为角质层。

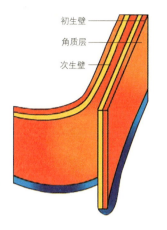
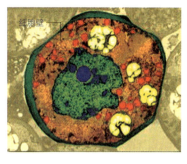

统。大多数动植物的系统,就是这样形成的,因此它们体内的各个部分都是密切联系的。

植物的器官在生物体中具有一定功能,它们承担着生物体一定的工作,在生物的结构层次中要高出组织一级。动物器官的种类复杂繁多,而植物的器官就相对简单得多。在植物中,被子植物是最典型也是最高等的一类,它们具有根、茎、叶、花、果实、种子六大器官。而其他的植物并非都拥有这六大器官,比如,裸子植物只有根、茎、叶、种子,蕨类植物只有根、茎、叶,而苔藓植物只有茎、叶。至于大部分的藻类植物,则根本没有器官的分化,甚至,一些单细胞藻类的组成仅仅只是一个细胞而已,连组织都谈不上。

光合作用

光合作用可以为人类和其他生物的生存，提供最基本的物质来源和能量来源，因此，光合作用对人类和生物界而言，具有至关重要的意义。

光合作用是指绿色植物通过叶绿体，利用光能，把二氧化碳和水转化成储存能量的有机物，并释放出氧气的过程。植物中的叶绿体也因此被认为是阳光传递生命的媒介。我们吸入的氧，都是植物进行光合作用时所释放的；我们每天吃的食物，也都直接或间接地来自植物光合作用所制造的有机物。

早期，人们一直认为，人类从植物中摄取的营养都是植物从土壤中获得的，直到1773年，英国科学家普利斯特利（1733—1804年，英国化学家及神学家）做了一个实验，才让人们对于植物的认识进入一个新的阶段。实验是这样的：普利斯特利首先将一只小白鼠和一支点燃的蜡烛，分别放到密闭的玻璃罩里，小白鼠很快就死了，蜡烛也随之熄灭；然后，他又将两盆植物分别与点燃的蜡烛、小白鼠放

□ 光合作用

植物与动物不同，它们没有消化系统，因此必须依靠其他方式来摄取营养。绿色植物在阳光充足的白天，利用阳光的能量来进行光合作用，以获得生长发育必需的养分。光合作用的关键参与者是植物内部的叶绿体。叶绿体在阳光的作用下，把经由气孔进入叶子内部的二氧化碳和由根部吸收的水转变成为葡萄糖，同时释放氧气。

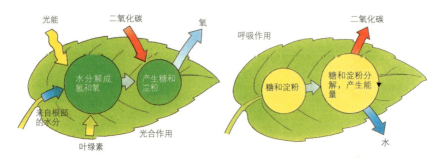

到不同的、密闭的玻璃罩中。这时，他发现植物能够长时间地活着，蜡烛没有熄灭，小白鼠也安然无恙。于是，他指出，植物能够更新由于蜡烛燃烧或动物呼吸而变得污浊的空气。这次试验，改变了人类对植物的看法，也推进了人类对植物的研究，自此以后，人类对植物的了解也越来越深刻。

由于植物没有消化系统（这是它们与动物的最大区别），因此必须依靠其他方式来摄取自身生长所需的养分。它们必须在阳光充足的白天，利用阳光的能量进行光合作用，从而获得自身生长发育必需的养分。在此过程中，植物内部的叶绿体是关键参与者：叶绿体在阳光的作用下，把由气孔进入叶子内部的二氧化碳，和由根部吸收的水，转变为葡萄糖，为自身生长提供养分，同时释放氧气。

□ 光合作用

植物通过光合作用吸收二氧化碳，释放氧气，保持了地球大气中氧气和二氧化碳的相对平衡，从而为地球生物的生存、发展和进化创造了条件。

光合作用可以为人类和其他生物的生存，提供最基本的物质来源和能量来源。因此，光合作用对于人类和生物界而言，具有至关重要的意义。

光合作用的重要意义可以概括为四个方面：

（1）通过光合作用，植物可以制造大量有机物。据科学家推断，绿色植物每年可以制造出四五千亿吨的有机物，比地球上每年的工业产品总产量还要高。所以，人们把绿色植物比作"绿色工厂"。人类和其他生物的食物也都直接或间接地来自植物光合作用制造的有机物。

（2）植物可以转化并储存太阳能。通过光合作用，植物将太阳能转化成化学能，并储存在光合作用制造的有机物中。地球上几乎所有的生物，其生命活动的能源都是直接或间接地来自这些能量。

（3）植物的光合作用，可以使大气中的氧和二氧化碳的含量相对稳定。我们知道，所有生物都是通过呼吸氧气生存的，但据不完全统计，地球上所有的生物，平均每秒要消耗掉一万吨的氧气。以这样的速度计算，大气中的氧，约两千年就会用完。而氧气的耗尽，也就意味着地球上生命的消失。然而，植物的光合作用却避免了这种情况的发生。正是因为这些广泛分布的绿色植物通过光合作用不断吸入二氧化碳，释放氧气，才使大气中的氧和二氧化碳的含量保持着相对的稳定。

（4）植物的光合作用对生物的进化具有重要的作用。我们知道，在地球刚形成之时是没有生命的，因为那时绿色植物尚未出现，即地球的大气中还没有氧气。当绿色植物在地球上出现并逐渐占有优势后，地球的大气中才逐渐含有氧，这样，那些必须通过有氧呼吸生存的生物才逐渐发展。

蒸腾作用

蒸腾作用是植物吸收和运输水分的主要动力,因为它可以造成压降(即电势的降落),促进水分向植物上部的运输,也就是说,如果没有蒸腾作用,植物高处的茎叶就不能吸收水分,整棵植物也无法生长。

蒸腾作用,是指水分从活的植物体表面(主要是叶子),以水蒸气的状态散发到大气中的过程。这个蒸发过程,与物理学上的蒸发作用是不同的,因为蒸腾作用除了要受到外界环境的影响,还要受植物本身的调节和控制,所以它是一种比物理学上的蒸发复杂得多的生理过程。这种作用的发生,与植物的幼小或成熟度无关,即使再幼小的植物也能进行蒸腾作用。

叶片是植物进行蒸腾作用的主要部位,通过两种方式进行:一是通过叶片角质层[1]进行的蒸腾作用,叫作角质蒸腾;二是通过叶片气孔进行的蒸腾作用,叫作气孔蒸腾。由于水分对植物是极其重要和宝贵的,因此,一旦水分丧失,植物可能会没命。为了减少蒸腾作用对自身的

□ **蒸腾作用**

蒸腾作用是水分从以植物叶子为主体的表面以水蒸气状态散发到大气中的过程,是植物吸收和运输水分的主要动力。蒸腾作用能降低植物体和叶片表面的温度,避免高温灼伤。

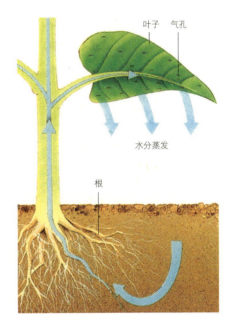

---

[1] 角质层:是植物地上器官(如茎、叶等)表面的一层脂肪性物质,由表皮细胞分泌。它在叶子的表面最明显;嫩枝、花、果实和幼根的表皮外层也常具有这种结构。其主要功能是限制植物体内水分的散失。

影响，植物在叶片的表面进化出一层角质层，而这个角质层正好阻止了水分的流失。除此之外，植物的叶片上还有气孔，而气孔巧妙的结构，也在最大程度上减少了水分的流失。因此，气孔蒸腾是植物蒸腾作用的最主要方式。

如果说植物的光合作用，是为地球上其他生物服务；那么蒸腾作用，就是为植物本身服务。

蒸腾作用是植物吸收和运输水分的主要动力。它可以造成压降，促进水分向植物上部运输，如果没有蒸腾作用，植物高处的茎叶就不能吸收到水分，整棵植物也无法生长。此外，蒸腾作用还能增加叶片周围小环境的湿度，降低植物体和叶面的温度，这样就能有效地防止有害的强光灼伤叶片。而且，蒸腾作用还可以使空气湿润，尤其是炎热的夏天，是植物进行蒸腾作用最强烈的时间。此外，蒸腾也可以引起上升的液流，有助于矿质元素和根系中合成的有机物的运输。蒸腾还使气孔开放，有助于植物的呼吸和光合作用。然而，植物蒸腾会流失很多水分，如一株玉米从出苗到收获要消耗两三百千克的水，而被自身所吸收的只有百分之一，其余的都被蒸腾掉了。因此，在高湿度条件下，植物生长比较茂盛，这也是热带湿度比较大的地区会有大片树林的原因。

第 2 章
藻类植物

CHAPTER 2

　　藻类是最低等的植物之一,属于单细胞植物,即一个细胞进行着所有工作。尽管藻类的种类繁多,但它们并非一个独立的自然类群,而是一个非常庞大的集群。藻类拥有共同的特征——体内都含有叶绿素,都可以像高等植物一样进行光合作用,都属于自养植物,身体中的所有细胞都参与生殖作用。

蓝藻门与红藻门

蓝藻门在藻类植物中是最简单、最低级的一门,也是历史上最古老的植物;红藻门则是藻类植物的另一大门类,其储藏的养分通常是一种特有的非溶性多糖类,被称为红藻淀粉。

蓝藻门俗称蓝绿藻门,是藻类植物中最简单、最低级的一门,也是历史上最古老的植物。早在30多亿年前,它就已经出现在地球上了。它的出现,使地球的氧气增加,也为其他生物的出现创造了条件。

□ 蓝绿藻

蓝绿藻是地球上出现最早的原核生物,大约出现在38亿年前,其适应能力极强,可忍受高温、冰冻、强辐射等,可进行与高等植物类似而与细菌不同的光合作用;因此被认为是最简单的植物。

大部分蓝藻门类植物都分布在富含有机质的淡水中,有一些则生活在湿土、岩石、树干上和海洋中,也有的与真菌共同生存形成地衣,还有些生活在植物体内形成内生植物,甚至有些种类还可以生活在85℃以上的温泉内或终年积雪的极地。蓝藻门植物,其细胞的细胞壁缺乏纤维素,也没有真正的细胞核,尽管细胞的中央聚集了组成核的染色质,但没有核膜与核仁。这类植物的细胞内,除了含叶绿素和类胡萝卜素[1]外,还含有藻蓝素。当然,有些蓝藻门植物还含有藻红素。但是,与其他植物不同的是,蓝藻门细胞的色素并非包在细胞质内,而

[1]类胡萝卜素:一类重要的天然色素的总称,属于化合物。普遍存在于动物、高等植物、真菌、藻类,以及细菌中的黄色、橙红色或红色的色素中,主要是β-胡萝卜素和γ-胡萝卜素,并因此而得名。它不溶于水,但溶于脂肪和脂肪溶剂,故又称脂色素。

是分散在细胞质的边缘部分。蓝藻门的主要繁殖方式是分裂生殖。

蓝藻门的一些种类被应用在生活中，比如本门的项圈藻、念珠藻和筒孢藻等则种类具有固氮[1]的作用，能增强土壤肥力；葛仙米、发菜、海雹菜等则可供食用。然而，当有些门类生长得过多时，便对人类有害了，比如微胞藻、项圈藻等在夏季生长过多时，就会降低水中氧气的含量，而且这些藻类在死后分解时会产生毒素，导致鱼类生病甚至死亡。

红藻是藻类植物的另一大门类，它们绝大多数为多细胞体，体长从几厘米到数十厘米不等。红藻，其颜色并不是纯正的红色，一般为紫红色，也有褐色、绿色、粉红以及黑色，颜色不一。

□ 红藻

红藻门植物种类多、数量大，是海洋藻类植物的主要部分。其植物体多为丝状体、叶状体或枝状体，少数为单细胞或群体。其繁殖方式为有性生殖。

因为红藻除了含有叶绿素和胡萝卜素外，还含有藻胆素（藻红素及藻蓝素）。红藻所储藏的养分，通常是一种特有的非溶性多糖类，即红藻淀粉。另一些种类的红藻体内则留存有硝盐[2]，特别是在一些红藻比较老的部分，它的含量更高。红藻繁殖的方式为产生孢子和卵配生殖，但都没有鞭毛。它们是有性生殖，但过程非常复杂，雌性生殖器被称为果胞，精子在果胞前端即延长出来的受精丝上面受精。由于红藻门对环境条件要求不严，适应性较强，因此分布的范围很广，即使在营养浓度极低、光照极微弱或者温度相当低的情况下也能生活。它们能生长在溪流、江河、湖泊和海洋，也能生长在短暂积水或潮湿的地方。从热带到两极，从满是积雪的高山到温热的泉水，从潮湿的地面表层到不是很深的土壤内，几乎都有它们的足迹。

---

[1] 固氮：将空气中的游离氮转化为化合态氮的过程。
[2] 硝盐：一种白色粉末状固体，一般是硝酸钠和亚硝酸钠。这种物质可以起到防腐作用，因此可用作防腐剂，但摄取过量可致癌，是强烈的致癌物质。其中亚硝酸钠有时可作为建筑材料，其味道与氯化钠（食盐）相近，甚至比氯化钠尝起来更为鲜美，但摄取过量会中毒。

甲藻门、紫菜与轮藻门

甲藻门植物属于杂色藻类，其储存养分为淀粉、脂肪或淀粉类物质。紫菜是一种大型的海洋红藻植物，除了含有叶绿素和胡萝卜素、叶黄素外，还有藻红蛋白、藻蓝蛋白等色素。轮藻门植物较少，喜欢生活在淡水的环境中，其藻体较大，呈直立状。

甲藻门植物属于单细胞个体，由于大多这类植物的细胞壁含纤维素而且很厚，与古代将士的铠甲有些相似，因此被称为"甲藻"。但是，也有些甲藻类植物被称为"裸甲藻"，因为它们没有细胞壁。也有些种类，其细胞内具有特殊的甲藻液泡和刺丝胞。甲藻门植物属于杂色藻类，色素体除含叶绿素、胡萝卜素外，还含有几种叶黄素，如硅甲黄素、甲藻黄素及新甲藻黄素等，细胞呈棕黄色，也有呈粉红色或蓝色，但多为黄绿色或棕黄色。其储存养分为淀粉、脂肪或者淀粉类物质。多数甲藻有两条不等长的鞭毛，常由许多固定数目的小甲板按一定形式排列组成，也有些门类不具有小甲板。甲藻的生存方式主要有两种——腐生和寄生，繁殖方式多为细胞分裂或产生游孢子，也有有性生殖，为同配或异配，但这一种类极少见。

紫菜是我们在日常生活中常见的藻类，它之所以被广泛食用，除了味道鲜美外，还因为它含有高达29%～35%的蛋白质。此外，由于它含有人体所需的碘、多种维生素和无机盐类，因此还可以预防因缺碘而引起的甲状腺肿大，并且能够降低胆固醇。尽管紫菜的门类相对其他门类的海藻来说并不是很多（现在发现的也只有七十多种），但它的分布范

□ 紫菜

紫菜含有高达29%～35%的蛋白质以及碘、多种维生素和无机盐类，味道鲜美，除食用外还可用于治疗甲状腺肿大和降低胆固醇，是一种重要的经济海藻。图为干紫菜。

围很广,地球上大部分地区都有它的足迹,不过它主要分布在中纬度的温带地区。由于人们对紫菜的需求量很大,而自然生长的紫菜数量有限,因此我们现在所食用的紫菜,主要来自人工养殖。

紫菜的外形比较简单,它的植物体分为"圆盘状的固着器""叶柄"和"叶片"三部分。其中,"圆盘状的固着器"使植物体固着在基质上,"叶柄"是紫菜"叶片"和"固着器"之间的过渡带,"叶片"是由一层至三层细胞构成的单一或具分叉的膜状体,它们的体长因种类不同而不

□ 轮藻

轮藻门中最常见的是轮藻,它一般作为植物生理学或细胞学的实验材料,也有的用作饲料、肥料或药用,有的轮藻还能杀死蚊子幼虫和净化污水。此外,由于古轮藻化石在地层中的演替较清晰,因此它在石油勘探中,对含油地层的划分和对比有一定作用。

同,有的种类仅仅数厘米长,有的却有数米长。在色泽上,种类不同的紫菜有着不同的颜色:紫红、蓝绿、棕红、棕绿等,但多以紫色为主,并因此而得名。出现多种颜色是因为紫菜中除了含有叶绿素和胡萝卜素、叶黄素,还有藻红蛋白、藻蓝蛋白等色素,当这些色素含量比例不等时,紫菜就出现了各种各样的颜色。

地球上的轮藻门植物只有300种,它们与其他藻类不同,喜欢生活在淡水的环境中,如稻田、沼泽、池塘、湖泊。在水质上,轮藻门比较喜欢含钙质丰富的硬水和透明度较高的水体,也有少数门类生活在半咸水中。轮藻门植物,无论在细胞的构造上,还是光合作用以及对于营养的储存方式上,都和绿藻门植物几乎一致,只是轮藻门的藻体比较大、而且是直立的。轮藻门的生长方式和大部分的高等植物类似,在成长过程中,它的中轴部分即茎部,逐渐分化为节与节间,然后在每个节上生出小枝和侧枝。尽管如此,轮藻门仍然属于单核细胞植物。它的生殖方式分有性生殖和营养生殖,但其生殖器官较其他藻类来说发达得多,它的生殖器官具有藏精器和藏卵器的作用,都生长在小枝上,因此当精卵结合成合子后,就能发育出新的个体。当然,若是轮藻门植物的藻体被折断,它也可以在节的部位长出"假根"或新的植物体。

绿藻门与褐藻门

绿藻的叶绿体中含有与高等植物相同的光合色素，一些植物学家认为，这类植物就是高等植物的先祖。褐藻中所含的褐藻胶在纺织、造纸、橡胶、医药以及食品工业上都有广泛用途。

绿藻门

绿藻门是藻类家族的一大门类，其数量和种类繁多，目前已发现的就接近一万种。绿藻门类植物的外表通常呈草绿色，在内部结构上有单细胞、群体细胞和多细胞之分，在外形上多呈丝状、片状和管状。这类植物的细胞壁主要为纤维素，细胞壁分两层，内层主要由纤维素组成，外层为果胶质，常常黏液化，它的细胞内都具有真核，并且有核膜、核仁。它的色素体的形状、数目视种类而异，所含色素成分与高等植物相同。

绿藻具有叶绿体，形状多样，多呈杯状、环带状、螺旋带状、星状、网状等。绿藻的叶绿体中含有与高等植物相同的光合色素，但其光合作用的产物是淀粉，主要储存于蛋白核的周围。由于这些特征与高等植物一致，因此一些植物学家认为这类植物就是高等植物的先祖。绿藻门植物的繁殖方式为细胞分裂或产生各种类型的游动和不动孢子，也有有性生殖等生殖方式。同时，这类植物的物体形态差别很大，进化程度也有很大不同，从单细胞到多细胞，从简单的植物体到复杂的植物体，几乎包含了藻类植物进化历程的所有阶段。

□ 单株绿藻

绿藻门种类约8 600种，从两极到赤道，从高山到平地均有分布。绿藻门中的很多种类的光合作用与高等植物类似。图中为单株绿藻。

刚毛藻和团藻都属于绿藻门家族的门类。刚毛藻，既可以生长在海洋里，也可以生长在淡水的环境里。它的细胞壁极厚，且有较强的韧性，因此可以成为优良的造纸原料。除此之外植物体是分枝的丝状体，在年幼时，它会生长出固着器，即假根，但当年老，它就会与基质脱离，成为自由漂浮的个体。

团藻是介于动、植物之间的生物，在动物界中属原生动物门，在植物界中属绿藻门团藻目团藻属。团藻的细胞数目众多，有时可达上万个，它们多生活在有机质较丰富的淡水中，像动物界的某些昆虫一样，团藻的细胞是有分工的，因为大多数的团藻细胞都丧失了生殖功能，所以一些细胞专门担负起了生殖工作，因此若是团藻中出现两代、三代，甚至是五代同堂的情况，也是不足为奇的。此外，团藻是集群的，每个团藻大约由1 000～50 000个衣藻型细胞成单层排列在球体表面。其藻体呈球形，直径约5毫米，藻体外附有一层薄薄的胶质层。团藻还具有吸收和富集放射性物质的能力，可以净化水质。

褐藻门

褐藻门植物是一种进化程度较高的藻类植物，其细胞内含有叶绿素、胡萝卜素、墨角藻黄素[1]和大量的叶黄素等。藻体颜色因所含各种色素比例的不同而差别较大，通常呈黄褐色和深褐色。这类植物的储存养分是海带多糖[2]（又名褐藻淀粉）和甘露醇，二者多被用作工业原料。其中，褐藻胶在纺织、造纸、橡胶、医药以及食品工业上都有着广泛的用途。

褐藻门的植物体外形多样，如丝状、叶状和树枝状；大小也有很大差别，有的只有几百微米长，有的却长达几十米。尽管长短差别较大，但它们都是多细胞，不存在单细胞或群体。褐藻门植物主要以营养繁殖、无性生殖和有性生殖的方式进行繁殖。

常见的褐藻门植物有裙带菜、海带等。

---

[1]墨角藻黄素：即岩藻黄素，是褐藻等一些藻类植物所含的一种褐色的光合辅助色素，为叶黄素类中的一种。由于褐藻的色素体中含有较多的墨角藻黄素，从而掩盖了叶绿素的绿色，因此其藻体大多呈褐色。该种色素的吸收光谱为50～540纳米，能吸收绿光和蓝光，并将光能传递给叶绿素，用以进行光合作用。由于绿光和蓝光能透入较深的海水中，因此大多数褐藻能在深海生活。
[2]海带多糖：从广义上讲，海带多糖是指从海带中提纯的多糖成分，包括海带寡糖、褐藻糖胶、海带淀粉等。用于医学方面可抑制肿瘤生长，改善肾功能衰竭等。

□ 海带

海带，褐藻门海带科植物，又名昆布、海带菜、江白菜。海带是一种营养价值很高的蔬菜，含有大量人体必需的营养元素。

裙带菜是日常生活中较为常见的一类藻类植物，属于温带性海藻，能够承受较高的水温，是一种经济海藻。由于形状类似女子的裙带而得名。裙带菜的孢子体呈黄褐色，包括固着器、叶柄及叶片三部分，与海带很像，并且它的生活史也与海带十分相似，是世代交替的，只是孢子体生长的时间较海带要短。裙带菜中含有多种营养成分，除了含有一些人体必需的矿物质外，还含有蛋白质、脂肪、糖类及多种维生素等，而且它的蛋白质含量远远高于海带。此外，裙带菜还能提取褐藻酸。

海带是在褐藻体中个体较大、营养价值较高，且被广泛应用于生活的一个种类。海带表面较为光滑，藻体在自然条件下的长度通常为二三米，在人工养殖的条件下可达5~8米。海带的藻体呈褐色，形状为长带状，分为固着器、柄部和叶片三部分。其固着器呈假根状，柄部粗短呈圆柱形，柄上部为宽大、长带状的叶片（日常生活中所食用的也是这一部分）。叶片中央有两条平行的浅沟，中间为中带部，厚2~5毫米，中带部两缘较薄，有波状褶皱。海带的营养价值和食用价值都很高，从中提制的碘和褐藻酸，被广泛应用于医药、食品和化工。海带的含碘量很高，而碘在人体中虽然只占很小部分，但对于人体的作用却是举足轻重的，它是人体必需的元素之一，人一旦缺碘就会患甲状腺肿大，而海带恰好对此病有很好的防治效果。此外，它还能预防动脉硬化，降低胆固醇与脂肪在人体内的积聚。

第 3 章
苔藓植物

CHAPTER 3

苔藓植物是绿色自养性的陆生植物,从系统演化的观点来看,它起源于绿藻,是一群小型多细胞的绿色植物,喜欢阴暗潮湿的环境,多生长在裸露的石壁上或潮湿的森林和沼泽地中。这类植物的植物体比较简单,是配子体,由孢子萌发成原丝体,再由原丝体发育而成。在植物界的演化进程中,苔藓植物代表着从水生逐渐过渡到陆生的类型。

苔藓植物的结构与生殖

苔藓植物虽然有些微不足道，但它对自然界起着至关重要的作用。除了自身良好的吸水性可以有效地防止水土流失外，它还具有净化空气的作用。

苔藓植物，其个体通常较小，只有假根，叶片也只由一层细胞组成，它们通过光合作用吸收自身生存所需要的水分和养料。这类植物在世界上有23 000多种。

根据营养体的形态结构，我们通常把苔藓植物分为两大类：一类是苔类，这类植物保持着叶状体的形状；另一类是藓类，这类植物已经开始有类似茎、叶的分化。但也有人把它分为苔纲、角苔纲和藓纲等三纲。苔藓植物分布极广，如热带、温带，甚至寒冷的南极洲和格陵兰岛[1]都遍布它的足迹，从植物分化的角度来讲，苔比藓更为原始和简单。人们习惯上把成片的苔藓植物称为苔原，苔原主要分布在欧亚大陆北部和北美洲，少数出现在树木线以上的高山地区。

苔藓植物的雌性生殖器官被称

□ 苔藓

苔藓是无花植物，无种子，以孢子繁殖。苔藓可以用作药材、空气污染的指示剂、肥料和燃料，可以用来防止水土流失和园艺栽培等，有较高的经济价值。

---

[1] 格陵兰岛：世界最大岛，面积均2 166 086平方千米（836 330平方英里），位于北美洲东北、北冰洋和大西洋之间。海岸线全长35 000多千米。

为颈卵器，形状类似实验中所用的烧瓶，颈部狭长，底部膨胀，外壁由一层营养细胞构成。苔藓植物的雄性生殖器官被称为精子器，形状多呈球状或棒状，外壁同样是由一层细胞构成。但由于苔藓植物的生殖离不开水，因此精子器中的精子必须在有水的条件下，才可以到达颈卵器与卵细胞结合，形成受精卵，培育出下一代。苔藓植物的繁殖方式有无性繁殖、有性繁殖和营养繁殖三种类型。它的无性繁殖方式是产生大量的孢子；有性繁殖是卵式生殖，即靠精卵结合的方式生殖；营养生殖是营养体，也就是配子体的断裂与新生，即孢芽在合适的情况下发育出新的植物。

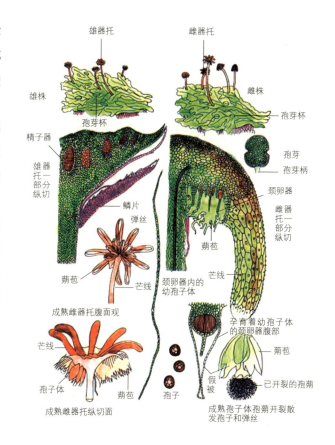

□ **苔藓的生殖构造图**

　　苔藓植物的雌、雄生殖器官都是由多细胞组成的。苔藓植物的受精必须借助于水。精子与卵结合后形成合子，分裂形成胚。胚在颈卵器内发育成为孢子体。孢子在适宜的生活环境中萌发成丝状体，形如丝状绿藻类，称为原丝体，原丝体生长一个时期后，在原丝体上再生成配子体。

　　尽管苔藓植物有些微不足道，但对自然界却起着至关重要的作用。除了良好的吸水性可以有效地防止水土流失之外，它还具有净化空气的作用。其次，苔藓植物可以作为空气污染的指示物，因为它的叶是单层细胞结构，很容易吸入空气中的污染物，对周围的污染物较为敏感。再次，把它们晒干后还可以充当肥料及燃料使用，比如，泥炭藓就是一种营养很丰富的肥料。此外，它们还可以增强沙土的吸水性；也有很多苔藓植物被晒干后可以直接作为燃料使用；还可以用来发电。值得一提的是，苔藓植物虽然是最低等的植物，却也是一些鸟雀类及哺乳动物的美味佳肴。当然，苔藓植物还有助于形成土壤，因为它们可以积累周围环境中的水分和浮尘，分泌酸性代谢物来腐蚀岩石，促进岩石的分解，这样就逐渐形成了土壤。有些苔藓植物还是天然药材，如一些种类的泥炭藓可作草药，能清热消肿，泥炭酚可治皮肤病。

真菌类植物

最常见的真菌植物有香菇、草菇、金针菇、双孢蘑菇、平菇、木耳、银耳、竹荪、羊肚菌等，它们既是重要的菌类蔬菜，又是食品和制药工业的重要资源。

真菌是一种陆生真核生物，包括蘑菇、酵母菌等，它通常属于多细胞生物，有细微的菌丝，用来吸取其他生物制造出的化合物。大部分真菌都能分解动植物的残骸，使其进入再循环。真菌是具有真核和细胞壁的异养生物，种属繁多，超过十万个。其中，许多真菌的营养体是由纤细管状菌丝构成的菌丝体，也有许多在真菌的细胞壁中，它最具特征性的就是含有甲壳质和纤维素。常见的真菌细胞器有细胞核、线粒体、微体、核糖体、液泡、溶酶体、泡囊、内质网、微管、鞭毛等。

真菌通常分为三类：酵母菌、霉菌和大型真菌。其中大型真菌是指能形成肉质或胶质的子实体或菌核，常见的代表植物有香菇、草菇、金针菇、双孢蘑菇、平菇、木耳、银耳、竹荪、羊肚菌等，它们既是重要的菌类蔬菜，又是食品和制药工业的重要资源。

大部分真菌是腐生生物，以死亡的或正在分解的有机体为食，也有些真菌如念珠菌是以活的有机体为食，还有些真菌如地衣，则与其他生物形成互利共生的关系。

□ **真菌**

真菌是具有真核和细胞壁的异养生物，是一种丰富的自然资源。真菌的腐解作用，使许多重要化学元素得以再循环，直接或间接地影响着地球生物圈的物质循环和能量转换。

□ 褐粘褶菌

褐粘褶菌的菌盖呈半圆形、扇形，无柄、木栓质，基部小，常覆瓦状或相互边缘连接，锈褐色，渐褪为灰白色，表面有绒毛渐变光滑，有宽的同心棱带，边缘薄而锐。菌肉呈茶色至锈褐色，多生于冷杉、铁杉、松、云杉等腐木上，常导致针叶树木材、原木、木质桥梁、枕木木材呈褐色腐朽。

当真菌的营养生活进行到一定时期时，就会转入繁殖阶段，形成各种繁殖体，即子实体。它的繁殖体包括无性繁殖形成的无性孢子和有性生殖产生的有性孢子。无性繁殖是指营养体不经过核配和减数分裂产生后代个体的繁殖，其基本特征是：营养繁殖通常直接由菌丝分化产生无性孢子；有性生殖则是指真菌生长发育到一定时期（一般到后期）便进行有性生殖，这种生殖经过两个性细胞结合后，细胞核产生减数分裂从而产生孢子。多数真菌由菌丝分化产生性器官（即配子囊），通过雌、雄配子囊结合形成有性孢子，其整个过程可分为质配、核配和减数分裂三个阶段。经过有性生殖，真菌可产生四种类型的有性孢子：卵孢子、接合孢子、子囊孢子、担孢子。此外，有些低等真菌如根肿菌和壶菌产生的有性孢子，是一种由游动配子结合成合子，再由合子发育而成的厚壁的休眠孢子[1]。

---

[1] 休眠孢子：指在营养体的细胞中，厚壁且具有休眠功能的狍子。

第 4 章
蕨类植物

CHAPTER 4

蕨类植物是高等植物中比较原始的一大类群，也是最早的陆生植物。它们生长在山野，有着顽强而旺盛的生命力，广泛分布于温带和热带。蕨类植物具有根、茎、叶等营养器官的分化，是以孢子进行繁殖，在植物体内进化出微管组织的陆生植物。这些器官的出现对于蕨类植物形成高大的植物体具有十分重要的意义，同时也使蕨类植物更加容易适应地球环境。

蕨类植物的特征与结构

与藻类植物相比，蕨类植物出现了根、茎、叶，其茎里还进化出了微管组织。这在植物的进化史中具有历史性的意义。

蕨类植物与藻类植物相比，要高出一级，因为它具有根、茎、叶等营养器官，并以产生孢子的方式进行繁殖。最重要的是，蕨类植物的茎里面进化出了微管组织，它比种子植物低一级，俗称"羊齿植物"。

过去，我们常把蕨类植物作为一个门，其下有五个纲，即松叶蕨纲、石松纲、水韭纲、木贼纲（楔叶纲）、真蕨纲。蕨类植物的根、茎、叶的出现，给植物的进化史增添了历史性的价值。因为根的出现，可以使植物体得到稳定，并深入到土壤下层以吸收更多的水分和矿物质。茎的出现，一方面，可以使它的植物体能够直立起来；另一方面，茎内部维管结构的形成，为植物体产生了更为完善的输导系统，这样就更有利于营养物质输送到植物体的各个部位，更加有利于植物的生长。叶的出现，则为它进行光合作用起到了巨大作用，因为相比藻类植物的叶片，叶子表面积的大大增加，使它的植物体能够更多地吸收日光中的能量，从而更好地生长。但是蕨类植物的受精作用依旧没有摆脱对水分的依赖，因此尽管蕨类植物已经进化出了许多植物所需的器官，但仍然不属于完全的陆生植物。此外，蕨类植物和苔藓植物一样，具有明显的世代交替现象。

蕨类植物的生殖方式主要有两种：一种是无性繁殖，即直接产生孢子；另一种是有性生殖，其生殖器官为精子器和颈卵器。由于它的孢子体有了根、茎、叶的分化，其中还有维管组织，因此远比配子体发达——这是蕨类植物异于苔藓植物最明显的特征。蕨类植物能产生高等的孢子，却没有种子，而且它的孢子体和配子体都能独立生活，这是蕨类植物与种子植物的区别。

目前，生存在地球上的蕨类有一万二千多种，其中大部分为草本植物。和许多植物一样，蕨类植物喜欢阴湿、温暖的环境，不过多为土生、石生或附生，少数为水生或亚水生。它们广泛分布在除了海洋和沙漠之外的平原、森林、草地、岩缝、溪沟、沼泽、高山和水域中，但主要分布在热带和亚热带地区。这类植物的叶很复杂，但在类型上只有两种：小型叶和大型叶。小型叶是单叶，叶片很小，几乎没有叶柄，而且叶内没有叶隙，只有单一的一枝叶脉，如石松纲的植物。大型叶的门类，顾名思义，叶子较大，叶片有叶柄，叶内有叶隙，同时维管束多数有分枝。除了石松和卷柏之外的蕨类植物，几乎都是大型叶。不过，一些蕨类植物的部分叶片完全着生于孢子囊群，人们称之为孢子叶或能育叶；而另一部分叶片则不

□ 蕨类植物的生殖构造图

由世代性的配子体发育成原叶体，原叶体上生有假根，用以固定和吸收营养。雌性的颈卵器生长在假根附近，里面长有一个雌性配子。精子器长在原叶体的另一端，里面有多个雄配子。雄配子通过原叶体的水分移动到颈卵器，和卵子结合产生合子，合子萌发后形成胚，再发育成常见的孢子体。

着生于孢子囊群，人们称之为营养叶或不育叶。蕨类植物的根通常是不定根，为须根状；大部分为根状茎，匍匐生长，少数长有地上茎，呈乔木状，如桫椤。蕨类植物的茎上通常长满鳞片或毛茸，鳞片为膜质，其上常有粗或细的筛孔；毛茸也有很多种类，如单细胞毛、腺毛、节状毛、星状毛等。

蕨类植物的叶子非常美，经常作为观赏植物栽培，比较常见的是巢蕨、卷柏、桫椤、槲蕨等。除此之外，蕨类植物中的某些种类还被广泛应用于医疗业，比如杉蔓石松能祛风湿，舒筋活血；节节草能治化脓性骨髓炎；乌蕨可治菌痢、急性肠炎。此外，由于蕨类植物对于环境比较敏感，不同属类或种类的生存要求不同的生态环境条件，因此它也是地质学家寻找地下矿物的明显标志，如石蕨、肿足蕨、粉背蕨、石韦、瓦韦等类生于石灰岩或钙性土壤上；鳞毛蕨、复叶耳蕨、线蕨等类生于酸性土壤上；还有些种类适应于中性或微酸性土壤。

桫椤与铁线蕨

桫椤多生长在湿度较大、温度较高的林下和阴地上,广泛分布于热带和亚热带地区。铁线蕨株形娇小,形态优美,又易于培养,是蕨类植物中栽培最普及的种类之一。

最常见的蕨类植物多为草本植物,但也有长得像树的,我们称之为树蕨,比如桫椤。桫椤多生长在湿度较大、温度较高的林下和阴地上,分布于热带和亚热带地区。在地球的中生代(距今约1.8亿年),如果说恐龙是动物界的霸主,那么树蕨就是植物界的霸主。它们同属"爬行动物"时代的标志。

由于种子植物的出现,树蕨逐渐衰落,到现在仅剩少数珍贵种类,桫椤就是其中之一。桫椤的存在,具有重要意义,尤其是在对古植物学、植物系统学的研究方面,意义更加深远。桫椤株高1~6米,胸径10~20厘米,树干布有残留的叶柄,叶数枚集生于茎顶,叶柄密被暗褐色鳞片和鳞毛。叶矩圆形,长1~2米,宽0.5米,为三回羽状复叶,长度可达3米。

铁线蕨,又称铁丝草、铁线草。多年生草本植物,高20~45厘米,性喜温暖湿润和半阴环境。其根状茎横向生长,密生棕色鳞片,上面长叶,质薄,叶柄紫黑色,细而坚硬如铁线,并由此而得名。它的根茎中部以下为二回羽状复叶,细裂,裂片呈斜扇形,深绿色。因其株形娇小,形态优美,易于培养,因此是蕨类植物中栽培最普及的种类之一。

□ 自然界的活化石——桫椤

由于桫椤科植物具有古老性和孑遗性,因此它对物种的形成和植物地理区系的研究具有重要价值。此外,桫椤还具有观赏和药用价值。

鳞木与鹿角蕨

鳞木属高大的木本植物，有主干，树皮极厚，是二叠纪最重要的形成煤原始物料。鹿角蕨经常被作为观赏植物引种和栽培。同时，它也有一定的药用价值。

鳞木是已灭绝的鳞木目中最有代表性的一属，出现于石炭二叠纪[1]时期。呈乔木状，和许多热带沼泽植物共同繁殖在热带沼泽地区，形成森林，是二叠纪最重要的形成煤原始物料。

对于鳞木，现代人多是通过对化石的研究来了解的。通过研究可知，鳞木属植物为高大的木本植物，有主干，树皮极厚，高可达38米以上，茎部直径可达2米，二叉分枝形成树冠，叶呈针形，螺旋排列；在老叶脱落后，茎枝表面会留有菱形或纺锤形的叶基，并因此而得名。其树茎内有维管形成层和木栓形成层，茎干基部为根座，也作二叉分枝状，根自根座四周生出。鳞木属的孢子叶聚集成孢子叶球，着生于小枝顶端。每个孢子叶的腹面（即表面）有一个孢子囊。孢子囊分大

□ 鳞木

石松类化石中已绝灭的鳞木目是最有代表性的古代树木之一，乔木状，是石炭二叠纪时重要的成煤植物。鳞木为木本植物，树干粗直，高可达38米以上，茎部直径可达2米。

---

[1]二叠纪：古生代的最后一个纪，约开始于2.9亿年前，结束于2.5亿年前，共经历了4 000万年。这一时期形成的地层称作二叠系，该时期也是生物界的重要演化时期。

□ 鹿角蕨

鹿角蕨又名麋角蕨、蝙蝠蕨、鹿角羊齿，为水龙骨科鹿角族属植物，原产于澳大利亚。鹿角蕨是观赏蕨中叶形最奇特的一种，孢子叶十分别致，形似梅花鹿角，是室内立体绿化的好材料。

小两种：小孢子囊内含有许多小孢子；大孢子囊内含有4、8或16个大孢子。

鹿角蕨在全世界共有15种，主要分布在热带雨林，属附生性多年生蕨类草本植物，性喜阴湿环境，耐阴性较强，大多附生在高大树木的茎杆开裂处或分枝处，也可生长在浅薄泥炭土、腐叶土或潮湿的岩石处。它的根状茎肉质，横向生长叶丛生下垂，叶片分为两种类型：一种是能进行光合作用，帮助鹿角蕨摄取养分的正常的绿色叶片，其幼叶为灰绿色，成叶为深绿色。另一种类型不能进行光合作用，主要用来帮助植物体收集枯枝落叶、雨水和尘土等，在一些细菌和微生物的帮助下，把有机物分解成方便植物体吸收的无机物和供植物成长发育所需的腐殖叶。由于鹿角蕨株形奇异，姿态优美，是极好的室内悬挂观叶植物，因此经常被作为观赏植物引种和栽培，还被贴于古老枯木或树茎干上作壁挂装饰。此外，鹿角蕨也有一定的药用价值。人工种植鹿角蕨时，一般采用分株繁殖的方法，而分株时间最好是在二、三月份或六、七月份。分株时，首先在母株上选择比较健壮的子株，再用刀沿着叶片的底部轻轻切开，最后种植到花盆中。

第 5 章
裸子植物

CHAPTER 5

裸子植物就是具有裸露种子的植物。它们相比种子植物要低级一些,其种子由胚珠发育而成,胚珠没有心皮的包被,裸露在外,因此称为裸子植物。裸子植物的优越性主要表现在用种子繁殖上,它是地球上最早用种子进行繁殖的植物。它们主要依靠孢子体产生大量孢子,飞散至各处,在温暖潮湿的气候条件下,萌发成为配子体。裸子植物的代表植物有银杏、苏铁、巨杉、侧柏、红豆杉等。

裸子植物的形态

裸子植物的出现表明了植物的进化又迈进了一大步：一是出现了新的繁殖器官——种子；二是出现了花粉管；三是具有次生生长特性。

裸子植物的产生和发展具有悠久的历史，最早可以追溯到古生代，到了中生代及新生代[1]时，它们已经广泛分布在地球上了。之后，在地球环境大变迁时，大批量裸子植物先后灭绝，现存下来的也仅八百余种。

□ 铁树

裸子植物是植物中较低级的一类。有颈卵器，又属颈卵器植物，是能产生种子的种子植物。但它们的胚珠外面没有子房壁包被，不形成果皮，种子是裸露的，故称裸子植物。图为裸子植物代表——铁树。

裸子植物与蕨类植物不同，它的出现表明植物的进化又迈进了一大步：一是出现了新的繁殖器官——种子，种子是由胚、胚乳和种皮三部分组成，它的胚来自受精卵，即新一代的孢子体，胚乳来自于雌配子体，种皮源于珠被，是老一代的孢子体，这是植物进化过程中的一次重大革命；二是出现了花粉管，这是裸子植物新出现的一种结构，当花粉粒落在胚囊上发育成雄配子体，就会长出花粉管，它通过颈卵器深入到卵的附近，释放出

---

［1］古生代、中生代、新生代：古生代（Paleozoic，距今5.7亿年前至2.45亿年前），三叶虫软体动物繁盛；中生代（Mesozoic Era，距今约2.5亿年至6500万年），为恐龙时代；新生代（Cenozoic Era，6500万年前至今），随着恐龙的灭绝，中生代结束，新生代开始。

精子，与卵相结合形成受精卵。这样就能使植物的受精作用摆脱对水的依赖，使它能进一步适应陆地环境；三是裸子植物具有次生生长特性，它们中的大部分都成长为参天大树（次生结构的产生本是植物为了更好地适应陆地环境而演化出来的）。

裸子植物大多为重要的森木，它们广泛分布于南北半球，从低海拔至高海拔、从低纬度至高纬度几乎都有分布。

裸子植物在现实生活中具有很大用途，也拥有极高的经济价值。世界50%以上的木材都是裸子植物长成的，它们也是纤维、树脂等原料的树种。

裸子植物代表

常见的裸子植物有银杏、苏铁、巨杉、侧柏、红豆杉、油松等，它们都具有十分重要的研究意义和经济价值。

银杏树又叫白果树，古称鸭脚树或公孙树，与雪松、南洋杉、金钱松并称世界四大园林树木。银杏树是第四纪冰川运动后遗留下来的最古老的裸子植物，是古代银杏类植物在地球上存活的唯一品种，也是世界上十分珍贵的树种之一，因此被科学家称为"活化石""植物界的熊猫"。

在四大园林树木中，银杏的栽培历史最悠久、种植最广泛。银杏树为高大落叶乔木，躯干挺拔，树形优美，抗病害能力强、耐污染力高，寿龄绵长，可达数千年。它以其苍劲的体魄、清奇的风骨、较高的观赏价值和经济价值备受世人青睐。除此之外，它适应性较强，只要自然环境合适，就能生存。而且，它还具有药用价值，尤其是果实（白果），品味甘美，医食俱佳。果实经过加工之后，可以制成色泽鲜艳，气味浓郁，香甜可口的各种风味饮料和老幼皆宜的保健食品，并具有止咳润肺的药效。此外，银杏的根、叶、皮也含多种药物成分，临床应用价值较高。因此，可以说银杏全身是"宝"。

裸子植物的另一代表是苏铁，它为常绿乔木，是热带及亚热带

□ 银杏

银杏是著名的活化石植物，也是珍贵的药材和干果树种，具有许多原始性状，对研究裸子植物系统发育、古植物区系、古地理及第四纪冰川气候有重要价值。

南部树种，喜好阳光充沛、气候温暖、干燥及通风性良好的环境，一般生长在肥沃、疏松、微酸性的沙质土壤中。不过，苏铁不耐寒，生长也比较缓慢。它躯干挺拔，呈圆柱形，整体呈伞状，叶为大型羽状复叶，丛生于躯干顶端，由数十对乃至百对以上细长小叶组成，小叶呈线形，幼时向内卷，成熟后挺拔刚硬，叶子长达2~3米，深绿色，有一定的光泽。

苏铁是雌雄异株，其雄球花为黄色，外观呈圆柱形；雌球花头状扁球形，其上密生褐色绒毛。苏铁种子为棕红色，呈倒卵形，微扁。一般而言，苏铁花期为6—7月，种子一般10月份成熟。它种类繁多，全世界目前有三科一属二百四十多种。它不但具有许多利用价值，还因为株形古雅、主干粗壮、叶片坚硬如铁、有一定光泽、四季常青而深受人们喜爱，是珍贵的观赏树种。苏铁的种子（即通常所说的西米）也很有价值，它富含丰富的淀粉，味道鲜美。此外，苏铁的许多部位都可入药，能治疗多种疾病。

巨杉，顾名思义就是巨大的杉树。巨杉原产于美国加利福尼亚州，以其巨大的身躯闻名于世。现在，巨杉被引进到世界各地进行栽培和种植，但生长在加利福尼亚州的巨杉依然是世界上最大的生物体。一些巨杉胸径超过10米，树身可高达100米，约30层楼房的高度。巨杉喜好阳光温暖的环境，在阳光充沛和水分养料适宜的条件下，生长极快，尤其是在它生命中的前500年，生长速度更是十分迅速。由于巨杉耐腐耐火，因此常被用作铁路上的枕木和电线杆等，具有极高的经济价值。

侧柏属常绿乔木，又称柏树、香柏，小枝扁平，因此也称扁柏。侧柏生长缓慢，但寿命极长，喜光，其幼苗、幼树有一定耐荫能力；较耐寒，但抗风力较差；耐干旱，喜湿润，但不耐水淹；耐贫瘠，可在微酸性至微碱性土壤中生长。树高可达20~30米，胸径在1米左右。树皮较薄，呈浅灰色，纵裂成条片；木质软硬适中，纹理细致，微有香气，耐腐力强，适用于上等木材的家具；枝条较稀疏，向上伸展；叶片较小，呈鳞形，长度在1~3毫米之间，交互对生。此外，侧柏的种子、根、叶和树皮均可入药，种子还可榨油，供制皂、食用或药用。侧柏幼树的树冠如一座尖塔，老树树冠则为宽圆。侧柏的植物体为雌雄同株，球果呈卵圆形，长度在1~2厘米之间，在尚未成熟时果肉为蓝绿色，成熟后则呈鲜红褐色。与以上树种一样具有较高的经济价值。

红豆杉又名紫杉、赤柏松，别名美丽红豆杉，属常绿针叶，因秋季会结出樱桃般大小的奇特红豆果而得名。它是第四纪冰川运动后遗留下来的世界珍稀濒危植物，自然分布极少。其叶四季常绿，即使冬天也不落叶，因此常被作为绿化植物。红豆杉与其他裸子植物相比，生长较为缓慢，但也正是如此，其材质十分坚硬，结构细致，坚韧耐用，纹理均匀，属于上等木材。此外，红豆杉因含有抗癌特效药物成分紫杉醇而显得更加珍贵，这种神奇的药物是继阿霉素[1]和顺铂[2]之后，目前世界上最好的抗癌药物。

　　油松属常绿乔木，高达25米，胸径在1米左右。壮年时树冠呈塔形或卵形，老年时则呈盘状伞形。其树皮为灰棕色，呈鳞片状开裂，裂缝红褐色，上枝较粗壮，光滑无毛，一般呈褐黄色。油松也属于雌雄同株，雄球花为橙黄色，雌球花为绿紫色。小球果呈卵形，长4—9厘米，种鳞顶端有刺。无柄或有极短柄，可宿存枝上达数年之久，油松花期一般在4—5月份，次年10月份果子成熟。此树为阳性树种，浅根性、喜光、抗瘠薄、抗风，在土层深厚、排水良好的酸性、中性或钙质黄土上均可生长，分布范围极广。油松心材呈淡红褐色，边材为淡白色，纹理顺直，结构细密，材质较硬，富含树脂，耐腐抗朽，是绝对的上等木材；其松脂也可供工业使用。此外，油松树树干挺拔苍劲，四季常青，不畏风雪严寒，是极好的园林绿化植物。

[1] 阿霉素：一种抗肿瘤抗生素，可抑制RNA（核糖核酸，存在于生物细胞以及部分病毒、类病毒中的遗传载体）和DNA的合成，对RNA的抑制作用最强，广谱抗瘤，对多种肿瘤均有作用，属周期非特异性药物，对各种生长周期的肿瘤细胞都有杀灭作用。
[2] 顺铂：属细胞周期非特异性药物，具有细胞毒性，可抑制癌细胞的DNA复制过程，并损伤细胞膜上结构，有较强的广谱抗癌作用。

第 6 章
被子植物

CHAPTER 6

被子植物是植物发展进化的最高阶段，其器官和系统在植物界也是进化得最完善的，它们在地球上占有绝对的优势。目前人类已知的被子植物共有一万多属，二十多万种，占植物界所有种类的一半。被子植物的种类和数量间接地说明了它适应环境的能力很强，这与其内部结构的复杂化和完善化是分不开的。

根与茎

根主要是固定并支撑植物体，吸收植物体所需的水分和矿物质，可以有效地改善土壤的结构，让土壤变得更适合植物的生长。茎则是植物的支柱和运输线，既要支撑植物的繁枝茂叶，又要负责输送来自根部的水分和养料。

根

植物的根一般都长在地下，它总是默默无闻地工作着，担负着固定植物、吸收土壤水分和无机盐的重任，为植物的抽枝长叶和开花结果尽心尽力。同时，它还有效地改善了土壤的结构，为植物的生长创造了最适宜的环境。

根对于植物的生长主要起到三种作用：①固定并支撑植物体。这点对被子植物而言尤为重要，因为这类植物往往有着极其高大的躯干，正需要土壤中无数的根，像无数只爪子一样，牢牢地抓住泥土，使植物上部稳稳地挺立着，即使狂风暴雨也不会倾斜。②吸收植物体所需的水分和矿物质。植物根尖的表面生长着许

□ 马铃薯的根

马铃薯就是土豆，它是从块茎生长而来的，块茎就是我们平常食用的地下茎部分。当马铃薯母株死掉后，留在土里的块茎会在来年春天发芽，长出新的茎。

初生的马铃薯幼苗

块茎

新的幼芽

多根毛，尽管极其细小，但植物从土壤中所汲取的水分和养分全是它们的功劳，这些根毛伸展在土壤中，就如一架架微型"抽水机"，抽取了土壤中大量的水分和矿物质。③根可以有效地改善土壤的结构，让土壤变得更适合植物的生长。

然而，植物界中并不是所有的根都具备这三个作用，还有许多奇形怪状的根，担负着特别的任务。例如，专门用来呼吸的呼吸根，加强支撑作用的支柱根，肉质肥厚、营养丰富的储藏根，从其他植物吸收营养的寄生根，等等。

植物的根一般呈圆锥形，由主根和侧根组成。主根是植物根最粗壮的部分，其上长出的一些细小的根就是侧根。有些植物的主根和侧根比较明显，轻易就能分辨，如大豆、油菜等；有的植物则很难分辨，如玉米、小麦等。植物根的顶端部分被称为根尖，根尖又分为根冠、分生区、伸长区和根毛区，其中根毛区是负责从土壤中吸收水分和养分的。

茎

茎是植物最显著的部分，它就如人体的脊椎，使植物的根、芽、叶、花串联成一个整体，同时，它还担当着输送来自根部的水分养料的职责。

茎，包括芽、节和节间。其顶端称为茎尖，而茎就是由茎尖的分生组织不断分生而成的。此外，茎尖又分为三个部分：分生区、伸长区和成熟区。茎一般有四

□ 直立茎

直立茎，即茎干垂直地面向上直立生长，大多数植物的茎是直立茎。在具有直立茎的植物中，又分草质茎和木质茎，如向日葵是草质直立茎，榆树则是木质直立茎。

□ 仙人掌

生长在干旱环境里的仙人掌没有叶，露在地面上的部分就是它的茎。仙人掌的茎奇形怪状，有的呈柱形，有的呈球形，也有的呈片状。仙人掌的茎具有进行光合作用、储藏营养物质的功能。

种不同类型：①直立型，顾名思义，就是指直立向上生长的茎，一般的被子植物都属于这种类型。②缠绕型，这类茎由于不能直立，必须缠绕在支持物上才能生长，其典型代表为牵牛花。③匍匐型，由于其性细长而柔弱，因此这类植物只能蔓延生长在地面上，比如地瓜、西瓜等。④攀缘型，这类茎幼小不能直立，以植物自身特有的结构攀缘在支持物上生长。

然而，并不是所有植物的茎都属于这四种类型，许多植物在不断适应环境的过程中，演化出了许多变态茎，这点与根有些相似。这些变态茎形式各异，但主要分为两类：地上变态茎，如豌豆；地下变态茎，如马铃薯。此外，一些植物还进化出了茎刺，这也是它们为了防止动物采食而发生的变态，主要是对植物进行保护，如山楂、柑橘等。还有一种变态茎叫作皮刺，它与乔木植物茎的变态刺不同，是由茎的外部长出，主要是保护自身。但相对茎刺，它的杀伤力要小得多，也容易脱落。

根据茎的形态，还可以将其分为两类：草本类，这类植物的茎矮小、柔弱，水分含量较高；木本类，这类植物的茎较坚硬，有灌木和乔木之分。灌木躯干不明显，株形较小；乔木则相反，躯干明显，株形高大。

茎既是植物的支柱，支撑着整个植物的躯干和繁枝茂叶；还是植物体的运输线，输送着来自根部的水分和养料，以及叶内制造的有机物质，为植物的生长创造良好的条件。许多植物的茎内还储存了大量的水分和营养物质，以供植物体吸收和利用。

既然水和无机盐的输导是由茎的导管完成的，那么水分和无机盐为什么能沿着导管上升呢？这主要是水分和无机盐受到根压和叶的蒸腾拉力作用的结果。根压是由根部产生的一种压力，这种压力可以使溶液进入导管，并沿着管壁上升。比如，将一些植物的茎在靠近基部的地方切断，就可以看到液体从伤口处流出，这就是根压作用的结果。叶的蒸腾拉力，是叶在不断蒸腾水分的过程中，产生一股向上拉取水分的力量，使水分沿着导管不断上升。

　　叶制造的有机物，也是植物汲取养分的重要途径，它主要是通过位于茎韧皮部的筛管向植物体的各个器官输送的。但在筛管中输送的有机物，必须是分子较小而且能溶于水的物质，如淀粉、蛋白质、脂肪必须经过分解，变成小分子的葡萄糖、氨基酸、甘油和脂肪酸等简单的有机物，才能由筛管进行输导。因此，一旦树皮遭到大面积破坏，植物根部就会因长期得不到足够的有机养料而死亡，进而导致整株植物死亡。

叶与花

叶片上、下表皮中间的绿色薄壁组织为叶肉,其细胞内含有大量的叶绿体,是叶子进行光合作用的重要场所。花是种子植物的有性繁殖器官,尽管大小、颜色不同,但都由花梗、花托等几部分组成。

叶

叶子,是植物进行光合作用的场所,是孕育植物生命最基础、最重要的部分。尽管自然界中的植物叶子形态多样,但其结构大都相同,由叶片、叶柄和托叶构成。然而,一些植物叶子并无托叶或叶柄或叶片。

□ 树叶的外部结构

叶的功能是在阳光照射下,将外界吸收来的二氧化碳和水分,利用光能制造出以碳水化合物为主的有机物,并将光能转化成化学能储藏在这些有机物中。每种植物的叶片都有一定形状,并大都分为叶片、叶柄和托叶三部分。

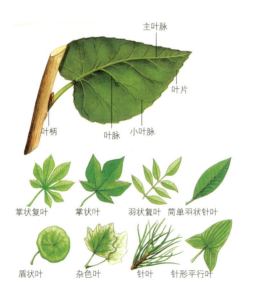

叶片的表皮由一层排列紧密、无色透明的细胞组成。表皮细胞外壁有角质层或蜡层,起保护作用。位于上下表皮之间的绿色薄壁组织总称叶肉,内含大量叶绿体,也是叶子进行光合作用的重要场所。叶片的受光面即腹面,颜色为深绿色;背光面即远轴面为淡绿色。由于两面受光不同,因此内部叶肉组织常出现分化,从而称为异面叶;而多数单子叶植物和部分双子叶植物的叶,是以近乎直立的姿态生长,叶片两面受光均匀,因而内部叶肉组织无明显分化,这种叶就称为等面叶,如玉米、小麦、胡杨等。异面叶腹面表皮的叶肉组织细胞

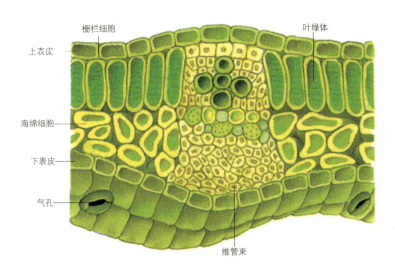

□ **树叶的内部结构**

图为树叶的剖面图。栅栏组织为一二层细胞，分布在上表皮；上表皮下面，分布着进行光合作用的叶绿体；发达的海绵组织常与分布在叶下的不规则型的气孔相连。

呈长柱形，排列紧密，其长轴常与叶片表面垂直，呈栅栏状，故称栅栏组织，通常为1~3层；而远轴面的叶肉细胞所含叶绿体较少，形状不规则，排列疏松，细胞间隙大而多，呈海绵状，故称海绵组织。

叶柄是叶片与茎的联系部分，其上端与叶片相连，下端着生于茎上，通常位于叶片的基部。只有少数植物的叶柄着生于叶片的中央或略偏下方，称为盾状着生，如莲、千金藤。叶柄通常呈细圆柱形、扁平形。

托叶是着生于叶柄基部、两侧或腋部的细小绿色或膜质片状物，通常先于叶片长出，在早期起着保护幼叶和幼芽的作用。托叶通常较为细小，形状和大小会因植物种类的不同而有所差异。在一些植物中，托叶的存在很短暂，随着叶片的生长，它很快就会脱落，仅留下一个不为人注意的痕迹，称为托叶早落，如石楠的托叶；还有些植物的托叶能伴随叶片存在于整个生长季节，称为托叶宿存，如茜草[1]、龙芽草[2]。

---

[1] 茜草：别名蒨草、血见愁、地苏木、活血丹、土丹参、红内消等。茜草科植物，多年生攀缘草本，根数条至数十条丛生，外皮紫红色或橙红色；可入药，有凉血止血、活血化瘀的功效。

[2] 龙芽草：多年生草本，根茎粗；茎高30~100厘米；茎、叶柄、叶轴、花序轴都被疏柔毛及短柔毛。

花

花是被子植物的繁殖器官，尽管大小、颜色不同，但都由花梗、花托、花萼、花冠、雄蕊、雌蕊等几个部分组成。

花梗是支撑花朵生长的柄，因此也称花柄。其长短因植物种类而异，也有些植物没有花梗。

花托，为花梗上端着生花萼、花冠、雄蕊、雌蕊的膨大部分，形态多样。花萼位于花的最外一轮，通常为绿色，可大可小，起保护花蕾的作用。花萼由若干萼片组成，具有分离和结合两种情况。在多数植物中，花萼随花冠一起枯萎并脱落，但也有一些植物，其花萼在花冠枯萎后并不脱落，反而随同子房一起长大，如石榴、茄子。某些植物的花萼外，长有一轮绿色叶状的萼片，称为副萼，如棉花和蛇莓[1]。

花冠位于花萼内侧，由若干片花瓣组成，排成一轮或多轮。一般花冠都具有绚丽多彩的颜色，但也有纯白的素色。与花萼相同，花冠也有分离和结合两种情况，分离的花萼称为离瓣花，如蚕豆、桃花；结合的花萼称合瓣花，如桂花。在识别植物时，对于二者的了解是极为重要的，因为在被子植物中，许多科、属的植物，其花冠的分离与结合通常比较一致。花萼和花冠合称为花被，如果在一朵

□ 花的结构

花是被子植物的有性繁殖器官。一朵完整的花包括了六个基本部分：花梗、花托、花萼、花冠、雄蕊和雌蕊。其中花梗与花托相当于枝的部分，其余四部分相当于枝上的变态叶，常合称为花部。

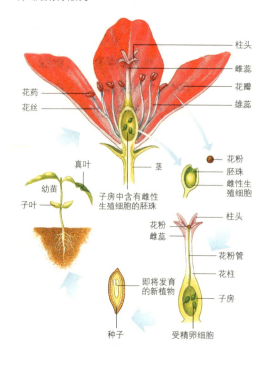

[1]蛇莓：一种蔷薇科植物，在中国分布广泛，具有药用价值，其花、果、叶可作观赏用，园林效果突出。

花中，不仅有花萼、花冠存在，且二者有着明显区别，便称为双被花，如油菜、番茄的化；如果二者缺一，则称为单被花，如榆树、桑树的花；如果两者都不存在，则称为无被花，如垂柳的花。

雄蕊是位于花冠内侧，能产生花粉粒的器官，由花丝和花药组成。花丝通常细长呈丝状，但某些植物的花丝扁平如带状；也有转化为花瓣状的，如美人蕉；有些植物没有花丝，花药直接着生在花冠上，如栀子。花药由四个花粉囊组成，成熟后花粉囊自行破裂，花粉自裂口散出。雄蕊也具有分离或结合的情况：花药分开而仅花丝结合成一束的，称单体雄蕊，如木槿、棉花；花丝联合成两部分的称两体雄蕊，如蚕豆；花丝结合成多束的，称多体雄蕊，如金丝桃；花丝分离，仅花药结合的，称聚药雄蕊，如葫芦科植物。

雌蕊位于花的中央部位，是能产生卵细胞的器官。通常由子房、圆柱形花柱及柱头三部分组成。雌蕊是由有生殖能力的变态叶演变而来，这片变态叶称为心皮，是构成雌蕊的基本单位。在一些植物中，雌蕊是由一个心皮构成的，如桃花；但在许多植物中，雌蕊是由2个或2个以上的心皮构成，它们互相结合，形成一个共同的子房，但花柱、柱头可以结合也可以分离，我们称之为合生心皮雌蕊。也有些植物的花有2个或2个以上的心皮，但彼此分离，每个心皮都单独形成一个雌蕊，具有各自的子房、花柱和柱头，即离生心皮雌蕊。柱头是接受花粉粒的地方，通常膨大或扩展成各种形态，没有柱头的雌蕊是不存在的；花柱是柱头和子房之间的连接部分，一般的花柱均细长，但也有极短的，甚至有的花柱并不明显，如虞美人[1]；子房的中空部分称为子房室，在子房室内，生有将要发育为种子的胚珠。

---

[1]虞美人：又名丽春花、赛牡丹、满园春等，罂粟科罂粟属草本植物，花期在夏季，花色有红、白、紫、蓝等，浓艳华美；原产于欧亚温带大陆，在中国有大量栽培，现已引种至新西兰、澳大利亚和北美。

果实与种子

果实是被子植物独有的特征，一般包括果皮和种子两部分，主要起传播与繁殖的作用；种子则具有延续植物生命、繁殖后代的作用。

果实

果实是被子植物独有的特征，这意味着，凡是孕育果实的植物都属于被子植物，当这类植物开花传粉后，就会结出果实。

果实一般包括果皮和种子两部分，主要起传播与繁殖的作用。多数被子植物的果实是从子房发育出来的，称为真果，如桃、大豆；也有些植物的果实是由子房和花被或花托形成的，叫作假果，如苹果、梨及瓜类。多数植物只有一个雌蕊，形成的果实叫作单果；也有些植物具有许多离生雌蕊，它们共同聚生在花托上，此后每一雌蕊形成一个小果，叫作聚合果，如草莓；还有些植物的果实，是由一个花序发育而成，叫作复果，如桑、凤梨和无花果。

果皮分为外果皮、中果皮和内果皮。果实种类繁多，结构各异。

□ 肉豆蔻的果实

在果实发育过程中，首先是花萼、花冠脱落，随后是雄蕊和雌蕊的柱头、花柱也先后脱落枯萎，这时胚珠发育成种子，子房逐渐增大，发育成果实。下图为肉豆蔻果实解剖图。

果实在传粉受精后,其体积比受精前要大200~300倍,成熟后的形状、大小主要受遗传基因控制。被子植物的果实种类繁多,分类方法多种多样,除了依据果实的来源与发育的不同,分为真果、假果、单果、聚合果或复果之外,还根据成熟果实的果皮是否脱水干燥分为干果与肉果,又根据干果成熟后是否开裂,分为裂果与闭果等。果实在成长和发育过程中,形态和结构会发生改变,同时伴随着一些生理变化。一般来说,果实的颜色会首先发生变化,而颜色的变化是鉴定其是否成熟的标志之一。另外,果实的质地及其散发出的香气和其中所含糖分等都会发生变化。

种子

种子,具有延续植物生命、繁殖后代的作用。种子也是裸子植物与被子植物特有的繁殖器官,自然界中能形成种子的植物数量达二十多万种。

种子的大小、形状和颜色会因植物种类不同而有所差异:椰树的种子很大,芝麻的种子很小,烟草、马齿苋的种子则更小;蚕豆的种子形状为肾脏形,豌豆的种子为圆球状;一些植物的种子表面光滑发亮,有些则暗淡无光。种子之间的差异,具有生物学的意义。例如椰子的种子很大,极易萌发,种子内又富含液体胚乳,营养充足,因此能保证生长的质量,但其产量有限;而体积较小的种子,则以多取胜,虽然它们只有少量种子能够萌发,但仍可产生大量后代,许多杂草植物就是以这种方式进行繁殖生存的。

植物的种子一般分为三部分:种皮、胚和胚乳。种皮是由珠被发育而来,起着保护胚与胚乳的作用。裸子植物的种皮有三层,其中外层和内层为肉质层,中层为石质层;被子植物的种皮结构则较为多样,有的薄如纸状,有的较为坚硬。胚是由受精卵发育而成,

□ 各种各样的种子

植物种子的大小、形状和颜色因种类不同而异。如椰子的种子很大,而油菜、芝麻、马齿苋、兰科植物的种子则很小;种子的颜色以褐色和黑色居多,也有其他颜色;有的种子表面光滑发亮,有的则暗淡或粗糙。

正常情况下由胚芽、胚釉、子叶和胚根组成，不同种子的胚之间子叶数目不同，变动在1~18个之间，但常见的子叶数目为两个，如苏铁、银杏等。被子植物胚的形状极为多样，从椭圆形、长柱形到弯曲形、马蹄形、螺旋形不等，尽管形状多样，但它在种子中的位置仍是固定的，通常其胚根都朝向珠孔。胚乳是单倍体的雌配子体，一般都比较发达，多储藏淀粉或脂肪，也有的含有糊粉粒，颜色一般为淡黄色，少数为白色，银杏成熟的种子中胚乳呈绿色。大部分被子植物在种子发育过程中都会形成胚乳，但某些种类不具有或只具有少量的胚乳，这是因为其胚乳在发育过程中被胚分解吸收了，这就是划分有胚乳种子和无胚乳种子的重要依据。当然，不同植物种子中的胚乳的数量以及储藏的物质都很不同，其中最普遍的储藏物质是淀粉、蛋白质和脂肪。此外，还有碳水化合物[1]等物质。

种子是有一定寿命的，超过了一定的期限，就会丧失活力，不再萌发。而种子寿命的长短，因种类不同而具有差异，如巴西橡胶的种子生存期仅为一周左右，而莲的种子寿命则可达数百年之久。

---

[1]碳水化合物：亦称糖类化合物，是自然界中存在最多、分布最广的一类重要的有机化合物，主要由碳、氢、氧组成。葡萄糖、蔗糖、淀粉和纤维素等都属于糖类化合物。

NATURAL
HISTORY

第五编 | **人 类**

  人类是地球上有史以来最具智慧的生物，也是地球目前居于统治者地位的物种。人属于动物的一种，与其他动物相比，人的高级之处在于他具有思维和力量，并能改造自然，其自身也可以被生命的内部活力所改变。此外，人类在不同状态下，都有形成社会的倾向，这种社会形态是以大自然为基础而建立的。

原始人类生活复原图

第 1 章
人的一生

CHAPTER 1

一切随着时间而演变的事物,都有其本身的演化历程,例如宇宙、地球以及动植物等。同样,人类也有着自己的演化历程。因此,只有当我们经历了漫长而久远的发展历程后,才会逐渐体会生命的全部——从婴儿到童年、成年,再到老年与死亡。所以,我们对自己的认识,首先必须建立在对自己一生的发展状况有所了解的基础上,否则我们就无法充分认识到人类生存的真正本质。

童 年

我们无法确定,对儿童进行早期启蒙教育是否真的有用,因此,目前最好的教育方法,就是最普通的、最不严厉的、顺应自然天性的教育法,而这也是最相称的教育方法。当然,这种所谓的相称,是针对儿童自身的弱点而言,而不是针对他的优点而言。

可以明确地说,人类刚出生时的状态是他一生之中最虚弱的时刻。因为刚刚面世的新生儿,根本无法使用自己的感官,更多时候他需要他人的精心照料。如此说来,这一时期的人,其生活场景的确是一副痛苦而可怜的景象,当他面世时,比任何一种动物都要脆弱,那娇嫩而虚弱的生命,似乎随时都会结束。他无法动弹,更不能站立,所拥有的就只是存在的力量。此外,他只能通过呻吟来告知自己所受的痛苦。

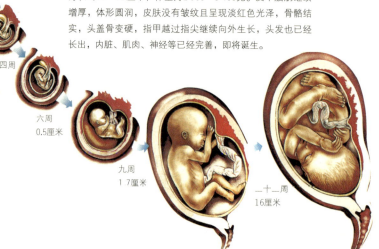

□ 胎儿的成长

经过10个月的成长,母体中的胎儿逐渐长大,这时胎儿身长约50~51厘米,体重为2 900~3 400克。皮下脂肪继续增厚,体形圆润,皮肤没有皱纹且呈现淡红色光泽,骨骼结实,头盖骨变硬,指甲越过指尖继续向外生长,头发也已经长出,内脏、肌肉、神经等已经完善,即将诞生。

四周

六周
0.5厘米

九周
1.7厘米

二十二周
16厘米

文化伟人代表作图释书系

大自然似乎在警告他，他出生的意义就是为了受苦，为了承担普通成人所没有的虚弱和痛苦——这些使我们无法忽视，因为我们都曾经历过。因此，请跟随我的论述，再去感受一次我们身处摇篮时的情景吧。

当新生儿从一种环境进入到另一种环境时——当他从母体的羊水中出来之后，他便被暴露在空气中。这时，尽管他不具备成年人的某些能力，但他依然能立即感受到空气的流动，而空气的流动，也会对他的嗅觉神经和呼吸器官产生影响。空气流动，就如人类打喷嚏一样，会使新生儿的胸部扩张，这时空气便会迅速、自由地进入新生儿的肺部，使他们的肺泡扩张膨胀，进而提高肺部空气的温度，然后再降到一定程度，接着，膨胀的肺纤维的弹力会作用于气流，最后将空气排出肺部。这一过程就是呼吸。

□ 新生儿

婴儿一从母体中出生，便暴露在另一个环境中。与空气的接触，会对他的嗅觉神经和呼吸器官产生影响，气流产生的颤动，可以使其胸部扩张，使空气进入肺部，呼吸便产生了。

这里，我不再对呼吸运动交替持续的原因作进一步解释，只讲其现象。不可否认，对于人类和一些动物而言，呼吸运动是十分重要且必不可少的。因为它维持着生命，一旦呼吸停止，动物和人类的生命就处于危险之中。同样，胎儿在学会第一次呼吸后，会一直这样持续不断地呼吸下去。

然而，根据大量研究数据表明，婴儿的卵圆孔[1]在刚出生时并不会立即关闭，因此，一部分血液仍会从这里流出，而且并非所有的血液都会首先进入肺部。所以若在较短时间内不给新生儿空气，也不会致其死亡。

对此，十年前我曾在小狗身上作过一些试验，而这些试验恰好可以对上述论断进行证明。试验内容如下：首先，将一只即将生育的母狗放入盛满水的小木

---

[1]卵圆孔：人类胎儿期时，左右心房隔膜上的一个小孔，位于胚胎期原发间隔与继发间隔的交界处。卵圆孔通常由原发间隔的一个薄片所覆盖。出生前，血流从右到左，使卵圆孔持续开放；出生后，由于建立了正常的肺循环，心房内压力增加，迫使原发间隔的薄片压在卵圆孔的表面，而使卵圆孔闭合。

桶里，然后将它绑好，并将其身体后半部浸没在水中。少时，母狗生下了三只小狗，当小狗们离开母体后，便立刻被放入与母狗腹部同温度的液体中，不让它们有呼吸的时间。然后将它们放入一个盛满热牛奶的小木桶里（我将它们放入牛奶里，而不是留在水中，是为了让它们在需要时可以获得食物），当它们在牛奶中浸没半个多小时后，再逐一将它们拎出，我惊奇地发现三只小狗全都活着。这时，它们开始呼吸，脸上也有了表情。我让它们呼吸了半小时后，又将它们浸没在重新加热过的牛奶中并继续停留半小时。当再次将它们拎出来后，其中两只看上去仍然精力十足，并没有表现出缺少空气的痛苦，但第三只则显得乏力，我判定它无法被继续浸没了，于是将它送回到母狗身边。

这只母狗先是在水中生下三只小狗，离开水后又生下六只。出生在水里的小狗，呼吸前在牛奶中待了半小时，呼吸之后又在牛奶中待了半小时，但它们并未表现出不健康的状态。我并没有对这个试验再作进一步研究，但我已经有了足够的证据：对新生命而言，呼吸并不像对成年人那样绝对必要，只要能小心地控制新生命卵圆孔的闭合，就可以保证其在没有空气的情况下依然存活。这种方法，也许还可以使我们培养出优秀潜水员，以及既能在空气中又能在水中生活的两栖动物物种。

以上是我对新生儿呼吸的见解，下面我将论述他们的感官系统。感官，是新生儿需要学习使用的器官，其中最重要、最奇妙的感官就是视觉，但同时也是最不可靠和最容易引发错觉的。如果眼睛的判断没有立刻得到触觉的证实，那么这只能是错误的判断。与之相反，触觉则可以说是最坚实的感官，它是对所有其他感官进行衡量的试金石。此外，触觉也是动物唯一的基本感官，但新生儿还不完全具备这种

□ 祈祷的孩子

儿童没有像成年人那样理性的判断力，他们的认识有限，因此对很多事物都充满好奇。他们常常模仿父母的行为或在父母的指导下做一些事情。图为15世纪穆兰画师的油画《祈祷的孩子》，图中描绘了一个正在祈祷的小孩，也许他并没有想过上帝存在与否，但从父母那里得知，信仰上帝，上帝就会保佑他们。

感官。他们通过呻吟及哭泣来表达痛苦，却还不具备用表情来表示快乐的能力，他们在出生后40天才开始会笑、会流泪，因为在此之前的那些呻吟和哭喊并没有眼泪的伴随。所以，在早期，新生儿的脸上毫无表情，没有关于感情的任何表示，而且他们身体的其他部位仍然是极其虚弱和娇嫩的，只有一些盲目的、没有规则的动作。当然，这一时期他们也无法站立，他们的屁股仍然像在母体里一样习惯性地蜷曲着。他们也没有力气伸直手臂，或是用手抓东西，所以若是无人照顾，就只能面朝上地躺着，甚至无法转动身体。

□ 儿童的天性　油画　18世纪

　　游戏与玩乐是儿童的天性。孩子在玩耍时，切不可横加干涉，因为玩耍也是在学习，他们在玩耍中可以学会很多成长必需的知识。图为儿童们在课间休息时玩耍。

　　通过上述现象，我们可以发现，新生儿最初表达痛苦的方式似乎是呻吟。但是，这只是来自他躯体的一种感觉，这与动物刚生下来就用呻吟来表达痛苦是极为相似的。新生儿在精神上的感觉只有在他出生40天后才会表现出来，因为笑和眼泪都是内心感受的产物，取决于他滋生的精神行为。笑是通过视觉，或是对认识并喜欢的以及想要物品的记忆所产生的愉悦；而泪水则是让人不愉快的震惊，并且混合着怜悯和对自身的反省。这两种感情，都必须是以知识、比较和思考为前提的。总之，眼泪和笑是人类所特有的，是用于表现痛苦和快乐的精神现象，但叫喊以及其他表示快乐或痛苦的身体姿势，则是人类和大部分动物所共有的。

　　人类并不是在孩子一出生就直接让他吃奶的，而是先让他吐出胃里的黏液、流质和肠道里的胎粪，因为这些物质会使奶变酸，从而对他产生不好的影响。因此，在新生儿出生后，人们会先让他喝些甜酒以使其胃强壮起来，以便适应食物并进行消化和排泄。之后，即出生10或12小时后，才开始喂第一次奶。

　　胎儿离开母体后，刚感受到运动和伸展四肢的自由时，人们就开始给他新的束缚——脑袋被固定，两腿被拉直，手臂还要被放在身体两侧。他的四周到处是衣服和各种绷带，这些束缚会使他无法改变姿势。但如果没有这些束缚，而是故意让他侧卧，那么唾液就会流出来。而那些习惯将孩子盖起来，或是给孩子穿上衣服，而不将他们包裹在襁褓中的民族在这方面也有自己的做法，如俄罗斯人、日本人、弗吉尼亚和巴西的土著人以及大部分南美洲民族，他们会将孩子赤裸地放在棉绳吊床上，或是放在毛皮覆盖的摇篮里。我个人以为，这种方法，比我们普遍用的方法要好得多。因为孩子一旦被包裹起来，就会感到不适，甚至痛苦，但他们为了摆脱束缚所作的努力，常常局限于弄乱捆绑身体的衣物，而这不能从本质上改变他们受束缚的状况。这种具有束缚性的绷带，与女孩子青春期戴的胸罩很相似，这种人们用以支撑身体、防止变形，但的确会令人不舒服的胸衣，带来的只是适得其反的不便和畸形。

虽然婴儿在襁褓中乱动可能会对身体不利，但将他们约束在不能活动的状态中对他们同样有害，因为婴儿如果缺少锻炼就会推迟四肢的发育，减少身体的力量。因此，能自由活动四肢的婴儿比在包袱中的婴儿强壮。古代的秘鲁人正是了解到了这一点，才会将孩子放在宽松的襁褓中，让他们可以自由地活动手臂，然后将孩子从襁褓中转移到一个衬垫着衣服的土坑中。这个土坑的高度只到婴儿的腰间，这样一来，婴儿的双手是自由的，而且还能活动脑袋，弯曲身体，不会摔倒也不会弄伤自己。当他们开始迈步时，母亲就会将乳房离得远一些，这样，就可以诱使他们自己走路。有时，小黑人吃奶的姿势很是累人，他们会用膝盖和脚紧紧地夹住母亲的胯部，以支撑自己的身体而无须母亲手臂的帮助，他们会用手扯住母亲的乳房，不断地吮吸着，只要不离口就不会掉下来。这些幼儿第二个月就开始行走了，

□ 母乳

母乳是婴儿成长唯一最自然、最安全、最完整的天然食物，它含有婴儿成长所需的所有营养和抗体。婴儿出生后，因其消化能力非常有限，必须依靠母乳来补充成长所需的能量和营养物质。图为一位母亲正在给孩子喂奶。

确切来说是用膝盖和手爬行。这类练习有助于他们今后用这种姿势迅速地移动，就如用脚跑步一样。

　　当然，只有母性的温柔才能持续地表现出警觉和细微的关怀，我们难道能寄希望于受雇佣的粗俗的奶妈？有些奶妈会将孩子放置一边而几小时漠不关心，更甚者会残忍地不理会孩子的哭泣。于是，这些孩子失望了，他们会竭尽全力地尖叫着，最终即使不生病，也会变得疲劳和虚弱，这样不但有损体质，还可能影响他们以后的性格。还有些粗心、懒散的奶妈经常失职，其中典型的就是，当孩子哭泣时一些奶妈只是晃动摇篮，而不采取有效措施。确实，这种运动可以使孩子分心，甚至平息哭闹声，但殊不知，持续这种运动会使孩子头昏而入睡。此外，过长时间的摇摆还会使孩子因不适而呕吐，甚至因脑袋受到震荡而引起腹泻。

　　在抚慰孩子时，若是已经确认他们不缺什么，就不要将他们摇至头昏脑胀。如果发觉孩子睡眠不足，只需要用舒缓、平稳的动作让他们入睡即可，尽量避免摇摆。为了他们的健康，作为父母，应该让孩子自然地入睡，但是，也不可以让他们睡太久，因为这样会使他们体质变差。对于嗜睡的孩子，父母应将其抱出摇篮，轻手轻脚地弄醒他们，给他们听愉快而温和的声音，让他们看看发光的物体。

　　孩子的眼睛，总会朝向最亮的一点，但如果只有一只眼睛能捕捉亮光，那么就会导致另一只眼睛的视力受到不良影响。为了避免这种状况发生，父母应该将摇篮放在光线从脚照过来的方向，或是光亮来自窗户或烛台的地方。这样，孩子的两只眼睛就能够同时接收光亮，如果一只眼睛活动得比另一只多，那么孩子将来有可能成为斜视，关于这一点（用眼不均衡是造成斜视的主要原因）科学界已经有所证明。

　　在婴儿最初的两个月，母亲最好用母乳喂孩子，尤其是体质虚弱和有轻微消化不良的婴儿更需要母乳，其次，在新生儿出生的第三、四个月时，也不要喂给他其他食物。如果在孩子出生的第一个月内喂了母乳之外的其他食物，那么他不论看上去多么强壮，其自身都会存在很大问题。在荷兰、意大利、土耳其和地中海东岸的大部分地区，婴儿在一岁之前都只吃人奶。加拿大某些土著居民的孩子会一直吃奶到四岁或五岁，有些甚至到六七岁。不过在这些国家，也有些哺乳者因为没有足够的奶水喂养自己的孩子，就节省奶水，有的甚至会从婴儿出生的第一天起，就给婴儿喂一种面粉和奶的混合物。这种食物的确可以减轻婴儿的饥

□ 读书的孩子

童年的学习对孩子至关重要，它有助于提高孩子的智力，培养孩子的求知欲。以上这幅油画，描绘了一个小女孩在树下认真读书的情景。

饿，但由于婴儿的肠胃刚刚打开，极为娇嫩，很难消化一些粗糙、黏稠的食物，因此这些婴儿常常会感到不适或生病，有的甚至会因为消化不良而不幸夭折。

然而，动物的乳汁有时可替代母乳，比如某些母亲因为缺乏乳汁，或是有些母亲担心自身的病菌会传染给婴儿，但又希望婴儿得到相同温度的合适的奶水，就会让婴儿吮吸动物的乳汁。我曾在乡村中结识过几个没有奶妈、只靠吮吸羊奶长大的农民，他们和其他人一样健壮。

当然，如果是母亲亲自喂养的孩子，在很大程度上会更加强壮，也更加有力，因为母亲的奶比别的妇女的奶更适合自己的小孩。原因在于，胎儿还在子宫时，所吸收的是与其母亲乳汁极为相似的奶状液体，因此他们已经习惯了自己母亲的乳汁，而奶妈的乳汁对他而言则是新的食物，有时这些乳汁甚至与母体的完全不同，从而导致他无法适应。一些婴儿如果不能适应奶妈的乳汁，就会快速瘦下来，变得无精打采，甚至生病。父母一旦发现这种情况，就必须更换奶妈，因为稍不注意，婴儿就会有生命危险。

我观察到，人们对于喂养孩子有种极为普遍的做法——将许多孩子集中在同一地方，如在某个大城市的医院里。这种做法与我提倡的分别抚养法是完全背离的，因为这些孩子中的大部分往往会患上败血症或其他相同疾病。但是如果将他们分开喂养，或是几个一组分散到城市的不同住处（最好是农村），那么，同时患病的概率就会小很多。而且，一个婴儿如果患病，其治病的费用就足够抚养全部的孩子了，因此，我提倡的分开抚养法是极为科学的。

有些孩子两岁时就能清晰地发音，甚至可以重复大人对他说的一切，但大多数孩子两岁半以后才开始说话，有些甚至还要晚些。我注意到，说话晚的孩子往往没有说话早的孩子说话流利，而且说话早的孩子在三岁以前就开始识字了。我认识几个从两岁就开始识字的孩子，他们在四岁时就已经能流畅地阅读了。但我无法确定对儿童进行早期启蒙教育是否真的有用，我们有很多早期启蒙教育失败的例子，很多四岁、八岁、十二岁、十六岁的神童到了二十五岁或三十岁就成了平常人，甚至是傻瓜。因此，我认为最好的教育方法是最普通的、最不严厉的、顺应自然天性的教育方法，这也是最相称的教育方法。当然，这种所谓的相称，是针对儿童自身的弱点而言，而不是针对其优点的。

成年

从童年到成年,男性与女性的差别也逐渐突显出来:男性的成熟主要表现为胡须、阴毛、喉结等的出现,以及肌肉量增大,生理成熟;女性则主要体现为出现阴毛、腋毛和月经,乳房变得丰满,具备生育能力。

从童年到成年是一个很漫长的过渡阶段,在此阶段,人们开始有了自己的思想。他们开始仔细观察这个世界,适应着这个世界的一切规律。他们的身体也开始发生变化:骨骼逐渐成熟,行为也变得敏捷。男性与女性的差别也逐渐突显出来:男性主要表现为胡须、阴毛、喉结等的出现,以及肌肉量增大,生理成熟;女性主要表现为出现阴毛、腋毛和月经,乳房变得丰满,具备生育能力。成年期的个体,脱离了青年末期而进入另一个人生阶段,具有新的生理和行为特质。这些新的改变使个体必须学习新的思维方式和行为模式,他们得有与之前不同的想法和做法,同时连带牵涉许多情绪问题。

在大部分国家,处于这一阶段的人都在学习成人的法则,学习成为一个成人。与此同时,不少年轻人都在这个阶段被赋予各种活动的权利。人类世界大多数国家及地区的法律订立18岁为成年标准。因

□ 成年 雕塑 古希腊

成年期的个体,脱离了青年末期而进入另一个人生阶段,并具备了新的生理和行为特质:男性的胡须、阴毛、喉结等特征变得明显;女性则乳房变大,出现阴毛,腋毛和月经,同时具备生育能力。

此，一旦他们的居民年满18岁，就可以享有各种相应的权利，如参政权、结婚等，但同时也要承担一些义务，如承担法律责任。

人类胜过其他生物，无论身材方面，还是行动。人高大挺拔，具有指挥官的姿态。当人抬头仰望天空时，其威严的脸上铭刻着的是庄严的特征，而且，人的灵魂形象总能用表情表达出来，卓越的天性更使人的面容变得生动；人类伟岸的身姿、坚毅的举止，都在彰显着他的高贵和地位；人类用脚接触地面，从高处俯视大地，似乎对大地不屑一顾；人类的双臂生来就不是身躯的支柱，而是为最崇高的用途服务——能和其他感官系统相互协调起来，共同执行思维的命令，抓住远处的事物，与别人进行拥抱等等。

当人的心灵安静下来时，其面部肌肉就会处于一种静止状态。这些肌肉互相统一，一起清晰地表明思维的和谐，反映着内心的平静。但当人的灵魂激荡时，他的脸就会幻化为一幅生动的图画，各种情感和思维的活动，都会以细腻的肌肉变化表现出来。肢体的行为也能将人的性格表露出来，他的感受往往会先于意愿将他暴露，并且以丰富的面部表情呈现出他内心动荡的情形。

人的眼睛是表达心灵变化的窗口，因此，与其他一切器官相比，眼睛与心灵的联系最为密切，它似乎接触并参与心灵的一切活动。眼睛会表露出心灵的各种强烈的震撼和各种激荡的感觉，也会表现出心灵的各种最细腻的情感。眼睛同时吸收和反射思想的光芒和情感的光辉，因此也能体现思想的感觉和智慧的语言。

我们曾非常顽固地仅从外部看事物，而不去思考这些外部事物会对我们的判断产生怎样的影响，尽管根据事物的外部特征所作出的评判最有力，也更深思熟虑。这就造成当我们面对一个人时，往往会根据其面部表情来判断他的观点，却不注意他的衣着打扮。实际上，一个敏感的人应该把服饰视为自身的一部分，因为在他人眼中，服饰就是穿戴者的一部分，它们组成了人们对于穿戴者的完整概念。

老年与死亡

假如人的一生都过得很好,不害怕身后之事,那为什么要畏惧死亡呢?既然人类的其他阶段已经为衰老作了准备,既然死亡与生命一样自然,既然二者以同样的方式发生在我们身上,都是那样难以感受和无法预测,那么,人类又为何要恐惧死亡这一时刻呢?

在自然界中,所有事物都会变化、变质、消亡,人也是如此。人的身体一旦达到完美程度,就会开始衰退,这种衰退一开始是不易察觉的,直到好几年后我们才会发现较大的变化。然而,我们比那些只会估算年轮的人更懂得年龄的分量,因为既然别人根据我们外在的变化来推断都不会弄错我们的年龄,那么,若是我们自我观察仔细,或是能真正地去了解产生外部变化的内因,也就更容易弄清自己的实际年龄。因此,我认为别人对我们年龄的判断,都不及我们自身的判断。

当人体在高矮胖瘦等方面发育完成后,人的皮下脂肪的厚度就会增加。而皮下脂肪厚度的增加,表明身体开始衰退,因为这种增加不是身体各部位的继续发育(身体不会因此而更加活跃),而是身体过剩物质的简单累积。皮下脂肪的增加通常在人处于35~40岁时发生,这时人的皮下脂肪会持续增加,这就致使身体在运动中越来越不能轻盈自如,之后人的生殖能力也会衰退,四肢会变得笨拙并逐渐失去

□ 老年 油画

人到中年后,皮下脂肪会持续增加,生殖能力衰退,四肢笨拙。人体纤维失去弹性,皮肤松弛,皱纹不断增加,牙齿脱落,身体弯曲。人的骨头变得坚硬,失去年轻时骨头的柔韧,所以老年人骨折后,恢复所需的时间比年轻人长得多。

力量。

此外，人体的骨头和身体其他部分，在身高和体重得到完全发育后，会变得更加坚实。身体内部以前用来促进器官生长的营养物质，此时也只是用来增加脂肪的厚度，并且沉淀在这些器官的内部。于是薄膜变成软骨，软骨变成骨质，骨质则变得更坚实。人体的所有纤维都逐渐变得更坚硬，皮肤变得干燥、皱纹开始形成、头发变白、牙齿脱落、脸部变形、身体弯曲。以上的这些身体变化在40岁前就可以觉察到，但要在60~70岁时才逐步明

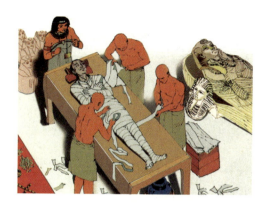

□ 死亡

古埃及人认为，人死后灵魂会到另一个世界生活，要想保护灵魂，就要保存肉体。古埃及的祭司们在法老死后，将其制成木乃伊，安葬在干燥的环境中。这种高超的防腐技术和干燥的沙漠气候，使法老们的尸体在四五千年后仍然保存完好。

显，从70岁开始，器官功能会衰老得越来越快，随着衰老的继续，人们的生命一般在90~100岁之间就会终结。

假如人的一生都过得很好，不害怕身后之事，那为什么要畏惧死亡呢？既然人类的其他阶段已经为衰老作了准备，既然死亡与生命一样自然，既然二者以同样的方式发生在我们身上，都是那样难以感受和无法预测，那么，人类又为何要恐惧这一时刻呢？那些经常看到人的弥留，并惯于观察濒死之人行为的神甫（神父）和医生都承认：除了极少数人由于急症引起的痉挛而死于痛苦的折磨之外，一般情况下都会安宁地、平静地死去。因此，我们可以断言，死亡的恐怖比折磨人的病痛更让旁观者惧怕。大部分人在目睹病人垂危后都会记得当时的情景，更别提死者家属了。

许多人在即将死亡时都已失去知觉，只有少数人将知觉保留到最后那一瞬间。一个不知自己是否患上不治之症的人，可以根据家人的不安、朋友的眼泪、医生们的神态等来判断自己的病况。虽然这些细节会让他警觉，但他从未真正意识到自己的生命已经到了尽头。病人只关心自己，不相信他人的判断，他认为没必要惊慌。只要还有知觉和思维，病人就只从自己的角度去推理。一切都会消亡，只有希望依然存在。

□ 阿拉伯老人
赫尔马·勒斯基 摄影 1935年

画面中的人物颧骨突兀，眼窝下两片浓黑的阴影，嘴唇周围的胡须像卷曲的钢丝，硬生生地扎在沙漠般的脸上，一种苦难的表情让人不禁想起受难的耶稣。法国摄影家赫尔马·勒斯基以一种化平凡为神奇的肖像摄影魔力，淋漓尽致地展现了阿拉伯老人的性格特征。

如某个病人，尽管他会上百次地对你说他感到了死亡的威胁，也清楚地感知到自己不能继续生存下去了，可当有人出于好心或由于不慎告知他的生命即将终结时，会发现他的反应是十分意外的，他并不相信他人说的话，因为他从未真正承认自己将会死去。他只是对自身的处境感到怀疑和不安，并不认为事情真的会变成那样。

死亡并非我们想象的那般可怕，只是我们把它想得太坏。死亡似乎是一种令人恐惧的鬼魂，离得越远就越使人恐惧；一旦走近，它就消失得无影无踪了。正因如此，我们对于死亡的认知也只是一种虚假的概念——我们不仅把死亡看作是最大的不幸，还认为它是伴随着最大痛苦和煎熬的一种恐惧。有时，我们甚至试图在想象中放大这些恐怖的形象，在对痛苦进行思考的同时进一步增加恐惧。有人说，在灵魂脱离肉体的时候，生命或许也到了尽头。时间的另一种衡量是思维的延续过程。当这些想法因强烈的痛苦而迅疾地闪过时，痛苦只是瞬间；而如果这些想法在我们处于平静的心态时出现，那么它持续的时间就要长得多，可能比一个世纪还要长。这样的哲理，在哲学方面极为常见。它对人类关于痛苦的看法产生了影响，使想象中的死亡比实际的死亡更可怕，因此，我们必须揭开这些虚伪观点的真面目。

对于这个题目的论述，只是为了努力反驳一种与人的幸福观截然相反的偏见，而我就曾遇到过这种情况的受害者。这些可怕的警报，似乎只是发给那些因受过教育而变得敏感的人，而憨厚朴实的乡下人，却总能毫无惧色地面对死亡。

真正的哲学就是正常地看待周围的事物。人的内心情感与这种哲学会始终一致，除非被我们的幻象所侵蚀。生命的彼岸既没有什么可怕的，也没有什么可爱的，但我们依然要勇敢地、智慧地从近处看待它。

第 2 章
人类本性的丧失——习俗的恶果

CHAPTER 2

　　布封对社会的种种罪恶习俗深恶痛绝，他向往的是合理、公正的社会。在他看来，人的本性是美好的，世界也可以被建成称心如意的居住之地，世界上的罪恶都是有害的制度和社会习俗所造成的；迷信、成见和愚昧无知是人类的大敌。他主张一切制度和观点要在理性的审判庭上受到批判和衡量。他从社会习俗对男性和女性的迫害及束缚开始论述，把残害人性的社会习俗以直观的形象披露出来。

割礼——习俗对男性的迫害

> 伴随着青春期的到来而出现的割礼、阉割、童贞和阳萎,与人类历史有着紧密的联系,是我们无法回避的事实。如果我们打算努力地、恰如其分地来介绍这些情况,那么,我们的描述就应该如同亲眼目睹一样,具有一种冷静的哲学态度。

青春期是紧随着少年期而到来的一个时期,对于这一时期的人,大自然不仅开始雕凿其外形,还提供了成长发育所必需的东西。青春期的孩子默默地生活着,甚至可以说是过着一种极为奇特的生活——他们弱小,自我封闭,不能交流。不过生活会很快变得丰富多彩起来,他们不仅会有自我生存的必需品,还会给予别人生存的东西。青春期的人们所具有的这种旺盛的生命力量和健康的源泉不仅存在于体内,还会以各种信号向外扩展。

因此,我们可以把青春期看作是自然天性的春天,是人一生中最快乐的季节。然而,这一时期有些东西是我们不可忽视的,那就是伴随青春期的到来而出现的割礼、阉割、童贞和阳萎。由于它们与人类历史有着紧密的联系,因此我们无法回避,若我们打算努力地、恰如其分地来介绍这些情况,那么,我们的描述就应该如同亲眼目睹一样,具有一种冷静的哲学态度。

割礼,是一种古老的习俗,现在亚洲的大部分地区依然存在。不同的国家举行割礼仪式的时间是不同的:希伯来人会在婴儿出生后的第八天进行该仪式;土耳其人则会等到孩子七八岁后或是十一二岁才进行;古代波斯,孩子五六岁时就会进行割礼。割礼后,人们通常会用碱粉或收敛药粉使伤口愈合,夏尔丹人则认为烧过的纸灰对于伤口愈合是最好的药。在马尔代夫群岛,孩子七岁时就会被实施割礼,在仪式举行前,他们先将要进行手术的孩子在海水中浸泡六七个小时,使其皮肤变得柔软。至于割礼时使用的刀具,古以色列人用的是石刀,犹太人则至今仍然沿袭这一风俗。

割礼并非都是一种宗教仪式,在某些地区,人们会对一些患病者实施割礼,比如土耳其人和其他一些民族，他们沿袭割礼这一习俗是同一种目的——割断包皮，阻止其生长过长。拉布莱说，他在美索不达米亚和阿拉伯沙漠以及底格里斯河和幼发拉底河沿岸，看到过许多阿拉伯男孩的包皮因长得过长而采取割礼，他认为，如果一些民族的男孩包皮过长，会导致这些民族的后代丧失繁殖后代的能力。

此外，还有一种割礼是对女孩而言的。在阿拉伯和古代波斯的一些国家，例如古波斯湾和红海的沿岸地区，女孩会像男孩一样被施以割礼。但这些民族只在女孩子过了青春期之后才对她们进行割礼，因为在这之前是没有必要的。在其他地区，例如，贝宁河两岸的一些国家，由于幼儿的小阴唇长得过快，他们会在女婴出生后的8~15天对她们实施割礼，当然，对男婴的割礼也是在这一时间段。在非洲，对女孩子进行割礼的习俗很久远，希罗多德[1]曾经把它当作埃塞俄比亚人的一种社会习俗来论述。

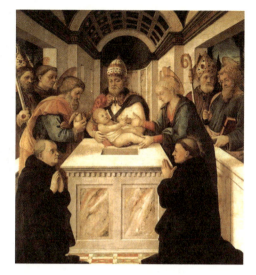

□ 割礼

割礼是一种古老的习俗，主要流行于希伯来地区。希伯来人在男孩出生的几天后便举行割礼仪式，有的民族会稍稍延后，但都会在男孩成熟前举行。至今，犹太地区仍然流行着这一风俗。图为出生不久的犹太婴儿正在举行割礼。

在生理需要的基础上，割礼自然是可行的，因为这样至少可以清洁身体。然而，锁阳和阉割的仪式，则完全是出于嫉妒，这些野蛮而可笑的手术都是在邪恶和迷信中产生的。有些人甚至还为这种违反人性的卑鄙的嫉妒制定出了残忍的法律，让人们认为这种无耻的剥夺是一种美德，认为这种对身体的残害是值得颂扬的。

所谓锁阳手术，是将男孩子的包皮前拉，用一根粗绳子从中穿过，绳子一直

---

[1] 希罗多德：希腊语，公元前5世纪（公元前484年—前425年）的古希腊作家，他把旅行中的所见所闻，以及第一波斯帝国的历史记录下来，著成《历史》一书，成为西方文学史上第一部完整流传下来的散文作品。他是西方文学的奠基人，人文主义的杰出代表。

□ 阿伯拉尔

阿伯拉尔是中世纪赫赫有名的人物，中世纪文艺复兴鼎盛时期的主将、经院哲学的奠基人之一。作为传教士的阿伯拉尔爱上了17岁的少女爱洛依丝，这在当时是违背道德的。爱洛依丝的家人在愤怒之下，将阿伯拉尔阉割，爱洛依丝也被送入修道院。

留到形成伤疤后再用一个硕大的环来代替，这个环会一直留到实施该手术的命令者满意为止，有时甚至是终生。在东方的一些僧人中，一些人为了表示贞洁、不违反戒律，也会戴一个很大的环。稍后我们会谈到对于女孩子的锁阴，我们很难弄明白这些男人是出于感情，还是出于迷信。总之，这个问题让人觉得奇怪而可笑。

处于童年时期的男孩，其阴囊里有时只有一个睾丸，甚至一个也没有。但我们并不能因此而断定，处于这两种情况下的年轻人生理不正常。因为睾丸经常会隐藏在腹部的肌肉里，随着时间的流逝，逐渐地逾越阻碍垂到正常的位置，这在医学上被称为"隐睾"。这种情况出现在8~10岁或青春期的男孩身上都属于正常情况，因此没有必要为那些只有一个或一个睾丸也没有的孩子焦急、担心。成年人出现这种情况则是极少的，或许是因为大自然想努力地让睾丸在青春期长出来，所以一些出现此类情况的人，他的睾丸有时会在剧烈的运动中跳出或脱出。不过，也会出现一些人的睾丸一直不出来的情况（也许是因为遗传），但这对身体不会产生不良影响，反之，他们有时甚至会比其他人更健壮。有些男人只有一个睾丸，但这种缺陷是不会影响生殖的，我们注意到，单个的睾丸通常会比一般的大许多。也有些男人拥有三个睾丸，一般认为这样的人身体更健壮、更有力量。仔细观察动物，我们会发现，这个部位代表了力量和勇气。

阉割也是一种古老而流行的习俗，它曾作为古埃及人对犯罪的成年人的一种惩戒。在古罗马及整个亚洲和大部分非洲地区，曾有许多被阉割的宦官被统治者利用来看管自己的女人。非洲西南部一些民族的男子会割去一个睾丸，他们认为这会使自己跑起步来更加轻盈；在其他一些国家，一些穷人也会阉割自己的孩子，使他们丧失生育能力，这样做主要是为了不让这些孩子有朝一日陷入像今日父母无力抚养他们的困境。

阉割方式有好几种，例如，那些希望得到完美嗓音的人会割去两个睾丸，但是那些疑心重重、满腹嫉妒的帝王们，对割去两个睾丸的宦官看管他们的女人仍不放心，他们要求宦官割去整个外生殖器。但切除术并不是抑制睾丸生长的唯一被应用的方法，过去，人们也会在没有任何伤口的情况下摧毁它。如把孩子浸在热水和草药的煎汁中，然后长时间地挤压和冷却睾丸，这样就会摧毁睾丸的机能。另外还有一些方法，例如用器械挤压睾丸等。

从科学的角度来说，睾丸切除术并没有太大生命危险，而且在各个年龄阶段都可以施行，其中以童年时期最佳。曾经有位历史学家说，在土耳其和古波斯，施行直接切除睾丸的人，要比用其他方法的人多五六倍。但把外生殖器完全切除是很危险的。生殖器完全切除术常常伴随着强烈的痛苦，尽管这种手术在童年阶段实施还比较安全，但在15岁之后，就变得十分危险了，只有四分之一的人能幸免于难，并且这四分之一的人也必须花六个星期左右来养伤。但皮埃托·德拉·瓦勒的说法则完全相反：在古波斯，一些犯强奸罪和其他重罪的人不论多大年龄都会受到阉割的处罚，手术后也只是在伤口上撒些烟灰，但伤口愈合得也非常好。我们无法了解，古埃及那些同样经历了这种惩罚的人，是否像西西里的边奥多尔叙述的那样能幸免于难。据泰弗诺说，土耳其一些被阉割的黑人经常大批死亡，而且都只是一些8~10岁的孩童。

除了黑人宦官外，在君士坦丁堡、土耳其、古波斯等地，还有些其他人种的宦官，他们大部分来自东印度戈尔孔达邦、恒河半岛、阿萨姆邦、东缅甸王国，还有些是脸色灰暗的西印度马拉巴尔邦人和橄榄肤色的孟加拉湾人，此外，还有少数来自格鲁吉亚和北高加索的白人。塔韦尼埃说，仅1657年，戈尔孔达邦就出了约22 000名宦官。一些黑人宦官主要来自埃塞俄比亚，这些人因为在当时看来最丑陋，所以也最受欢迎，价格也最昂贵。

只割除了睾丸的宦官，剩下的部分不会受到损害，但那部分此后会一直处于手术前的状态。比如，某人7岁做宦官，那么到了20岁，他的生殖器还会是7岁儿童时的状态。而那些在青春期或更晚些做手术的人，其生殖器与正常形态差不多。

生殖器部分与喉咙部分有着我们不知道的奇特关系，比如宦官没有胡须，他们的嗓音或洪亮或尖细，都不低沉。人体上某些器官相距很远，但完全不同的部位之间却有着一定联系，以上例子，已经明确地说明了这一点，并且已经被普遍地注意到了。但当我们对其因果关系毫不怀疑时，就无法注意到种种现象。

贞操——习俗给女性的枷锁

贞操是精神本质，本是心灵纯洁的一种道德表现，现在却演化为男人对生理对象的占有。他们为此确立了一系列的规则，例如舆论、习俗、礼仪、迷信，甚至审判和惩罚也强调它的重要性。

到了青春期，人的身体才开始真正生长，这时小孩子几乎一下子就长高了几寸，但这并不意味着身体的每个部位都是如此，相比之下，通常只有生殖器官长得最快、也最敏感。但这种增长表现在男性身上，只是身高的变化或是力量的增加；而在女性身上，则产生了人们谈到贞操时必谈的处女膜。

很多恐惧失去初夜权的男人，总是非常看重处女膜，他们认为自己应该是这个女人的第一个也是唯一的占有者。男人的这种狂热决定了少女贞操重要的真正本质。贞操是精神本质，本是心灵纯洁的一种道德表现，现在却演化为男人对生理对象的占有。他们为此确立一系列的规则，如舆论、习俗、礼仪、迷信，甚至审判和惩罚也强调了它的重要性。对于贞操，那些最违法的滥用权力的行为，以及最无耻的习俗都被人们接受，女人们不得不允许无知的稳婆检查自己的生殖器，将身体最隐秘的部分展现在有成见的医生面前——她们从没想过这是对贞操的奸淫和侮辱，而不是一种认同。在我看来，让一个女孩被迫接受所有感到羞愧的、可耻的下流场面，才是真正

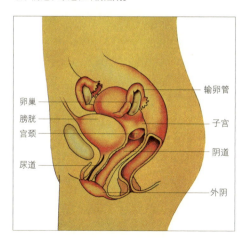

□ **女性生殖器**

女性的生殖器由输卵管、卵巢、子宫、膀胱、宫颈、阴道、尿道和外阴组成。

地破坏童贞。

我不奢望能推翻人们对这个问题所形成的可笑偏见，因为人们对乐意相信的事情总是坚信无疑，无论这个事情是多么的虚幻和不合理。因此，在我的《人类史》中，我不可避免地要谈到追寻贞操是否真正存在，或者贞操是否只是虚构的崇拜对象而已。

法洛普和其他几个解剖学家认为，处女膜的存在是事实，不过它只是女人生殖器官的一部分；他们还认为，这层膜是肉质的，幼女身上的处女膜很薄，而成年少女身上的要厚一些。它分布在身体的尿道口下部，封闭了部分阴道，但其中间有个圆形的口，童年时期这个口如豌豆大小，到了青春期则大如蚕豆。温斯洛夫先生则认为，处女膜是多少有点儿环绕状的薄膜皱壁，或宽或窄，或厚或薄，有时还会呈半月状，其中间的口有些很小，有些则很大。

昂布鲁瓦兹·帕雷和其他几个同样著名、可信的解剖学家，则持相反意见，他们认为处女膜的存在一种幻想，并不是女人身体的一部分。他们在各个年龄层的女人身上进行观察和解剖，结果证明并未找到处女膜，他们承认，仅仅有过极少几次看到分叶状的肉阜薄膜，但他们强调，这是一种不自然的存在状态。解剖学家们对肉阜的质量和数量并没有统一答案：这些是否只是阴道的粗糙处？与阴道是否有区别？或者只是处女膜的剩余部分？数量又是多少？处女时的薄膜是一层还是多层？这些问题早已被提出，但回答五花八门。

这种由简单观察而来、自相矛盾的观点，证明了有很多人希望在人体内找到事实上只存在于他们想象中的东西。因为有几个解剖学家已经确认，在他们解剖过的女人身上，包括青春期前的女孩，从未发现处女膜或肉阜。就连那些持相反观点、认为处女膜和肉阜确实存在的人，也确认处女膜和肉阜并不总是一样。在不同的人身上，处女膜的形状不同，宽度和坚硬程度也不相同。通常，并不存在处女膜，只有由一个或两三个肉阜组成的薄膜，不过这层薄膜缺口的形状也都不同。我们能从这些观察中得到什么结论？只能得出阴道入口狭窄的原因不确定，以及肯定有某种因素决定着这种情形。除此之外，还有其他结论吗？

阴道入口的狭窄因人而异，并且由于各部分增长厚度不同，会有不同的形状。正如解剖学家所叙述的那样，有时是两个突起的肉阜，有时则会是三四个，但也经常出现环绕或半月形，甚至是皱缩成一连串的小褶皱。不过许多解剖学家没有提到，某些狭窄入口的形状只会出现在青春期阶段。我曾经看到一些被解剖

□ 初夜权

初夜权是欧洲中世纪存在的一种封建主强制地与农奴的新娘同宿第一夜的特权。初夜权为群婚的残余，并在中世纪欧洲一些国家公然用法律作了规定，国王也拥有贵族和大臣的新娘的初夜权。直到资产阶级革命胜利，初夜权才逐步被淘汰。

的女孩尸体，她们身上根本就不会出现这种情况，我了解她们，并知道她们在青春期前就有了性行为。如果发生性行为的双方年龄差不多，或动作不粗暴，就不会流一点儿血。相反地，如果女孩子正处于青春期和生殖器官发育时，轻轻一碰就会导致出血，特别是那些身姿很丰满、月经也正常的女孩；而那些纤瘦或有白带的女孩通常不会出现这种现象。这些都很好地证明了出血只是迷惑人的现象。一些女孩子在性生活中断一段时间后，处女膜又会重新长出；女孩子在刚过性生活时会流许多血，即使中断一段时间后再过性生活仍然会出血。就算初期的性生活持续了几个月，且很亲密、很频繁，但是只要这种性生活停止相当长的时间，处女膜就会重新恢复到最初的状态，身体流血的现象也会重复出现。因此，一些失身的女人不止一次地使用中断非法性关系一段时间的伎俩，来迷惑自己的丈夫。尽管我们的社会让某些女人在这个问题上变得很不诚实，但确实有不止一个女人承认我所论述的事实。在两到三年的时间内，所谓的处女膜可以重新恢复四五次。但这种修复只会出现在特定的年龄阶段内，一般是14~17岁，少数是15~18岁。如果身体完全发育成熟，所有器官也全部处于正常状态，要恢复处女膜就只有使用特别的补救措施，或是使用我将要谈到的方法。

处女膜能重新恢复的女孩子与那些不能重新恢复的女孩子相比，并不占多数，因为只要稍微出现身体不适，如痛经、阴道潮湿或白带过多，就不能再形成任何狭窄入口或褶皱。阴道在持续发育，但由于总是潮湿，所以不够坚硬，也就无法愈合起来形成肉阜、肉环或是褶皱，所以这类女性，在最初被进入时，只会

□ 一夫多妻制

一夫多妻制，指一个男子同时娶几个女子为妻的婚姻形式。该制度始于母系社会后期，为父权制婚姻形式的特点。父权制婚姻形式下，为了满足一个男人的欲望，需要牺牲好几位女性的爱情和婚姻。在今天的阿拉伯国家，这种不平等的一夫多妻制依然存在。

感到有障碍但不会出血。

没有什么能比男人对这个问题的偏见更荒谬的了。一个女孩子如果在青春期前同男人发生第一次性关系，并不会影响到她的贞操，当她中断性生活一段时间，又保养得好，就不会缺失处女的任何一个特征，当她们重新发生性关系时依然会出血。她们在失去了童贞之后仍可成为贞女，甚至能够连续好几次成为贞女。在同样的情况下，一个事实上是处女的人，却有可能不会成为贞女，至少在表面上不完全是。因此，男人们不应该再关注这个问题，更不要经常沉湎于依据想象所产生的、不公正的怀疑或错误的喜悦之中。

如果想要找到一个有关女人贞操的明显可靠的范本，我们必须到那些未开化的民族中去找。这些民族，由于无法通过良好的教育来让自己的孩子知道有关操守和名誉的概念，就用野蛮的习俗来确保女孩子的贞洁。如非洲的一些民族、埃塞俄比亚人、南缅甸和阿拉伯半岛中部的居民，以及某些亚洲民族，在女婴刚出生时，就将女婴身体上的生殖器官封闭，只留一个小口用于排泄，随着年龄的增大，肌肉被箍得越来越紧，到了结婚时，就不得不将它切开；也有些民族用石棉绳对女人进行锁阴，因为这种绳子的质地决定了她们无法作弊；有的民族则在女人阴部戴上一个环。为了证明自己的贞操，女人和女孩一样，都必须接受这个具有侮辱性的习俗——被迫戴上一个环，但唯一的区别是，女孩子的环无法打开，女人的环上则有把锁，只有这个女人的丈夫才有钥匙。当然，这些野蛮民族的习俗根本无须举例，因为在我们身边就有同样的例子。我们这些所谓的文明民族，对于女人的贞操具有敏感的目光，这与那些粗野而罪恶的环锁不正是一样吗？

然而，不同民族的审美观和习俗具有很大差别，人类的思维方法也有着极大的不同。一方面，如我们刚才讲到的，贞洁是由男人创造的，他们小心翼翼地预防，并采取各种卑劣的手段来确保女人的贞洁，但另一方面，我们是否意识到，有的民族并不重视这种所谓的贞洁，反而把女人被剥夺贞洁所遭受的痛苦，看作是过于拘泥小节。

迷信的行为，导致一些民族将处女献给他们崇拜的祭司，甚至把她们当作对偶像崇拜的祭品。如印度西部有些部落的祭司就有这种特权，在果阿加那利群岛[1]，处女自愿或被亲人胁迫向身强力壮的人出卖自己的贞操。不过以宗教的观点来看，这些民族的这种盲目迷信会导致荒淫无度；而宗教中所谓纯人性的观点，则鼓励教徒将女儿殷勤地奉献给他们的长官、主人和国王。加那利群岛和刚果王国的居民，就是以这种方式让自己的女儿出卖肉身，但这种行为却不会有损她们的名声。在土耳其、古波斯、亚洲和非洲的几个国家也是如此，大臣们对于国王赠送的失宠的女人感到万分荣幸。在缅甸阿拉干邦和菲律宾群岛，若一个男人娶到一个没有失去童贞的女人就会觉得自己的名誉受损，因此他会花钱雇人来充当临时丈夫。而在某些地方，母亲总是寻找外乡人，迫切地请求他们与自己的女儿发生关系。拉普人也希望自己家的女孩同外乡人交合，他们认为这样的女人最有魅力，因为她们能取悦比他们更内行、更有鉴赏力的外乡人。在马达加斯加和其他一些国家，那些最放荡、最抢手的女人，通常都是最早结婚的女人。关于这些源于道德败坏和野蛮的奇特嗜好，还有许许多多的例子，在这里就不一一列举了。

男人在青春期过后自然要结婚。通常，一个男人只能拥有一个女人，就好比女人只能拥有一个男人。这也是自然法则，因为男性的数量与女性的数量相差不多，理性、人道主义、司法等都对丑恶的一夫多妻现象提出抗议。如果为了成全一个男人粗暴、傲慢的感情，就必须以牺牲几个女人的自由和爱情为代价，那么无疑是一种不公正，甚至残忍的做法。

和其他一些信仰理性和宗教的民族确立婚姻，对男人来说无疑是最好的情

---

[1] 加那利群岛：西班牙飞地和自由港。位于非洲西北部的大西洋上，非洲大陆西北岸外火山群岛。东距非洲西海岸约130千米，东北距西班牙约1 100千米。距摩洛哥西南部海岸约100～120千米，分东、西两个岛群。东部岛群包括兰萨罗特岛、富埃特文图拉岛及6个小岛屿；西部岛群包括特内里费岛、大加那利岛、帕尔马岛、戈梅拉岛和费罗岛（又称耶罗岛）。该岛面积7 273平方千米，人口136万（1982年）。

形,他可以更好地使用自己在青春期内获得的精力。但如果他坚持独身,这些精力反倒会成为他的负担,有时甚至会很痛苦,因为精液滞留太久会引发疾病。禁欲,不论是对男性还是女性而言,都会或多或少地引起强烈的生理刺激,以至于理性和宗教的束缚也无法抑制这种冲动,它会使男人如同兽类。因为他们一旦意识到这种情况的存在,就会变得疯狂,难以遏制。

这种刺激在女性身上则表现为子宫的狂躁,随之而来的还有精神混乱,以及毫不羞耻地开色情玩笑,做下流举动。我一直记得亚里士多德描写的一个小姑娘,我把她的行为视为一种现象:一个12岁小姑娘,长着棕色的头发,面色红润,小巧玲珑,但已经显出体态丰盈的迹象,她一看到男人就做最猥琐的动作,完全不理会有母亲在场和别人的指责,就连惩罚都不能阻止她。但是她并不是没有理智,因为当她与女人在一起时,她那令人讨厌的病症就会消失。亚里士多德认为,这个年龄是生理欲望最强的阶段,必须小心翼翼地看管女孩子。这种现象在其生活的气候环境里可能真实存在,但是在气候较冷的国家,女人很迟才会表现出这样强烈的欲望。

不过,大部分女人在正常情况下会让这种生理欲望顺其自然,至少是平静的。同样,也有些男人认为所谓的贞洁是没有丝毫价值的。我认识一些以身体健康为乐的人,他们活到25、30岁,并没有因为自然本能而产生迫切的欲望,因为他们会用许多方式来满足自己的欲望。

此外,纵欲其实比禁欲更令人担忧。荒淫无度的男人中不乏这样的例子,有些人丧失了记忆,有些人失明,还有些人脱发,有些人甚至虚脱而死。但是,智者也无法过分警示年轻人,让他们了解到自身对健康所犯的无法弥补的错误。有多少人会在30岁之前不去充当男人?或者至少不去显示雄性?又有多少人在15岁到18岁时就染上了难以启齿的不治之症?

习俗对女性的压制

> 女人虽然经常伴随在男人身边,却远没有男人那样有力,但是男人凭借力量所做的最大的事情,通常也是他们最大的恶习——常常以暴君的方式奴役或者对待人类的另一个性别,即生来就是为了与他们分担生活苦乐的女人。

在我们之中,有时会出现某些力大无比的男人,但具备这种大自然恩赐的人,在文明社会中只是具有一种微不足道的优势罢了。因为在这里,精神比身体更重要,体力劳动只是社会底层人所从事的劳作。然而,当他们将这个优势用于自卫或做有益的工作时,就会显得十分宝贵了。

即便如此,力大无穷的男人,他的力量在文明社会中也并非出类拔萃,因为随着技术的进步,娇弱的女人同样能肩负起原本属于男人的职责。虽然女人没有男人的力气,但这在一定程度上似乎变成了优点。男人凭借力量所做的最大的事情,通常也是他们最大的恶习——常常以暴君的方式奴役或者对待人类的另一个性别,即生来就是为了与他们分担生活苦乐的女人。

这些野蛮的男人迫使自己的女人们不停地工作,让她们种地、做苦力,自己却懒洋洋地躺在吊床上。即使下床外出也只是为了去打猎或捕鱼,甚至无所事事地站立几个小时。因为野蛮人不懂得什么叫散步,如果他们看到我们直线来回地漫步时,就会惊讶万分,因为他们无法想象居然还会有人

□ 卡亚尼族妇女

　　缅甸的卡亚尼族人认为,女子的脖子越长越美丽。因此,卡亚尼族妇女都用金属圈套在脖子上,使脖子拉长。

□ 印第安人的扁头

印第安婴儿一降生就要施洗,之后头上就要被绑上头板(一种专用的夹头形木板)。这副头板要在婴儿头上固定若干天,等到取下后,孩子接下去一辈子都会保持扁平的头形。正因为此,印第安人的脸才比常人更显宽大。

去做这些如此无用的运动。所有男人都喜欢偷懒,而热带地区的野蛮男人最为懒惰,他们对待女人也是最为凶狠的,总是以一种极其苛刻的态度要求女人侍候自己。

女人获得平等,也仅是在开化的民族和文明的国家中,并且这种平等也只是出于文明社会的自然性和必要性。女人是温柔与和平的象征,她们反对武力,以自身的谦逊使我们认识到,美的力量要大于残暴的武力。但是要发挥这种美的力量必须有技巧,因为不同民族对于美的认识是截然不同的。我们完全有理由认为,女人善于取悦人的艺术要比大自然的恩赐重要得多。虽然男人们对美的看法有些不同,但对所渴望的事物的价值观却比较统一,他们一致认为越难得到的东西价值越高。女人一旦懂得自重,知道拒绝那些想以其他方式,而不是通过感情来追求她们的人,才会更美。

古人的审美趣味与我们不同。在他们看来,小巧的前额,眉毛连接到几乎分不开的程度,才是女性面貌美的标志。现今波斯地区的人们,仍然认为相连的粗眉才是女性美丽的主要特征;在印度,某些城邦则认为黑色的牙齿和白色的头发才是美的象征。正因为如此,生活在马里亚纳群岛上的女人们,其主要活动之一,就是用药草将牙齿染黑,用某些特制的药水将头发染白。在日本等东部亚洲国家,脸若银盆、眼如丹凤、塌而宽的鼻子、细小的脚以及肥大的腹等都被认为是美的标志。美洲的印第安人将孩子的前额和后脑勺绑在木板之间挤压,使他们的脸比天然长成的更为宽大;也有些民族压平孩子的头,从旁边挤压将它拉长;更有些民族将孩子的头从头顶压平;还有些民族则使它尽可能地更圆。不同民族对美有着不同的见解,甚至每个人对此都有自己的观点和特殊喜好。这种审美趣味可能与人们在儿童时代获得的对某些事物最初的美好印象有关,也可能与习惯或某些偶然性因素有关。

第 3 章
论 人

CHAPTER 3

在论述了人一生的发展过程以及卑恶的社会习俗对人类性情的压制和迫害之后，布封继续对人的表情、本能及双重性进行描绘。他指出，人所有的内心活动都可以从面部表情表现出来；人的生命以及灵魂都只存在于物质之中；人具有双重性，这种双重性来自于人的天性以及与它们行动相反的精神本原——灵魂和纯物质本原，即动物本原。

人的表情

> 人类所有外在情感都是来自内心活动,且大部分都与意识表现有关,它们能够通过身体运动,尤其是面部表情表现出来。因此,我们可以通过一个人的外在表现来揣测他的心中所想。

　　人们如果突然想到一件热烈渴求或深感遗憾的事,就会感觉到体内一阵颤抖或抽搐。这种运动源自肺——肺部提起,引起急促的深呼吸,当人们感受到了这种激情,却发现现实根本无法满足时,就会反复叹息,于是表现内心痛苦的悲伤就会接踵而至;当内心的痛苦沉重而剧烈时,就会产生眼泪。

　　当空气通过肺部的抽动进入胸腔,又通过抽动形成反复的叹息,这时每次吸气都会产生出比叹息更响的声音,即抽泣。抽泣声比叹息声交替得更快,在抽泣中还能听到一些嗓音,不过这种嗓音在呜咽呻吟时会显得低沉,这时连续的抽泣、呼气和吸气发声缓慢,含糊不清的呜咽声反复延续,这种声音因引发的悲伤、痛苦和沮丧程度的不同而或长或短,但总会重复几次。吸气的时间也就是呻吟时的空隙间断,一般来说这些时间的间隔都是相同的。号哭是用力放声地呜咽,有时它保持同一音调,特别是在尖声呼喊时。当然,它有时也会以低音结束,这种情况通常是因为哭得精疲力竭了。

　　笑声是断断续续的、比较突然的声音,是由于上腹急剧起伏所引起的扭动而产生的。有时为了便于发笑,人们必须低头前倾,胸部收缩,保持不动,嘴角向脸颊两边张开,脸颊收缩、鼓起。在大笑和其他剧烈的表情中,嘴唇都张得很开;但如果心情平静温和时,嘴角只是稍微翘向两边,嘴唇并不张开,只有面颊会轻微鼓起。也有些人的脸颊上,在离嘴角不远的地方,会出现被我们称为酒窝的凹陷,它经常伴随着微笑的赞赏和感激而出现。微笑显示出内心的亲善、满意和满足,但有时也是表现轻蔑和嘲讽的方式。不过,狡猾的微笑通常伴随着上唇紧抿下唇的动作。

脸颊是一个不会产生任何动作的部位。除了在某些感情影响下，会不由自主地产生一些红晕和苍白外，它再无任何其他的情感表露。它主要用于形成脸部轮廓，体现出人的相貌，更着重于衬托脸部以及下颌、耳朵和额头的美。

人们在感到耻辱、愤怒、骄傲或高兴时，面部会起红晕；在害怕、惊吓或悲伤时，脸色就会变得苍白。这种脸色的交替是无法控制的，它是内心状态的表达，因此，是属于不受意愿支配的情感现象。然而，有时意愿也是可以支配其他表情的，因为片刻的思考就可以变换情绪，甚至中止脸部肌肉的运动，不过却无法阻止脸色的变化，因为脸色取决于主要器官膈膜所引起的血液运动，而膈膜作用又取决于内在情感。

头部在各种情绪中会表现出不同的姿势和动作，谦虚、羞愧、悲伤时向前倾；疲惫、可怜时则歪向旁边；自负时会向上抬；固执时则挺直不动；惊奇时脑袋后仰；表示轻蔑、嘲讽、生气时，则头部向两边反复摇晃。

人们在表现悲伤、高兴、爱慕、羞愧和同情时，眼睛会突然鼓起。过分丰富的情绪变化会使眼睛张大并变得视线模糊，有时甚至会流泪，不过流泪总是伴随着脸部肌肉的压力而使嘴张开。自然反映的情绪在鼻子上会变得更丰富，眼泪通过内通道流进鼻子，并以一种时断时续的状态不均匀地流淌。

感到悲伤时，人的嘴角下垂，下唇上翘，眼皮挤到中间，瞳孔向上但被眼皮遮住一半。脸部的其他部分松弛，以至于嘴角到眼睛的间隔比平时大，看上去就像脸被拉长了。

感到害怕、惊吓、惶恐和恐惧时，人的额头微微皱起，眉毛竖立，眼睑全力睁大，露出被下眼皮遮住一点的下垂瞳孔，及上面的一部分眼白；同时嘴巴张开，嘴唇收缩，露出上、下两排牙齿。

当表现轻蔑和嘲讽时，人的上嘴唇向一边翘起，露出牙齿，另一

□ 意外归来　列宾　19世纪　俄国

图为19世纪俄国著名画家列宾的名作《意外归来》，画中描绘了一个被沙皇流放的革命者——面容瘦削、满脸胡须、身着囚衣的中年男了，回到家里，妻子又惊又喜，立刻从沙发上站起来，几乎不敢相信这是事实。钢琴前的大女儿及画面最右边的儿子们都感到十分诧异。

□ 少校求婚　费多托夫　俄国

害羞是因胆怯、怕生或怕人嗤笑而心中不安。图为俄国画家费多托夫的作品《少校求婚》：少校在媒婆的引导下来到商人家求婚。画面的中心是商人的女儿，一个情窦初开的姑娘，期盼着美满姻缘，在求婚者到来之际，内心充满紧张和幸福之感；但羞涩的少女，本能地欲避又止，慌乱中将手帕掉落在地上。

边则像是一个微笑的小动作，鼻子向嘴唇翘起的一边皱缩，嘴角后拉，这时同一侧的眼睛几乎紧闭，另一只自然张开，两只瞳孔下垂，好像俯视什么。

在表示嫉妒、狡猾、羡慕时，眉毛会下皱，眼皮上扬，瞳孔向下，上唇翘向两边，嘴角则微微下垂，下唇中间部分上突，与上唇中间部分相碰。

在笑的时候，人的嘴角会向后收，轻微向上扬起，脸颊上半部向上耸，眼睛似闭若开，上唇上翘，下唇下垂，嘴巴放大。在大笑时，鼻子的皮肤也会随之皱起。

臂膀和手，甚至整个身体都能表达情感，它们所表现出的姿势和脸部运动同样能体现内心活动。例如高兴时，人的眼睛、脑袋、手臂和整个身体都会快速地变化；疲惫和悲伤时，眼睛向下，脑袋偏向一旁，手臂下垂，整个身体不动。

情绪的第一反应是独立于意志之外的，但也有一种反应似乎由精神的思考、意志的指挥所决定，它使眼睛、脑袋、手臂和整个身体共同作出反应，这些反应也同样是内心为了保护身体所作出的，或者至少是情绪的需要，而且这也是能够独立将情绪表现出来的附带信号。例如，当表示爱慕、渴求和希望时，人的头会上仰，眼睛向天，如同乞求得到渴望的事物一样。而如果头和身体前倾，表现出向前走路的姿势，则好像拥有接近所渴求东西的所有权，或是伸开双臂去拥抱它、抓住它。相反，在害怕、仇恨和恐惧的时候，我们经常迫不及待地伸出双手，似乎要推开引起我们惊恐的东西，因此，我们常常会不由自主地转动眼睛和脑袋，往后退，一副似乎想要逃离的样子。这些突如其来的动作如此迅速，看似不由自主，其实是避开了我们关注事物的习惯，因为这些动作取决于思维，只是通过身体各部位服从思维命令的快速反应，这也正是人体灵活性的表现。

人类所有外在情感都来自内心活动，且大部分都与意识表现有关，所以它们能够通过身体运动，尤其是面部表情表现出来。因此，我们可以通过外在的表现来判断一个人的心中所想。通过观察脸部表情的变化，可窥视一个人此刻内心的状况，但是内心与外在的物质形象并没有关系，所以我们不能仅仅通过身体的曲线或脸部的线条来判断一个人的内心，丑陋的外貌也会有一颗善良的心。我们不应该通过脸部的轮廓来判断某人品质的好坏，因为这些线条与内心毫无关系，也没有可以建立合理推测的任何相关之处。

然而，古人似乎很喜欢这种具有明显偏见的观点，且在各个时期都有许多人研究所谓相貌知识的占卜术。显然，这些关于相貌的知识只是通过被观测者的眼睛、脸部和身体的动作来猜测其内心活动，而鼻子、嘴唇的形状并不能对内心形状和性情的形成产生影响，就如四肢的高大或强壮同样不能反映人的思想一样。难道一个人仅因为有挺拔的鼻子就会更有才智？那么那些小眼睛、大嘴巴的人就是笨拙的吗？因此必须承认，所有占卜家对我们的预测都没有丝毫根据，再没有什么能比他们从所谓的相术观察中得到的结论更为荒唐的了。

人的本性

> 想要认识自我最为困难的一步，是要做到明确地认识组成人类两种物质的本性：一种是无形的、非物质的、永恒不灭的；一种是有形的、物质的、必然消亡的。

认识和了解自己总是有益的。尽管大自然赋予我们各种器官，但我们只用它们来感知外在世界；尽管我们努力探求超越自我的存在，但忽视了去使用那些丰富的内在感觉。事实上，如果我们真正希望了解自身就必须利用这种内在感觉，因为它是我们进行自我判断的唯一方法。我们似乎已经习以为常地去忽视这种感觉的存在，即使它就存在于人体感官的各种感觉之中，但我们的各种欲望之火已让感官变得毫无生气。

然而，由永恒的物质和稳定的本质所组成的本性总是存在的，尽管日光有时为浮云所遮闭，但它并未失去力量，依然可以为我们指引方向。只要将这些照耀我们、为我们指路的光芒集中起来，那些包围我们的黑暗就会减退。虽然道路并不是一片光明，但至少在我们行进时会有一把火炬引导方向，从而避免我们误入歧途。

想要认识自我最为困难的一步，就是要做到明确地认识组成人类两种物质的本性：一种是无形的、非物质的、永恒不灭的；一种是有形的、物质的、必然消亡的。对于二者，如果我们肯定一种而否定另一种，这种否定又能使我们获得怎样的知识呢？这些否定的表述不能体现丝毫真实、积极的观点。我们首先应该明白，前一种实际上是简单的、不可分割的，而且它也只有一种形式，只能通过思想的形式表现出来；而后者只是能够接受感受的一种形式主体。二者都如同这些器官的本性一样稳定。为了达到对两种实质的初步认识，我们必须赋予它们充分确实的属性，然后对二者进行比较。

虽然我们很少去思考自己的知识来源，但毋庸置疑，我们只能以比较的方法获得知识。而那些无法进行比较的东西，通常也是无法被理解的东西，如同上帝的概念——"他"是无法被理解的，因为"他"是无法被比较的。但是，所有能进行比较的，能通过不同侧面进行观察的，以及所有我们可以进行考虑的，都属于我们知识的范畴。越是容易比较的、有不同侧面便于我们观察的事物，我们了解它的方法就越多，也越容易综合各种观点，并在此基础上形成我们自己的判断。

　　灵魂的存在已经得到证实，或者说它与我们本就是一个整体，对我们来说，存在和思考就是同一件事，与其说这个真理是深刻的，不如说它是直觉的。灵魂独立于我们的意识、想象、记忆以及其他能力之外，对于那些公正地进行思考的人而言，我们的身体以及外在物体的存在都

□ 莎乐美　莫罗　油画　19世纪　法国
　　莎乐美是个年仅16岁的妙龄美女，由于向约翰求爱被拒，愤怒之下，请希律王将约翰斩首，然后把约翰的首级拿在手中亲吻，以这种血腥的方式拥有了约翰。

是值得怀疑的。因为被我们称之为身体的，有着长、宽、高的形体，似乎亲密无间地属于我们。那么，它们除了与我们的意识有关，还与什么有关呢？我们感觉的物质器官是本来就该如此呢，还是为了适应影响它们的物质呢？我们的内在感觉，即灵魂，与外在器官的本性又有何相似之处呢？由光亮或声音刺激所引起的内心感受，又是否与传播光亮的物质或声音在空气中产生的振动类似呢？其实我们的眼睛、耳朵要适应那些作用于二者的物质也是必要的，因为感觉器官的本质与这些物质的本质都是相同的，但每个人的感受却是有差别的。难道这一点还不足以表明，我们的灵魂事实上与这些物质有着不同的本性吗？

　　我们已经看到存在于我们之外的一些事物的实质，它们与我们的判断完全不同，因为感受与引起感受的物质没有任何外在形式上的相似。所以，我们可以得出这样的结论：引起我们感受的物质的本质，必然与我们想象中的完全不同。但我们对自己存在的真实性是肯定的，当我们意识到物质可能只是我们灵魂的一种方式或一种观察形式时，肉体的存在就显得可疑了。当我们的身体已不再存在

时，一切引起我们感觉的物质，对灵魂而言也就不再存在了。

尽管我们无法证明灵魂的存在，但依照一般的观点，我们可以认为它是存在的。那么，当我们将物质实体与灵魂进行比较时，我们将会发现，它们之间的区别如此之大，对立如此明显。由此，我们肯定地认为，灵魂具有一种完全不同的本质，它属于一种至高无上的范畴。

人的双重性

当主宰人的本性中的两种本原同时处于剧烈运动中,且势均力敌时,是人们最痛苦的状态。因为这会使人产生对生活的厌倦,当这种状态极为强烈时,甚至会使我们的内心希望停止生存。

一般说来,人是具有双重性的,这种双重性是由天性以及与它们行动相反的两种本原[1]组成。在这两种本原中,最重要的是精神本原——灵魂,它是所有意识的本原,而且总是与另外一种表现为纯物质的本原(动物本原)相对立。对于前者,我认为它是和安详与纯洁的光辉并存的,它来自科学、理性,因此也是与智慧并存的;后者则是一股奔腾迅猛的,可以引起欲望和错误的激流。

然而,纯物质的本原(动物本原)是最先发展的,因为从本质上来说,它存在于与我们欲望相似或者相反的事物中,存在于由我们内在物质的感官而引起的印象的不断运动和更新的过程中。动物本原的作用会在我们的身体感受到快乐或痛苦时反映出来。首先,它会出现在身体上,随后,我们能很快意识到它的出现,相反,在这点上,精神本原会表现得较晚,因为精神本原只有通过受教育的方法,才能得到发展和完善。特别是儿童,只有当他们与他人进行思想交流时,才能获得精神本原,并逐渐成为一个具有一定思维能力且较为理性的人。如果一个人的身体只依照其物质本原的内在感觉来进行活动,缺乏甚至是没有这种思想上的交流,那么他只会变成一个傻瓜或者怪物。

现在,我们来观察一下一个远离老师监督、生活自在的儿童。他所表现出来的一些外在行为可以让我们判断出他内心所想。事实上,我们也发现,这样的儿童对一切的思考都是不加顾虑的,他们在成长的道路上是快乐的、随心所欲的,

---

[1] 本原:根本,事物的最重要部分。哲学上指万物的最初根源,指世界的来源和存在的根据。唯心主义认为世界的本原是精神,唯物主义则认为世界的本原是物质。

外部事物给他们的所有印象都是依照其内心而定。他们一般不会因为什么大的理由而激动,经常漫无目的、毫无计划,如同那些幼小的动物一样自由地玩耍、跑步和运动,他们的所有活动都是无序而随机的。不过,有时他们也会装出一副规规矩矩的样子,并会控制自己当前的行为,这种情况的出现主要是由于他们被教会他们思考的人的声音所提醒,他们变得规矩也是为了向世人展示,他们记住了与人们交流所得到的经验。可以说,物质本原在人类的童年时期是占主导地位的。因此,如果不能在孩子童年时期发展他的精神本原,或者说不能促使他精神本原的不断运作,那么继续统治他人生的将是物质本原,当这种情况出现时,这个人就会不受约束而独自行动。

当我们自省时,会清楚地意识到精神本原和物质本原的存在。人的一生中,经常会有某些片刻,有时是几小时,有时是几天、几个季节,我们不仅可以清楚感觉到它们的存在,还可以了解到它们在行动中的矛盾性。与此同时,我们总做些不想做的事,却又无法控制。接下来,我就来谈谈这些令人烦恼、麻木不仁、厌恶的时刻,以及被人称为"头晕"的病症。一旦受到这种状态的影响,人们往往无法把完全的精力用在工作上,有时甚至会觉得无所事事。如果这时多加留意,就会意识到此时的"我"好像被分成了两个人。其中,代表了理智能力的前者指挥代表了我们想象力和幻觉的后者所做的一切,但有时,前者似乎不够力量,无法有效地阻止后者决定做一些事情。相反地,代表了感性的后者,在很多时候却约束、控制着前者并战胜了它,就像有时不管我们多么想行动,却依然处于不行动的状态一样。这也是为什么有时候我们的思想与行动不一致,甚至相反的原因。

在人们可以熟练地照顾自己和朋友以及处理各种事务时,就表明此时他的精神本原

□ 靶子　布鲁克　英国　油画　19世纪

儿童的理性思维相对较低,因此无忧无虑,喜欢玩耍。当父母或老师在场的时候,他们可能会显得听话一些,但当父母或老师不在时,他们常常会非常调皮。图中,几个孩子趁家人不在,在家玩起射箭游戏。通常,家长是不允许他们玩这种危险游戏的。

文化伟人代表作图释书系

处于上风。但我们也清楚地意识到，另一种本原也是存在的，它会在我们漫不经心时表现出来。当动物本原占主导地位时，我们不仅很难对占据、充斥我们身心的事物进行思考，还会放任自己的情感、嗜癖以及欲望。在第一种情况下，我们可以随心所欲地发号施令；在第二种情况下，我们则会变得轻易服从他人。因为在正常情况下，两种本原只有一种在行动，而且这种行动并不是与另一种本原对立的。这时，我们已无法感知内在的任何矛盾，"自我"在此刻似乎显得很简单，因为我们只体验到一种具有单一性的简单冲动，而这种单一就是我们的幸福。只需稍稍深入思考，我们就很可能会指责自己所谓的快乐，或者在强烈的欲望控制下，我们会仇恨理智，而这时我们不会再感到幸福了，因为此刻我们已经失去了生命本来平静的统一性，内心矛盾也已重新产生。此时，两个"我"形成对立，两种本原互相感受，从而产生了疑惑、焦虑和悔恨。

□ 酒神祭　提香　油画　意大利

人既有理性的一面，也有非理性的一面。以沉醉为特征的酒神狄俄尼索斯就是非理性的象征，它来源于古希腊酒神祭祀，在祭祀节上，人们开怀畅饮。图为文艺复兴时期意大利画家提香的油画《酒神祭》[1]，表现的是众人在酒神节祭祀时放纵狂欢的场景。

总而言之，当主宰人的本性中的两种本原同时处于剧烈运动，且势均力敌时，是人们最痛苦的状态。因为这样会使人产生对生活的厌倦，当这种状态极为强烈时甚至会使我们的内心希望停止生存，并可能导致自我摧毁，疯狂在此时就变成了对付自己的武器。

这是多么可怕的状态啊！我用漆黑的色调来描绘它，是因为这种状态确实比其他许多阴暗色调更让人心生恐惧。但不得不声明，在所有与之相近的情况，及与之平衡类似的状态中，两种对立本原几乎难以克制自己。它们出现在相同的

---

[1]《酒神祭》：又名《酒神的狂欢》，大约作于1518~1520年间。画家提香借画上诸神的醉酒生活，表达出一部分人的心理欲望。画面形象大胆而放荡，色彩丰富多变，气氛热烈，是对神学所宣扬的禁欲观念的挑战。

时间里，并彰显出几乎相等的运动力量，而这种情况的出现，时刻让人心烦意乱、犹豫不决甚至痛苦不堪。在这种状态下，我们的身体也因为受到这种内在的混乱斗争而备受折磨，过度的重负让它日渐虚弱，或在由这种状态而产生的激动中衰竭。

事实上，我们真正的幸福其实来源于两种本原处在统一的状态时。所以童年是幸福的，因为这时只有动物本原支配着人的意志，而且它会不断督促我们把想法付诸实践。约束、责骂，甚至处罚，对于儿童来说都只是小小的忧伤，因为儿童对它们的感受仅限于肉体上的疼痛，他的内心并没有因此受到影响。一旦得到自由，他便会重新获得由新鲜强烈的感受而带来的行动的快乐，如果此时他完全放任自己，就会感到非常幸福。但这种幸福又是很短暂的，甚至会随着年龄的增长而产生痛苦。因此，大人们会对儿童进行约束，尽管儿童会伤心，但是这种痛苦相对短暂，而且对于此时的儿童来说这种痛苦是很必要的，因为这将会成为他未来幸福的全部萌芽。

到了青年时期，当精神本原开始运转并逐渐控制我们意志的时候，就会产生一种新的物质感觉。此时，精神本原占有绝对支配权，可以专制地指挥我们的感官，同时精神本身也会愉快地顺从由这种物质感觉所产生的狂热欲望，尽管动物本原在此时仍然占支配地位，且相对之前更为有力。然而事实上，动物本原在利用理智把它当作另外一种方法为己所用时，也削弱和制服了理智。而且人们总是为了认同和满足自己的欲望，才进行思考和行动，当这种兴奋被延续，人们也就感到了幸福，因为在这种状态下，矛盾和外部的痛苦加强了内在的统一，同时也加强了欲望，在填补因疲惫而造成的间隙时又唤醒了骄傲，让我们所有的视线成功地转向同一事物。这时，我们所有的能力都归向同一个目标。

然而，这种幸福会很快过去，如同一场梦。之后替代内心丰富感情的是丧失了魅力和随之而来的厌倦，以及可怕的空虚。同时，刚刚走出麻木睡眠状态的心灵再次变得难以认识自己，它因为受奴役而失去了支配的欲望，丧失了原本的指挥力量，变得仇恨受奴役，并开始寻找一个新的主宰以便将这种痛苦转移出去，这样人就会产生一个新的但会转瞬即逝的欲望目标，用它来代替另一个存在着的短暂目标。这种状态下的人们，其内心的暴力和厌倦在逐渐增加，快乐自然很快消失，健康受到影响，器官也日渐衰弱。我们不禁要问，在度过了这样的青春期后，我们还能留下什么？剩下的也只有软弱无力的身体、伤痕累累的心灵，

□ 通奸的人　朱理斯·尼格尔　油画　19世纪

道德影响下的伦理观念，很大程度上支配着人的行为，在历代伦理中，通奸都是十分可耻的。但有些人为了满足自己的欲望，宁愿忍受道德和法律的惩罚。图为通奸的人被送到大街示众，并受到鞭笞。

和那些对受伤身心的无奈。

如果细心些，我们还会发现这样一个问题——人到中年更容易患上我之前所提到的身心疲惫、积郁等症状。造成这种状况的原因归结如下：尽管这个年龄，人们仍然在追求青春的快乐，但这种需求往往是出于习惯而并非自身的需要。因为随着年龄的增长，我们感受到快乐的时间越来越少，而无力享受这些快乐的时间却多了起来。此时的我们会常常处在自我批判以及因为自身弱点而感到羞愧的状态中，以至于我们开始禁不住地要自我责备，不满于自己的行动，甚至谴责自己的期望。

此外，在此时期，人们也逐渐变得不再满足于自己的现状，烦恼也日渐增多。因为一般来说，到了这一时期，人们已经获得了一种地位，换言之，就是人们凑巧地或是有选择地进入了某个职业生涯。在这个职业生涯中，他总是害怕自己无法完成上级安排下来的某项工作，但尽管如此，他还是会冒着危险出色地完成任务。于是，人们徘徊在蔑视和仇恨这两个巨大的矛盾中。人们为了避开这两个矛盾以及它们带来的不良影响，把自己弄得筋疲力尽、日渐衰弱，最后还是向它们妥协了。如果一个人的人生阅历十分丰富，同时又充分体验了人类的不公正，他就会习惯性地把职业看作是人生当中一种必须经受的苦难。当人们开始习惯少发议论多休息，开始不那么在乎他人的打击所带来的伤痛时，就会很自然地进入冷漠处世和麻木不仁的状态中。

　　对人而言，荣誉是所有伟大心灵的原动力，但它只有通过光荣的行动和有意义的工作才能达到。而如今，荣誉对那些已经是唾手可得的人来说早已失去了魅力；它的吸引力仅限于那些与它遥不可及的人，然而对这些人来说，荣誉又是那么虚幻。有时懒惰会占上风，它让人觉得似乎带来了更舒适的捷径和更实惠的好处，但它很快会被厌倦代替，随之而来的是百无聊赖。可以毫不掩饰地说，无聊是所有思想灵魂的可悲暴君，只有疯狂能与之对抗，即便是智慧，对它而言都是无济于事的。

第 4 章
人的感觉

CHAPTER 4

生命存在于这个宇宙，除了身体在成长或衰退外，其在思想上也对周遭的一切有了不同的感觉。这些感觉包括幸福、快乐和痛苦等。布封特别论述了老年的幸福感，即对长寿的体验。他指出，高龄的人应该感觉幸福，因为他们可以快乐地回忆起令人愉快的画面和珍贵的影像。虽然处于这个阶段的人们此时的身体已有所损害，但他们拥有了更多的精神收获，而这些收获可以补偿体质上的损失。

第一个人最初的感觉

> 布封构思了这样一个人：他是开天辟地后的第一人，他的身体和器官都已全部成型，但对于自己和周围的一切完全没有认知，那么他最初的活动、判断和感觉又会是怎样的呢？

由于建立在其他感觉基础上产生的认识往往都是谬误的幻想，因此我们只能借助触觉来获取完整和真实的知识。但这种重要感觉是怎样发展而来的呢？我们最初的知识又是如何深入内心的？或者说我们是否忘记在懵懂的童年时所发生的一切？假如我们连追古溯今的勇气都没有，那我们又怎样才能找回思想的最初痕迹？我们又能否轻而易举地提升到这一阶段？如果事情不是那么重要，人们还有自我原谅的理由，但当它比任何事都要重要时，难道我们不应为此作出努力吗？

所以我构思了这样一个人——他是开天辟地后的第一人，他的身体和器官都已全部成型，但对于自己和周围的一切却没有任何认知，那么他最初的活动、判断和感觉是怎样的呢？假如这个人愿意向我们讲述他最初的思想，他会对我们说些什么呢？他又有着怎样的故事呢？为了让事实变得更容易理解，我必须让他自己说话。这个哲学叙述，篇幅不长，也不会是无用和离题的。

我回想起了那个充满喜悦和困惑的时刻，当时我第一次感觉到我奇异的存在，我以前不知道我是什么，在哪里，又来自哪里。我睁开双眼，这是一种很奇妙的感觉！阳光，苍穹，碧绿的大地，晶莹的河水，这一切都吸引着我，使我活力充沛，给我一种难以言喻的快乐感觉。我起先以为所有的事件都在我身上组成我的一部分。我最初的思考使我更坚信这种刚萌发的念头。当我面向刺眼的阳光时，不由自主地闭上了眼睛，只感到一阵轻微的刺痛，在闭上眼的这一瞬间，我以为自己丧失了自我的存在。

我想着这一巨大的变化，非常惊讶并深受感动。忽然，我听到了外界的声响，鸟儿在歌唱，风儿在私语，就如一场音乐会，温柔的感受使我激动不已。这些声响一直深入到我灵魂的深处，我倾听了很久。

我全神贯注地沉浸在这种新的存在方式中。当我重新睁开双眼时，我已经忘记了阳光，即我最初认识的组成我存在的另一部分。我很开心能拥有这么多美好的东西，我的快乐已经超越了我最初感受过的一切，一时我竟忘记了那些迷人的声响。

我用目光去注视那些不同的事物，很快就意识到我可以失去或重新找到这些事物，也有能力随意地摧毁和重新制造这些美丽的事物。尽管它们由于光线多变和色彩不同而显得伟大，但我相信这一切都是组成我存在的一部分。

我开始漠然地看着，冷静地听着。这时一阵微风拂过，我感到了它带来的大自然芳香，这引起了我内心的激荡，使我产生了一种自恋的情感。

我被这些感觉所激励，为一种如此妙不可言的快乐存在所驱使，我突然站起来，觉得自己被一种陌生的力量所包围。我只跨了一步，新的处境就使我异常吃惊，不敢再动，我以为我的存在远遁了。这轻微的行动打乱了事物，使我以为一切都乱了。

我把手放在头部，触摸到了我的额头和眼睛，接着我摸遍全身，这时我发觉我的手似乎成为生存的主要器官。这部分的感觉是那么清晰和完整，与阳光和声音给我的快乐相比，更加完美。我全身心地依恋我坚实存在的这一部分，于是我感到我的思维具有了深度和实在性。

□ 亚当与夏娃
　　丢勒　油画　16世纪　德国

当亚当和夏娃作为最早的人来到世界时，他们看到的是金色的阳光、碧绿的大地、清澈的河水。美丽的伊甸园里有各种果树。上帝告诉他们，除了禁果外，什么果子都可以吃。但轻信撒旦话的夏娃偷吃了禁果，还将剩下的给了亚当。两人在吃下禁果之后，便有了智慧，同时也有了羞耻之心。

我在自己身上摸到的一切似乎使我的手越来越有知觉，每次的触摸在我的灵魂深处都会产生出双重的念头。

没过多久，我就发觉这种感受能力扩散到我生命的各个部分，于是我很快就认识到原本显得巨大无比的身体的局限性。

我曾打量自己的身体，认为它的体积是如此巨大，其他所有出现在我视野中的事物与之相比都只能算是些许亮点罢了。我愉快地看着自己，眼睛跟随着手，观察着它的每一个动作。我对这一切有着最奇特的观点，我以为手的动作只是一种瞬间的存在，是一系列相似的东西；我将手靠近眼睛时，它显得比我的身体还要大，并使我眼前的无数事物消失了。

我开始怀疑那些通过眼睛观察而产生的感觉是否带有某种幻觉。我曾清楚地看到我的手只是身体的一部分，我无法理解它为何一下子就增大了这么多，因此我决定只信赖没有欺骗过我的触觉，而对其他的各种感受和存在方式保持谨慎的态度。

这种谨慎的态度对我来说极为有益。我继续走动，抬起头前进，结果不小心撞上了一棵棕榈树，顿时产生一种恐惧的感觉。我将自己的手放在这奇特的物体上，我以为它是陌生的，因为它并不回应我的感觉，我带着几分恐惧绕道而行，这是我第一次意识到在我身体之外居然还存在着某种东西。

这个发现让我激动，并难以平静。在反思了这一事件之后，我得出了结论，判断外部事物如同判断自我身体一样，只有通过触觉才能确定它们的存在。

于是，我试图触摸我所见到的一切，我想触摸太阳，当我将手臂伸出去拥抱时，却只感到空中的虚无。

我尝试着各种体验方式，可是得到的结果却使我愈加惊奇。因为所有事物看上去都似乎与我有着距离，当经过一系列体验后，我才学会用双眼来指导我的双手去体验事物。我通过手获得的感觉，与其他方式不同，而且其他各种感觉并不协调，所以我的判断并不完善，我想，如果不是触觉的存在，我的存在只是一种模糊的混合体而已。

我思考得越多，发现的疑问也就越多，我困惑于这些疑问，并被由此而引发的思考折磨得疲惫不堪。于是，我双膝弯曲，使自己处于一种平静的休息状态，这种平静的状态赋予我的感官以新的力量。

我坐在一棵大树下，树上长着一种殷红色的果实，它们正摇摇欲坠，于是我

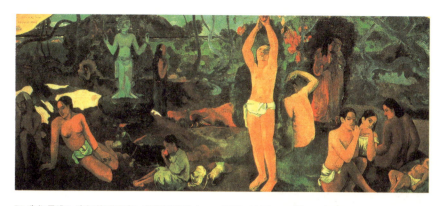

□ 我们是谁？我们从哪里来？我们到哪里去？　高更　油画　20世纪　法国

当代社会中，人们越发强烈地感觉到：竞争日益激烈，欲望无限延伸，似乎永远难以停下匆忙的脚步稍作停歇。这正如高更提出的永恒命题：我们是谁？我们从哪里来？我们到哪里去？

伸手轻轻地触摸它们，它们竟很快从枝上脱落。

我紧紧抓住一个果子，设想这是我第一次的征服之举，我对自己的手能包容另一个有完整生命的东西而感到自豪。尽管果实的重量很轻，但终归是一个生命的存在，这让我产生了一种战胜它的欲望。

我把这个果实放在眼前，观察它的大小和颜色。一阵甜美的香气使我不由得靠得更近，它就在我的唇边，我嗅吸着它的芬芳，这些气味使我的嗅觉产生一阵阵快感。我不由得张开嘴，将它含进嘴里，这时我感到嘴里拥有一种比先前更为甜美、柔和的芬芳，最后我开始品尝起来。

多么香醇的味道！多么新奇的感觉！此刻，我快乐地享受着这甜美的味道。享乐的感受引起占有的念头，我觉得这种物质变成了我自己的，我是改变它生命的主人。

我因为拥有这种能力而备受鼓舞，受到这种快感的驱使，我又采摘了第二枚、第三枚果实，并乐此不疲地利用自己的手来满足自己的味觉。可是渐渐地，一种疲惫的感受开始占据我的全部感官，麻痹我的四肢，使我的灵魂停止活动，我变得迟钝而慵懒，周围所有的事物都失去了轮廓，一切景象开始模糊。此时，我的眼睛变得无用，眼皮合起来，我的头无法再靠肌肉来支撑，于是它歪在草地上寻找支撑物。

一切都模糊了，消失了。我的思维也中断了，我丧失了存在的感觉。我睡得很沉，却不知道睡了多久，因为我还没有时间概念，无法进行估测。对我而言，

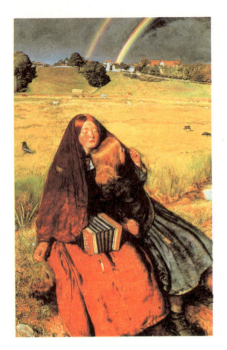

□ 盲女　约翰·米莱斯　油画　19世纪

我们可以通过各种感觉器官来感知、了解周围事物，如果人体某个器官失灵，很多东西将无法被感知。对画中的盲女来说，她能听到暴雨前的雷声，触摸女儿的手，闻到女儿发丝的味道，但她永远不能感知雨后的彩虹。

苏醒就如一种再生，我只感到自己或许曾经失去了自我的存在。我被刚经历的这种委靡状态吓坏了，感到自己不会永远存在下去。

我还有一种担忧，我不知道自己在睡眠中是否丢掉了身体的某个部分。我试了试感觉，决定要努力地去重新认识自己。

但当我用眼睛检查自己的身体时，我又确定自己是完整的存在，同时我惊讶地发现，在我的身边有个与我相似的形体。我把这个形体看作是另一个我，我猜测在我停止存在的时候，我不仅没有失去什么，还得到了一个意外的惊喜——出现了一个自己的复制品。

我用手触摸这个新生命，这是多么令人激动的事情啊！"他"虽然不是我，却要胜过我，比我更完美。因此，我以为我的生命将要转换形式，从一个完全的我转向另一个我。

我感觉到"他"在我手下充满着活力，"他"在我的眼睛里有了意识，"他"的目光让我感觉到血管里有生命的新源泉在流动。我愿意给"他"自己的全部生命，这种强烈的欲望使我变得充实起来，于是便产生了第六种感觉。

而这时，太阳结束了它在这一天中的运行，熄灭了它的火炬，我立刻发现自己丧失了视觉。我存在的时间太长了，因此我不再害怕停止存在，我不会再因为身处黑暗而想起我的这一次沉睡。

感觉的产生与传递

> 无论传递感情、引起肌肉运动的物质是什么，它肯定是通过神经系统来传播感觉的。这种物质存在于一切生命体中，并通过心脏和肺部的运动、血液在动脉中的循环，以及外部因素对感官的影响而进行不断再生。

无论传递感情、引起肌肉运动的物质是什么，它肯定是通过神经系统来传播感觉的。这种物质的传播，能够在极短的时间内，从敏感的系统一端传递到另一端，其运动方式是以某种形式产生的，可以是通过类似于橡皮筋的振动，也可以是类似于电的传播形式，甚至可以通过类似细小火花式的形式。

这种物质存在于一切生命体中，并通过心脏和肺部的运动、血液在动脉中的循环，以及外部因素对感官的影响，进行不断再生。可以肯定，动物身上唯一敏感的部位就是神经和脑膜，而血液、淋巴以及其他流体，脂肪、骨头、肌肉和其他固体，相对来说则不够敏感。脑髓似乎也是不敏感的，因为它是一种柔软而无弹性的物质，既无法传播，也无法进行运动和感情的传递。相反，脑膜是敏感的，是全部神经的套子，它在大脑里形成神经的分支，一直扩展到最小的末梢，这些末梢是扁平的神经，它们与大脑神经属于同一物质，并有着相似的弹性，是

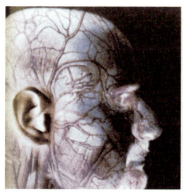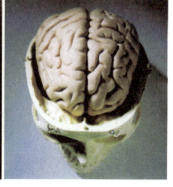

□ 人的大脑和神经

人类的大脑和神经系统的复杂程度，远远超过动物。布封认为，大脑并不是感觉中枢和情感根源，而只是分泌和提供营养的器官。但现代医学证明，他的这个观点不完全正确。

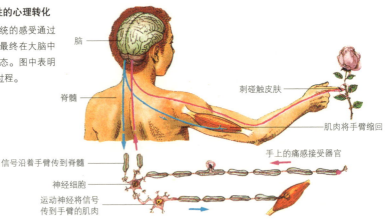

□ 人类生理感受性的心理转化

人类对外部系统的感受通过神经系统的传导，最终在大脑中转化为某些心理状态。图中表明了这种转化的初期过程。

脑
刺碰触皮肤
脊髓
肌肉将手臂缩回
手上的痛感接受器官
信号沿着手臂传到脊髓
神经细胞
运动神经将信号传到手臂的肌肉

敏感系统中重要的一部分。如果我们认为感觉中枢是在大脑部位，那么就一定是脑膜，而不是完全不同的脑髓部分。

那些认为感觉中枢和敏感中心都在大脑的人，是因为他们看到作为感情器官的神经都通到脑髓，因而把它看作是唯一能同时接收振动和感受的部分。他们仅凭这一点就去证明大脑是感情的根源，是感觉的主要器官或共同的感觉中枢。可是，只要看看大脑的构造，我们就能知道，这些被称为感觉中枢的松果体和胼胝体[1]内没有任何神经，它们被脑髓的不敏感物质包围着，与神经完全隔开，这就导致它们无法接收到运动的信号，因而这个假设就不攻自破了。

然而，这个既重要又基本的部分到底有什么作用呢？不是所有的动物都有大脑吗？不是感情丰富的人类、四足动物和鸟类的大脑，比那些感情少的鱼、昆虫和其他动物的更大、更重吗？当大脑受到挤压时，并非动物身上所有的运动以及反应都停止并中断了吗？如果这部分不是运动的根源，为什么它是如此必要和重要呢？为什么在动物身上，它的大小与动物具有的感情成比例关系呢？

我确信，我能够得到这些问题的圆满答案，不论这些答案多么难寻。大脑并不是感觉中枢和感情根源，它只是分泌和提供营养的器官而已，但这个器官有着重要的作用，如果没有它，神经就无法生长和维持生存。人类、四足动物和鸟类

---

[1] 松果体和胼胝体：松果体位于间脑脑前丘和丘脑之间，长为5～8厘米，宽为3～5厘米的灰红色椭圆形小体，重120～200毫克，位于第三脑室顶，故又称为蜂蜜脑上腺，其一端借细柄与第三脑室顶相连，第三脑室凸向柄内形成松果体隐窝。胼胝体位于大脑半球纵裂的底部，连接左右两侧大脑半球的横行神经纤维束，是大脑半球中最大的联合纤维。

身上的这个器官比较大，因为这些动物身上的神经数量比鱼类和昆虫要多。也正是这一原因，鱼类和昆虫的感觉才比较弱，它们的大脑很小，并且与之对应的、受大脑供应养料的神经数量也很少。在此，我必须指出，人类的大脑并不像人们想象的那样是动物中最大的，因为一些猴类和鲸类具有比人类更大的大脑——它们庞大的身形决定了它们大脑的体积。同样，这个事实也可以证明，大脑既不是感觉中枢也不是情感根源，虽然有些动物拥有比人类更大的大脑，但它们并不会比人类有更多感觉和情感。

我承认，当大脑受到碰撞时，感情活动就会中止，但这同样可以证明，对于大脑，身体是通过对神经末梢的加力而反应的。挤压神经末梢会使它变得麻木，这就如同加在手臂、腿部或身体其他部位的重量会使神经变得麻木一样。但是，通过挤压而使感觉停止只是暂时性的，当大脑不再受到挤压时，就会重新出现感觉并恢复运动。我承认，刺激髓质、伤害大脑，就会引起痉挛，知觉也会丧失，甚至可能导致死亡，这是因为神经完全遭到破坏并被连根铲除全部损伤。

我还可以举出一例，它同样可以证明大脑既不是情感中心，也不是感觉中枢。让我们看看那些天生就没有头和大脑的动物，它们依然有感觉，能运动并生存。如昆虫和蠕虫纲，它们的大脑既非独立系统也不大，身体甚至只有类似于骨髓和脊髓的一部分。因此，我们有理由把任何动物都不缺的脊髓，视为感觉、情感中枢，而并非大脑，因为大脑并不是所有有感觉的生物都具备的那个相同部分。

幸福——对长寿的体验

处于高龄阶段的人们，虽然在身体上有所损害，但他们拥有了更多的精神收获。既已获得精神上的一切，就算是体质上丧失了某些东西，精神上也能给予补偿。

如果一匹马能够活到50岁，这就表明它已活了其正常生命的两倍，这类情况一般并不常见。然而，自然界中所有的动物几乎都存在这种情况，因此与马一样，有些人的生命也可以延长至其正常寿命的两倍，也就是160岁，而不再是80岁。这些生活在大自然中的幸运者是存在的，只是出现在现实世界中的概率越来越小。

我曾经论述道，活着的一个证据就是我们曾活过，通过计算寿命可能性的计量表，我们可以证明这一点，不过这种计量表上所标记的寿命期，远比人类的实际寿命长。当人的一生越完满，其生命加倍延长的可能性就越大，甚至可以达到相当稳定的程度。如果我们敢打赌说一个80岁的人还能再活三年，那么我们同样可以对83、88甚至90岁的人下相同的赌注。哪怕最高龄的人，我们仍然可以期望他还能有三年的寿命。难道说这三年不是一次完整的生命？难道三年不足以使智者作一个新的规划？所以只要我们的精神仍然年轻，就永远不会衰老！因此，哲学家应把关于衰老的言论当作有悖人类幸福的偏见。

□ 彭祖 雕像

彭祖，姓篯名铿，颛顼玄孙，生于夏朝。他是中国古代传说中最长寿的人之一，据说活到了800岁。他自幼喜好恬静，不追求名利，不涉世事，不刻意打扮自己，隐居于武夷山中，终日以养性修身为事。

但是，这一想法却不会使动物感到不安。如一匹10岁的小马，看到50岁仍在工作的老马，不会觉得老马比自己更接近死亡。我们只是通过简单的年龄算术得出不同的判断，但这个算术同样能向我们证明，只要身体健康，即使到了高龄，离死亡也还会有三年的距离，不过如果年轻人稍微滥用他们所处年龄段的精力，就会更接近死亡。相反，如果人们均匀地消耗同等的精力，我们可以肯定他到了80岁，依然还可以再活三年。

□ 豆王节的欢宴　雅各布·约尔丹斯　油画　17世纪

老年人虽然在体质上丧失了某些东西，但与中年人和青年人相比，他们获得了更多的精神收获。此时，他们儿孙满堂，生活稳定，也履行完了自己对社会的义务。图为17世纪佛兰德斯画家雅各布·约尔丹斯的油画《豆王节的欢宴》，图中幸福的老人正在接受晚辈和家人的敬酒。

当早上我能健康快乐地起床时，那么在这一天里，我拥有的享受不就完全同你们一样吗？如果我让自己的行为总是与聪明的天性相一致，难道我不是同样聪明甚至比你们更快乐吗？因为健康的身体可以保证我再活三年甚至三年以上，这怎么会让我对自己没有把握呢？相反地，那些曾经面对衰老而作的遗憾的回顾，却会使我快乐地回忆起令人愉快的画面和珍贵的印象，这些不都与快乐同样有价值吗？这些画面是如此温柔和纯洁，给内心带来如此多的甜美。一切伴随着青春期的不安、忧愁和悲伤都消散在回忆的画面中，遗憾也因此而不复存在，因为它们已经化作了永葆青春的狂热和激动。

我们也不能忘记高龄幸福的另一个优点——处于高龄阶段的人们，在这一时期身体有所损害，但他们获得了更多的精神收获，既已获得精神上的一切，就算是体质上丧失了某些东西，精神上也能给予补偿。有人曾经问95岁的哲学家封德奈尔，他一生中最遗憾的20年是哪个时期，他回答说，令他感到遗憾的事情很少，但55~65岁之间是他最幸福的时期。他的真诚回答是高龄幸福的有力证明。人在55岁时，已经积累了足够的财产，并获得了声誉，赢得了尊敬。此时生活稳定，抱负或完成或取消，计划或成功或丢掉，大部分的激情都已平息

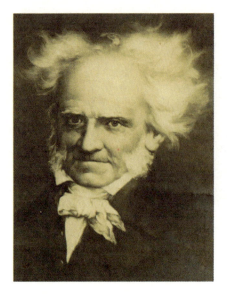

□ 叔本华

悲观主义是一种与乐观主义相对立的消极的人生观。叔本华是悲观主义的主要代表人物之一。他认为："人生如同上好弦的钟，只需盲目地走，一切听命于生存意志的摆布，追求人生目的和价值是毫无意义的。"

或者衰退；通过工作也履行完了自己对社会的义务；对手也减少了，或者更确切地说，有威胁的嫉妒者也少了，因为自己的功绩已经得到公众的承认，所有这些精神收获都证明了年龄大的好处。只有身体的衰弱或疾病，才会打破这些他们用才智创造出的宁静享受和财富，也只有那些通过才智创造的财富才算是我们最大的幸福。

悲观是最违背人类幸福的东西，对老年人而言，悲观就是总惦记着即将来临的死亡。这种想法让大多数老人痛苦，甚至对那些身体健康的老人或尚未达到高龄的人也产生了一定影响。我请求他们向我看齐，他们70岁时，离期望寿命还有六年零两个月，即使是80岁，甚至86岁，他们依然还有三年的寿命，所以，只有那些乐意让死亡靠近的脆弱灵魂才会觉得生命即将终结。我们能够使精神变坚强的最好方法，就是接近我们所欣赏的事物并扩大其形象；相反地，要远离所有使人不愉快的事物并缩小其形象，特别要远离那些产生痛苦的念头，让事物顺其自然地发展即可。

生命的继续生存，其实只是属于我们的感觉，这种存在的感觉难道不会被睡眠所摧毁吗？每天夜里，我们会终止感觉的存在，这样我们就无法将生命视为连续不间断的感觉的存在。而且，生命也绝不是一根连续的线，它是一根被结头，或者说被死亡的断口分割的线，每一个断口都提醒着我们那最后的一剪，都向我们展示着什么是终止生存。那么为何要去理会这根每天中断的线是长是短？为什么总是不客观地去看待生与死？由于灵魂胆小的人比灵魂坚强的人数量要多，因此死亡的概念总被夸大，它的步伐看起来才是如此地急促，它的接近才会那么令人质疑，它的面目才会那么可憎。可是，人们不会想到，每一次产生对生存的不祥预感，就是对身体的摧残，因为存在的终止本身并没有什么，但死亡却会让心灵感到恐惧。我不会像斯多葛主义[1]者们那样认为："死亡被神仙所拒绝，但它却是人的至尊财富。"我既不把死亡看作一大财富，也不把它当作一大痛苦，我只是努力地揭开它的本来面目。我把这篇文章呈现给我的读者，希望能帮助他们找到幸福。

---

[1]斯多葛主义：是古希腊的四大哲学学派之一，也是古希腊流行时间最长的哲学学派之一（古希腊另外三个著名学派是柏拉图的学园派、亚里士多德的逍遥学派和伊壁鸠鲁学派）。从公元前3世纪塞浦路斯的芝诺创立该学派算起，斯多葛主义一直流行到公元2世纪的罗马时代，前后绵延500年之久。

快乐与痛苦

> 快乐是指能够让人感觉心情愉快的情愫,生理上能够让人感觉愉快的一定是符合自己天性的;相反,痛苦则是指器官遭到伤害。即,快乐是指生理上的快感,痛苦则是指生理上的不适。

快乐是指能够让人感觉心情愉快的情愫。从生理上来说,能够让人感觉愉快的一定是符合自己天性的;相反,痛苦则是指器官遭到伤害。用一句话概括就是——快乐是生理上的快感,痛苦则是指生理上的不适。因此,我们确信,有感觉的生物,其快乐要多于痛苦。所有符合有助于保留和维持人体组织存在和天性的事实,都是快乐;相反,所有倾向于毁灭、伤害人体组织、改变天性的事实,都是痛苦。因此只有快乐才能使有感觉的事物继续存在。如果令人愉快的感觉的总和,即那些与本性相符的事实,没有超出痛苦的感觉或有悖本性的事实,那些有感觉的事物就会因此而丧失愉快,之后,它便会由于过多的痛苦而死去。

生理上的快乐和痛苦只是人类快乐和痛苦的最小部分。我们不停工作的想象力制造了一切,更确切地说是制造了大量不幸,因为想象力只向灵魂提供空幻的幽灵或夸张的景象,并强迫灵魂承担这些因景象而造成的后果。由于受了这些幻想的影响,灵魂逐渐丧失判断的能力,甚至会丧失自制力。灵魂变得喜欢幻想,不愿相信现实事物,而且经常只相信那些不可能存在的事。它无法控制的意愿逐渐演变为一种负担,而过分地奢望便成了痛苦。只有当心灵恢复平衡,重新具有判断能力时,那些虚幻的想象才会全部消失。

因此,我们在寻找快乐的同时,要做好承担痛苦的准备,就如我们希望变得更高兴时往往正经历着悲伤。可以这样说,幸福是根植于我们心中的,而悲伤只是身外之物。因此,灵魂的安定是我们唯一真正的财富,因为只有灵魂安定我们才能获得快乐。而当我们希望增加快乐时就会有失去它的危险,我们希望得到的越少,获得的也许越多;反之,我们希望获得的东西超出了本性所能给予的,便导致了痛苦，因此只有本性赋予我们的才是真正的快乐。自然天性给了我们快乐，并可以随时赐予我们，它可以满足我们的需要，帮助我们去抵抗痛苦的侵扰。而在生理上，快感远远超过病痛，因此，让我们害怕的并不是事实，而是幻想。换而言之，那些让我们担心的不是身体的痛苦、疾病和死亡，而是根植于我们内心的不安、烦恼和欲望。

动物获得快乐的唯一方式，就是不断满足自己的食欲。尽管我们也有这一特性，但我们还有另一种获得快乐的方法——用精神去得到，即求知，而且通过这种方式得到的快乐是最丰富、最纯净的。如果我们的欲望与此相反，就会发生混乱，转移灵魂注意的视线。当我们的欲望占据上风时，理智就会保持沉

□ 弹曼陀铃的小丑　哈尔斯　油画　18世纪

快乐是生理和心灵上的快感，痛苦则是生理和心灵上的不适。图中弹曼陀铃的小丑，看似非常高兴，但实际上他的内心十分痛苦。他是社会的底层，需要终日引观众发笑来谋生，也经常受观众的嘲笑和捉弄。

默，或者最多只能发出一种虚弱的呐喊，这时我们对于真理的厌恶便随之而来，幻觉的诱惑也随之增加，错误也越来越深，进而把我们引向痛苦的深渊。此刻，由于我们无法看到事实的真相，只能凭武断的感情或根据欲望的命令去行动，就会用不公正或可笑的态度对待他人，而自省的时候又被迫轻视自己，这不就是最大的痛苦吗？

处于这种幻想和愚昧的状态中，我们常希望改变自己灵魂的本性。尽管我们固有的天性是为了认知，但这时的我们却用它来感觉。就算我们此时可以堕入彻底的蒙昧，也不会觉得有所损失，我们会心甘情愿地羡慕那些失去理智的人，因为我们的理智是不连续的。而这些不连续的理智会成为一种负担，甚至隐隐的责难，我们希望取消这种理智，因此我们总是行走在幻觉的怪圈上，自愿竭力地丧失自我，尽量不再考虑自己，并最终忘记自己。

没有间断的欲望是精神错乱，对灵魂而言，这种状态就意味着死亡；而间断性的强烈欲望，则是疯狂发作的迹象，精神病症因其长期性和反复性而显得更加

□ 痛苦

痛苦是一种与快乐相对的情绪，一种广泛而复杂的人类感受，它往往会与受伤，或会让你受到伤害的威胁连结在一起。总的说来，快乐是生理上的快感，痛苦则是指生理上的不适。人们在寻找快乐的同时，也要做好承担痛苦的准备。

危险。明智是疾病发作时，偶尔留给我们的间隙，但它实质上根本不是所谓的幸福，因为我们感到自己的精神有病，便会指责自己的欲望，谴责自己的行为。疯狂是痛苦的萌芽，明智更是火上浇油。大部分感觉痛苦的人都是些欲望极为强烈的人，即疯子，他们有一些理智的间隙，当他们的理智占上风时，就会意识到自己的疯狂，因此会倍感痛苦。由于上流社会的人比社会底层的人有更多不切实际的期望、抱负和过度的欲望以及灵魂的恶习，因此达官显贵可能是最不幸福的人。

让我们摒弃那些令人可悲和羞耻的事实，去看一下那唯一值得重视的智者吧。他们把自己当作自己的主人和各种事件的主宰者。他们安于现状，乐意以目前的状态存在着，自给自足，极少求助于人，更不增加别人的负担。他们不断地发挥着自己的精神力量，去完善智力，培养情操，积累新知识并每时每刻都很满足，没有悔恨和烦恼，他们在享受生活的同时享有着整个世界。毫无疑问，这样的人才是自然界中最幸福的生命。他们把与动物一样具有的肉体快乐与只属于自己的精神快乐融为一体，使两种幸福相结合。即使因身体的不适或其他意外而遭受痛苦，他们所受的痛苦也比别人少得多，因为精神的力量会支撑他，理智会安慰他。甚至在遭受痛苦的时候，他也会有一种满足感，因为他的强壮足以应付这些痛苦。

第 5 章
论 梦

CHAPTER 5

　　布封指出，构成梦的内容的全部材料或多或少都来自体验，这是毋庸置疑的。但如果认为梦的内容和现实之间的联系是非常清晰、不用思考的，那就大错特错了，因为它们之间的联系需要细心的考察。此外，他还从人类与兽类梦的区别，推导出人类的梦是来自心灵的，他论述道："我们（人类）清楚地发掘出我们观察的事物之间远隔的关系，因此我们心灵的这种能力是最辉煌最活跃的才能，是高等智力，是天才的表现，而动物正是缺乏了这种才能。"

梦：模糊的回忆

在梦中，我们只有感觉，没有概念，因为概念是对各种感觉的比较。也就是说，梦只是在实际的内部感官中，而我们的灵魂并不产生梦，因此它们构成了人类回忆的一部分，构成了那种实际模糊回忆的一部分。

对于人类来说，有两种由于不同原因而形成的记忆存在着。第一种记忆是我们观念的痕迹，第二种记忆则是模糊的回忆，后者的形成只是由于我们感觉的更新，或者更确切地说，是由于触发感觉活动的更新。第一种记忆源自心灵，对我们而言它比第二种记忆要完善得多；而第二种记忆的产生则是由内心实际感觉的更新所引起，这种记忆是我们与其他动物或傻瓜所共有的东西。它往往会导致目前感觉与以前的感觉相同，因此拥有这种记忆的人只是从总体上看待过去和现在，并不予以区分，不加比较，只知其然而不知其所以然。

对于我以上的论述，肯定有人会提出反对意见，也有人会立刻把我的论述理解为其他动物也存在着记忆。尤其是举出狗会经常在沉睡中发出叫声，尽管叫声低沉，但也能从中分辨出捕猎的叫声、愤怒的叫声、欲望或哀怨的叫声等。因此，这些人肯定地说，狗对发生过的事会存在强

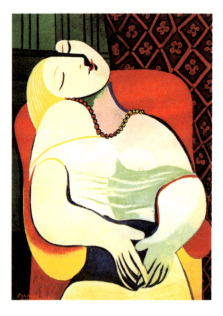

□ 梦　毕加索　油画　20世纪　西班牙

梦是大脑调节中心平衡机体各种功能的结果，是大脑健康发育和维持正常思维的需要。倘若大脑调节中心受损，便形成不了梦，或仅出现一些残缺不全的梦境片段。所以，对正常人来说，梦总是与睡眠相伴随的。图为20世纪西班牙画家毕加索的油画《梦》，描绘的是一个正进入梦乡的女子。

烈、生动的回忆。但这种回忆与我刚才所论述的记忆不同，因为这种回忆有可能会随着一些外因的变化而单独发生变化。

为了弄清这一疑问，并对其作出令人满意的回答，我们必须对梦的本质进行考察，以便弄清它究竟是来自心灵，还是仅仅依赖于我们实际的内心感觉。如果我们能证明梦寓居于心灵之中，便不光只是一个对不同意见的回答，还是对其他动物的理解与记忆的一个新证明。

愚蠢的人，其心灵反应是较为被动的，尽管他也如其他人一样做梦，但都与灵魂无关。因为在傻瓜身上，灵魂不起什么作用。动物并不具有灵魂，而且我确信，它们所有的梦都与灵魂无关。我们可以对自己的梦作一番沉思，这样就能明白为什么梦境各部分的联系是那样松散，梦中的事件是那样奇特。我认为，原因在于梦是围绕感觉运转，而不是思绪。比如，在梦中我们不会有时间观念，在梦中会出现我们曾见过的人，甚至是那些已过世多年的人，这些人在我们的梦里依然活着，就像过去那样。可是，我们却在梦中将他们与目前的事和现在的人联系在一起，或者把他们与另一时代的人或事相联系，而且，我们也无法看清梦中所处之地。我们脑海中出现的梦境，在现实中并不存在，但如果我们的灵魂能够活动，想必只需片刻就能在这种伤心的后果中，或是混杂的感觉中理清头绪。尽管出现在我们梦中的每个目标都栩栩如生，但它们的形象经常是模糊的，并且总如昙花一现。这些感觉的力量，使心灵一旦半睡半醒，就立刻会在空想中产生一个真正的意念、一种沉思，但并不能强烈到可以

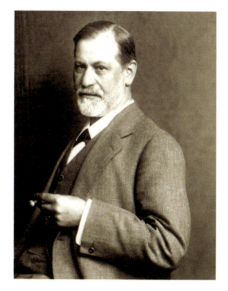

□ 弗洛伊德[1]

在所有对梦的研究者中，恐怕没有谁的影响能超过弗洛伊德。弗洛伊德从性欲望的潜意识活动和决定论观点出发，指出梦是欲望的满足，而不是偶然形成的联想。他解释说，梦是潜意识的欲望，由于睡眠时检查作用松懈，潜意识趁机用伪装方式绕过抵抗，闯入意识而成梦。他的学说对20世纪的文学和艺术影响很大。

---

[1] 弗洛伊德：全名西格蒙德·弗洛伊德（1856—1939年），犹太人，奥地利精神病医生及精神分析家，精神分析学派创始人，著有《性学三轮》《梦的释义》等。

消除幻想的程度，而是混杂其中，变成其中的一部分。

我们并不会去比较梦中发生的事，因此，在梦中我们只有感觉，没有概念，因为概念是对各种感觉的比较。如此说来，梦只是在实际的内部感官中，灵魂并不产生梦，它们构成了人类回忆的一部分，构成了那种实际模糊回忆的一部分。记忆却不同，如果没有时间概念、先前概念以及现实概念的比较，它就不可能产生。既然这些概念不进入梦境，那就表明梦不可能是记忆，也不会是一个后果或一个事实，更不可能是回忆的证明。然而，尽管我们坚持认为，有时会做一些有思想的梦，并为了证明这种存在而用梦游者举例，如梦游的人在睡梦时说话并回答一些问题，但当我们根据这个事例推导出推理的意念并把做梦包含在内时，便与我所设想的同样绝对。

梦与想象

我们能够记住自己的梦,是因为我们能回忆起刚刚的感觉。人和动物的唯一区别,就是人能完全区分哪些属于梦,哪些属于意识,哪些又是现实的感觉,这是一种记忆的作用,也是一种时间概念。

人们相信有意识的梦,他们以梦游者,或在熟睡时能说话并有条理地讲述事情、回答问题的人为例展开论证,并据此推断出意识没有被排除在梦境之外。事实上,我也这么认为,感觉的更替可以使人做梦,因为动物只会以这种方式产生梦,这些梦完全不是以回忆为前提的,相反,它只是反映对物质的模糊记忆。

只是我仍然无法相信,梦游者在睡觉时说话和回答问题的行为是受意识控制的。我认为,在这些行为中精神不会起任何作用。因为梦游者来回移动,以及其他行动都是没有思考的,他们不会意识到自己的处境、由此产生的危险以及伴随他们行动的弊端,仅仅是动物的本能在发挥着作用——甚至这些行为还不完全是动物本能在起作用。处在这种状态的梦游者,比一个笨蛋还要愚蠢,因为这时的他只有情感和部分意识在起作用,而笨蛋却具有完全的意识,并且身体还有感觉。至于那些在睡觉时可以说话的人,他们不会说某些新的东西,只是能够回答寻常的问题,他们的回答只是几个简单句子,

□ 沉睡的吉卜赛人　亨利·卢梭　油画　19世纪　法国

布封认为,梦游者和睡觉时说话、回答问题的人是不受意识控制的,因为梦游者来回移动是没有思考的,他们不会意识到自己的行为和行动结果,因此梦中会出现一些荒谬的情景。图为19世纪画家卢梭的油画,描绘的是他梦中的场景:荒野中,一头狮子正在嗅一个沉睡的吉卜赛女郎。

□ 记忆的永恒　萨尔瓦多·达利　油画　20世纪

超现实主义画家达利的绘画是细致逼真与荒诞离奇的奇怪混合体，充分展示了无意识的梦幻场景。此画作于1931年，它受到弗洛伊德的梦境理论的启迪，表现了一个错乱的梦幻世界。画中清晰的物体无序地散落在画面上，那湿面饼般软塌塌的钟表尤其令人过目难忘，仿佛时间在这一刻凝聚，永远停留。

并不能证明其心理活动，所有的这些都是独立于意识和思维之外的活动。既然在最清醒时，我们都会自省，特别是在欲望方面，我们会不假思索地说出许多事情，那为什么在睡眠中我们就不能下意识地说话呢？

梦的偶然性因素，是先前的感受在没有受到当前事物的刺激感受的情况下重复出现的原因。经过验证，我们会发现，在深度睡眠中是没有梦的，因为那时一切外在的东西都出现在昏昏沉沉的状态中。但是，内心感觉最迟入睡却最早苏醒，因为比起外在，内在感觉更灵敏、更容易被惊醒，也更为活跃。尚未完全沉睡的时候也正是幻想出现的时间，最初的感受，特别是那些没有经过思考的感受就会重新出现。由于外在感觉不活跃，内在感觉就会被此时的感受所控制，反映和表现出曾经的感受，感受越强烈，情景就越奇特。这正好可以解释为什么几乎所有的梦要么是可怕的，要么是迷人的。

外在感觉甚至不一定处于半睡眠状态，只要它停止活动，物质的内在感觉就可以通过自身运动进行反应。因此在休息前期，睡得并不沉稳，放松的身体和四肢都处于静止的状态；虽然眼睛由于闭合会变得朦胧，但并未进入全暗状态；在安静的环境和黑夜的寂静下，耳朵也停止了活动；其他感觉也都停止运行，整个身体处于休息状态，但尚未完全入睡。在这种状态下，当人们头脑不进行思考、内心不进行活动时，属于内在感觉的自制力就是唯一活动的能力。这时的人们正处于幻影叠现和阴影飞舞的时刻，我们醒来时仍能感受到睡眠留下的影响。身体健康的人们起床后，脑海中就会留下一幅明朗的景象和美丽的幻影；而那些身体不适或虚弱的人在梦中看到的则是一些怪异的阴影、老态龙钟的脸庞，甚至恐怖的鬼怪形象。光怪陆离的幻影扑向我们，走马灯似地快速变换，这时幻想充满了大脑，梦中出现的事物越多、越强烈，就越使人不快，对其他器官的损伤也越大，神经也越发脆弱，整个人显得很虚弱。

在虚弱和生病的状态下，由真实感受引起的震动要比在健康的状态下更为强烈、更使人不快，并且基于这些震动而产生的感觉体现也同样更强烈、更令人不愉快。

我们能够记住自己的梦是因为我们能回忆起刚刚的感觉。人和动物的唯一区别，就是人能完全区分哪些属于梦，哪些属于意识，哪些又是现实的感觉，这是一种记忆的作用，也是一种时间概念。而没有记忆和时间观念的动物，就无法分辨梦和现实感觉之间的区别。因此我们可以说，它们梦到的也就是真正发生的事。

我们曾论述过只有人类才具有思考能力，动物是不具备的。而理解力不仅是思考的一种能力，也是对思考的运用，它们之间是因果关系。在理解力的活动中，我们只能区分出两种活动：①比较我们所获得的感受，使之形成观点。②比较观点，使之形成推理。前者是后者的基础，必须在后者之前。通过前者，我们能够获得特殊的观点，它足以使我们认识所有敏感事物；通过后者，我们则能得到一般观点，指引我们领会抽象事物。而动物并不具备这两种能力，因为它们不具备理解力。但大多数人的思考似乎也只是局限于第一种活动能力。

我们下这个结论的理由在于，如果所有的人都能比较观点，归纳并形成推理，那么他们都能创造出新颖的、与众不同的、近乎完美的作品来反映自己的才能。似乎所有的人都具有发明的天赋，或者至少拥有革新的才能，但实际上，大多数人的活动只是缺乏创新精神的模仿，他们只能模仿别人做过的东西，具有相同于别人的思考程序和记忆方程式。这种行为，妨碍了他们思辨能力的发展，因而导致他们无法独立进行创造发明。

想象力也属于内在的一种能

□ 巴别塔　博斯　油画　16世纪　尼德兰

布封认为，如果所有人都能比较观点、归纳、推理，那么所有人都能创造出新颖、完美的作品。但大多数人缺乏创新精神，只能模仿别人，只有少数人才有革新能力，因此成为有成就的科学家、艺术家、文学家的人只是少数。图为16世纪尼德兰画家博斯想象的巴别塔。

力。它能使我们迅速抓住时机，清楚地发掘我们所观察的事物之间远隔的关系，因此我们心灵的这种能力是最辉煌最活跃的才能，是高等智力，是天才的表现，而动物正是缺乏这种才能。此外，还存在着另外一种想象力，这种想象力只取决于我们的身体器官，是我们和动物共有的东西。它是一种与我们欲望相似或相反的事物，是发生在我们内心的杂乱无章和不可避免的活动，这种想象力以强烈深刻的印象自发地不停更新，使我们像动物一样鲁莽地行动，它是我们精神的敌人、幻觉的源泉，也是操纵着我们欲望的魔爪。尽管有理智的约束，但只要这种欲望占据上风，我们就会陷入一个失败的悲惨境地。

第 6 章
人类的社会

CHAPTER 6

人类区别于动物的最大特性,在于人类具有社会性,这种社会性包括相互之间的交流、等级制度,以及国家、民族观念的建立等因素。布封在论述人的本性时,并没有忽视人的社会性,他从野蛮人的生活状态开始描绘,逐渐把社会的形成整理出一条明晰的线索。在他看来,人类社会的构成,最重要的是人类可以在社会中寻求自己需要的东西。

野蛮人与社会

> 某些民族缺少规范,完全没有法律意识甚至连领袖都没有,而且从一定意义上来说,没有社会文明习俗的民族都不能被称为民族,充其量也只能算是一个野蛮的独立行动团体或者说是一个聚集在一起的杂乱群体。

在此之前,我们讲到人类的繁衍、成长和发展,以及人在一生中各年龄阶段的不同心态和感觉。不过,以上这些都只是个体的历史,人类历史所要求的则是一些具体的细节,其主要事实要从不同地带的各类人种中提取。这些具体细节主要包括:首先,各类人种的肤色不同,肤色是区别不同人种最显著的差异;其次,各类人种身体形状以及大小也不同;最后,各民族也有着不同习性。可以毫不夸张地说,这每一个细节,都可以写成一本鸿篇巨制,但由于条件有限,我们在此谈及的内容只能是最普遍和最确切的事实。

对土著民族的风俗进行大肆渲染,我认为这是不应该也是不合理的。但是,所有对这一话题进行论述的作者

□ 克罗马农人

克罗马农人生活在旧石器时代[1]。他们靠集体狩猎为生,是很成功的猎人,经常猎取驯鹿、野牛、野马甚至猛兽。克罗马农人创造了大量艺术品,包括小件的雕刻品、浮雕以及各种动物的雕像,还有许多精美的动物壁画。

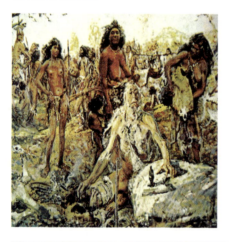

---

[1]旧石器时代:在古地理学上,旧石器时代是指人类以石器为主要劳动工具的文明发展阶段,是石器时代的早期阶段(石器时代分为旧石器时代、中石器时代、新石器时代,其中旧石器时代又分早期、中期和晚期),一般划定此时期为距今约260万年(或250万年)至1.2万年前。这一时期的人类通常以原始族群的形式聚居在一起,并通过收集植物和猎取野生动物为生。

都忽视了这点，他们列举出的那些所谓的事实，以及一些与人类社会有关的习俗通常只是一些个别人的怪癖行为或者特殊行为罢了。他们甚至还会告诉我们，现存的民族中有些会吃掉他们的敌人；有些会把敌人活活烧死；还有些会残忍地摧毁敌人的肢体；另外有些以战争为乐，但是也有些是企盼和平生活的；有些会把到了一定年龄的父辈杀掉；还有些民族中的部分父母会吞食自己的孩子。

□ 莫西人

莫西人又称唇盘族，居住于非洲的埃塞俄比亚，他们使用的莫雷话属古尔语支。主要靠放牧维持生活，也会在每年的雨季后种植一些玉米和高粱。传说莫西人佩戴唇盘是为了使自己变丑，以防被外族抢去做奴隶，后来佩戴唇盘就成了勇敢和美丽的象征。姑娘佩戴的唇盘越大，当她成为新娘的时候，就能获得越多的彩礼。

其实，这些故事只是喝醉的旅游者津津乐道的、一些特殊的事例而已。它们仅仅只能说明曾经有某个野蛮人吃掉了他的敌人，或者某个野蛮人摧残、甚至是烧死了他的敌人，或者仅仅是有个人杀死或吃掉了自己的孩子，等等。这些现象都有可能在一个或好几个未经开化的野蛮民族中发生，因为这些民族还缺少规范、完全没有法律意识甚至连领袖都没有。而且从一定意义上来说，没有社会文明习俗的民族都不能被称为民族，充其量只能算是一个野蛮的独立行动的团体，或者说是一个聚集在一起的杂乱群体。他们与我们不同，没有法律以及道德的束缚，在他们的意识中，只需服从自己那怪诞的欲望，他们之间没有共同利益，也就无法走向同一目标。因此，这些特殊的事例，根本谈不上是一种所谓的以合理的意图为前提的习俗。

同一个民族，是由聚集在一起的相互认识、使用同一种语言的人组成的。有时会在必要时涂上同一种颜色听从同一个首领的指挥，共同武装，或以同样的方式呼叫。如果这些习俗是固定的，他们就会毫无目的地聚集在一起，而不会无故分开；如果这些首领的留任并不是出于自己或其他人的心血来潮；如果他们拥有自己的语言，并且可以使大家简单明了地交流，这才是一个民族。

事实上，在野蛮人的头脑中只存在少量观念，因此他拥有的也只是些能应用于最普遍的事物的少量词语，其唯一的好处就是他们能在很短的时间内听懂对方所要表达的意思。这也是野蛮人可以轻易听懂并学会说其他野蛮人所有语言的原因，在这点上，野蛮人与我们这些开化的民族有些不同，因为一个开化的民族去学习另一个开化民族的语言是很复杂和困难的。

正因为没有必要对所谓的野蛮民族风情大肆渲染，所以才应该更具体地考察个体的本性。事实上，野蛮人是最少被人认识和最难被人描述的，在动物中也是最奇特的。而且对我们而言，很难把大自然赋予我们本身的东西，与教育、艺术教给我们的东西进行区别，有时甚至完全将两者混为一谈。所以如果野人只是以其真实色彩和天然面目展现他的性格，那么我们对野人的不理解也就不足为奇了。

一个绝对野蛮的野人，对于一个哲学家来说可能是稀有的奇观，就如康纳提到的在汉诺威森林里发现的那个由熊养大的男孩。哲学家通过观察这些野人，得出本性欲望的力量，而他看到的也将会是最真实和最原始的内心，以及区别所有本能的动作。同时，他还会看到比自己更多的温柔、清心寡欲和平静。

社会的形成

> 人类在不同状态下，都有形成社会的倾向，并不会受到气候条件的影响。这也是一个必然的固定结果，因为人类的天性就是繁衍。这就是社会。我们能清晰地看到它是以大自然为基础而建立的。

我很高兴再次提起某些事实，尽管目前我还不愿意对感情及欲望的理论展开讨论。但这足以证明，处于自然状态下的人与大部分动物一样，无时无刻不在寻找肉食，因为他们是永远不能仅靠青草、种子或水果生存的。

一些新、老哲学家认为，某些医生建议我们使用的毕达哥拉斯食谱在大自然中是从未得到证实的。然而，只有在黄金时代，像鸽子一样天真无知的人才吃生食、喝生水。由于四处都有食物，这个人心境平和地单独生活着，并且没有烦恼地与动物和平共处。但是，当他忘记了高尚，为了与别人聚合而牺牲自由时，战争的铁器时代就取代了和平的黄金时代。这也是某些性情孤僻、道貌岸然的哲学家一直指责人类社会的地方。他们为了维护个人自尊，对整个人类进行羞辱，他们还向世人展示了这幅只存在对比价值的图表——只是因为这幅图表有时可以向人类反映出虚幻的幸福吧。

那种真正的天真无邪、高度节欲、完全平和的理想状态真的曾经存在吗？这不就是一个把人当作动物而给我们教训和范例的神话寓言吗？我们是否可以假设在社会出现之前道德就存在了？我们可以真诚地认为这种野蛮状态值得我们怀念吗？毋庸置疑，这些问题的答案都是肯定的。只要有幸福，几乎没有人会想到不幸，在原始状态中道德的存在与否对他们来说又有什么关系呢？难道健康、自由以及力量不比伴随着奴役的柔弱、声色和享乐更重要吗？

话又说回来，如果我们天真地认为混日子比认真生活更愉快，没有食欲比满足食欲更幸福，困了就睡比睁开眼观看和感觉更简单，并这样做的话，那么我们等于让自己的灵魂麻木、思想禁锢，也就等于不再使用灵魂和精神了。若是这

□ 原始茅屋

原始人长期居住在天然山洞中，直到旧石器晚期，随着生产力的提高，先民才开始修建更为舒适的房屋。早期的房屋多是用树木搭成框架，再在顶上和周围铺上茅草等植物。他们的茅屋修成一片，形成一个村落。

样，我们就将被放在动物之列，最终也只能成为与大地相连的一块原料而已。

让我们用讨论代替无意义的争执吧！在讲过道理之后，最有说服力的就是我们提出的事实。我们肉眼看见的并不是理想状态，而是自然的现实状态。那些生活在沙漠中的人们是安静的动物吗？他们快乐吗？我们不会像哲学家那样，在主观上作一个原始人与野人之间、野人与人类之间存在很大差别的假设。因为我觉得，如果要思考事实，要制定一条绞尽脑汁之后才得到的法则，就不能去假设。这样我们才能有条理地从最有教养、最文明的民族看到那些落后的民族，再通过这些落后民族看到其他更不文明的仍然受到专制统治、受法律制约的民族。从这些落后的人看到另外不同的野蛮人，通过他们，我们能找到其与开化民族之间同样多的细微差别。其中一些民族形成了由领袖人物率领的大型民族，另外一些则形成了规模较小、便于统治的小社会，最后剩下的是那些既没有形成家庭、也不形成体制的最孤单和最孤立的人。

帝国、君主、家庭，这些就是社会的极权，同样也是大自然的边界。如果它们还能扩展，那么当人们穿越地球上最荒僻的地方时，不就找不到那些被遗弃的子女，或是分散的父母、聋哑的人了吗？我认为，除非能确定那时的人们身体结构与现在的完全不同，并且生长速度更快，否则，认为人类不形成家庭也可以生存的观点是不成立的。因为刚生下的孩子在头几年内如果没有接受救助或照料就会死去，而动物的新生儿只需要母亲照料几个月即可存活。单是人类的这种生理状况就可以成为一个依据：人类只有在社会中才能延续和繁殖。父母与孩子的组合形式是自然的，更是必要的。因此这类组合形式就必然要求父母同孩子之间产生持久的相互眷恋。这就可以使他们能够相互熟悉彼此间的姿态、手势和声音。总之，这是感情需要的所有表达形式，它已被事实证明，因为与大多数人一样，连最孤单的野人也要使用符号和话语来进行交流。

那些生活在荒漠中的野人，也有家庭的组织形式，父母孩子互相熟悉，使用的语言也能相互理解。在香槟省丛林中发现的女熊孩，以及在汉诺威森林里发现的男熊孩，都能证明这点。这两个孩子都来自人类社会，但在大约五六岁时，即他们能够独立获取食物的时候，被遗弃在森林中。当时他们的大脑还很虚弱、记忆力也不够成熟。他们曾生活在绝对孤独的状态下，头脑中不会有社会的任何概念，更不会使用手势和语言。但是如果他们能相遇，快乐的天性同样能使他们结合在一起，他们能够互相依恋，相处很好，因为他们不但会说表达爱情的词语，还能与自己的孩子进行语言交流。

让我们来考察一下纯自然状态下组成家庭的野人们。只要他们的家庭稍微兴旺一些，这个家庭的男性就将成为一个拥有众多人口的群体首领。在这个群体中，所有成员过着同样的生活，遵循着相同习俗，说着同一类语言。到这个家庭演变到第三代或第四代时，就会分裂出小家庭，他们会一直被共同的习俗和语言约束在一起，发展成一个小部落。随着历史的发展和变化，这个小部落很可能会发展成一个民族。这主要取决于野蛮的人类同已开化的人类之间的地理距离，如果气候温和、土地丰饶，他们就能随意占据大块田园。在这里，他们只能遇到孤单生活的人，或是和他们一样的野蛮人，他们仍会继续野蛮地生存下去，但那些新加入的人群将根据不同情况，成为他们的敌人或朋友。在气候恶劣、土地贫瘠的区域，他们会因为人口过多和空间的拥挤而相互挤压，并向四周扩张，建立起殖民地。于是，他们与其他民族发生战争或冲突，而战败的一方最终成为战胜者的奴隶。因此，人类在不同状态下，都有形成社会的倾向，并不会受到气候条件的影响。这也是一个必然的固定结果，因为人类的天性就是繁衍。

这就是社会！我们能清晰地看到它是以大自然为基础而建立的。接着我们来考察一下野人的饮食习惯吧。我们发现没有任何野人可以仅靠水果、青草就能生存的，与这些食物相比，他们几乎都更喜欢鱼肉。他们同样也不喜欢喝纯水，而是通过制造或想办法获得一种更有滋味的饮料。法国南部的原始人饮用棕榈树中的水，北部的原始人则喝鲸油[1]，还有些原始人学会了制造发酵的饮料。他们受

□ 维伦多夫的维纳斯　新石器时代

氏族社会的形成，是人类社会发展的重要进步。氏族亦称氏族公社，是以血缘为纽带结成的社会基层单位，亦是社会经济的基本单位，产生于旧石器时代晚期，基本贯穿于新石器时代始终。氏族社会初期，以母系血缘为纽带，即实行母权制，故称母系氏族社会。图为母系社会时期的母神雕像。

自然食欲驱使，制造出打猎和捕鱼的工具：弓箭、渔网、渔船等，这些工具都是出自他们卓越的思考，都是以满足他们口味为目的而研制出来的。适合他们的口味，也就代表着适合他们的天性，因为人不能只靠吃草过活，如果他们不食用富有营养的食物，就会出现营养不良的症状。人只有一个胃和一段很短的肠子，因此不可能像有四个胃和超长肠子的动物一样，可以吃很多素食，比如牛，就必须以食物的数量补充质量的不足。同时，仅有相同的水果和种子对人来说是远远不够的，他还需要大量富含营养的有机物。时至今日，尽管面包是用小麦中最纯的部分制成，且小麦与其他种子和水果都已经过改良，比那些野生果实营养更丰富，但若是仅以面包和水果为食，人还是会虚弱无力。

请看看那些出于神圣动机而过着素食生活的孤独苦行僧吧，他们拒绝造物主的恩赐，失掉了说话的机会，逃离社会，自我封闭在隔绝了大自然风吹雨打的圣殿里，禁锢在更像是活人墓的避难所中，他们活着只是为了呼吸。所以他们饱受折磨的脸庞上那双灰暗的眼睛，投向四周的只会是无精打采的目光。他们看起来奄奄一息，就算进食也只是因为身体的需要。因此，尽管有虔诚的信仰支撑着，他们的生命却总是很短暂，不过对他们而言，死亡并不意味着生命的结束，而只是完成了生命的一个过程罢了。

---

[1] 鲸油：一种海生动物油，由鲸的皮下组织、内脏和骨经熬煮而得的油脂，淡黄色至黄棕色，有鱼臭味。

第 7 章
人的优越性

CHAPTER 7

　　布封把人类的诞生看作是生产斗争的结果。他认为，与兽类相比，人类更具优越性，因为人类具有智慧和力量，而动物则因不具备思维能力而无法创新。在他看来，上帝早已在整个人类史中丧失了至高无上的地位，只有人力才是最伟大的。

人与兽的比较

> 在自然界中,只要我们肯花精力,就能教会某些种类的动物说话,如果我们愿意花费大量的精力,甚至可以让它们说一些很长的句子,但无法让它们理解这些字音所代表的实际意义。因为它们缺乏的不是器官,而是思想。

　　人类通过思维信号来传达内心的一切,而这种思维信号就是语言,因此也可以说,人类是以语言来传递自己思想的。任何人种都具有这种思维信号,即使那些蛮荒之地的野蛮人也有着自己的语言,他们的对话同样很自然,并通过对话让对方理解自己的意思。然而,在兽类中却没有哪种动物能有这种思维信号,即使与人类相近的猴子也没有这种功能。这并不是由于猴子的舌头缺少器官——从事解剖学的人们会发现,猴舌与人舌同样完善,因此关键在于猴子没有思维。假如猴子拥有思维能力,它就可以开口说话,或是当它们的思维与我们的思维具有相通之处,那它也能具有我们的语言。现在,我们假设它只有猴子的思维,那么它就可以同其他猴子说话,但是我们从未发现它们之间相互交谈或者讨论。这是因为它们没有一种秩序性、连贯性的思维,因此不能用言语来表达思维,甚至不具备最低层次的思维方式。

　　确实,兽类并非因为器官的不完善而无法说话。在自然界中,只要我们肯花精力,就能教会某些种类的动物说话,如果我们愿意花费大量的精力,甚至可以让它们说一些很长的句子,但无法让它们理解这些字音所代表的实际意义。它们只会简单地重复这些语句,就如一种回声。因此,我们可以推断,它们缺乏的不是器官,而是思想。所以在我看来,要想有语言的能力,必须首先有连贯的思想,而兽类正是由于不具备这种思想的连贯性,所以无法产生任何语言。思想的连贯性构成了思维的本质,虽然兽类不具备这种能力,但我们却必须承认,它与我们最初的状态和最机械的感觉有些类似。因为动物不能思考和说话,所以它们无法将自己的思想连贯起来,也正是出于同样的原因,它们才不能去发明什么。

如果它们能有最低级的思维能力，也能获取更多的成果，掌握更多的技巧。例如，如果河狸具有思维能力，那么今天的河狸应以更高超的技巧去建造一个最初的河狸不曾建造过的巢；蜜蜂如果拥有思维能力，那么它应该去完善自己的蜂房。以上这些例子，是对我观点的最好支持。

或许，有人会问，既然动物所有的作品都拥有一种统一的形式，那么这种形式的蓝本又是来自何处呢？有没有另外一种更有力的证据来证明它们的活动只是机械的、纯粹的、实际的结果呢？对于这些问题，我的答案是——或许同一种类动物的单一个体，其所做的可能略有不同，但这并不代表所有兽类都按同样模式进行工作。我之所以这样说，是因为动物行为的顺序是整个属类所共有的，并不属于单一的个体。况且，若我们想给兽类加上思维，我们就必须为每一种类的动物作同样的努力，让每一个体都同样参与，因此这个思维必将会与我们的思维截然不同。

以上论述进而引发了以下疑问：为什么我们自己的作品和成果会与他人的不同呢？对我们来说，为什么创新比一种新的模仿更有价值呢？这正是由于我们的思维是属于自己的，它与另一个人的思维不同，因此我们与他人才没有丝毫共同之处。实际上，只有当我们拥有那些最落后的能力时，我们才会与动物相似。

即使那些最完美的禽兽，其能力也与我们有着一段无限遥远的距离，这是因

□ 俄狄浦斯和斯芬克斯
　莫罗　油画　19世纪　法国

　　狮身人面兽斯芬克斯向每一个过往的行人问一个相同的问题："上午四条腿，中午两条腿，晚上三条腿，是什么动物？"倘若行人答错，他就会把对方吃掉。斯芬克斯之谜正是人从出生到死亡的过程。后来俄狄浦斯猜中了答案，斯芬克斯羞愧万分，跳崖而死。这虽然只是传说，却说明人的思维是动物所不能比的。

□ 狩猎　原始岩画　新石器时代

布封认为，只有人类具有思维能力，动物是没有的。人类常常利用其思维战胜动物，这也是为什么大型动物也常常成为人类的食物，而很少有人成为动物的口中餐的原因。此外，人类还能将自己的意识通过各种方式记录下来，图中这些史前的岩画就是明证。

为人有不同的天性和思维，这决定了人类与兽类有着较大的差异，人类要经过一片无边的空间才能到达动物的空间。因为，假如人属于动物目，在自然界中，将会存在着某些虽然不如人那么完善，却又比其他动物类完善的生物，我们借助它们从猿过渡到了人。可是这并不代表我们突然从想象的生灵过渡到实际的生灵，从精神力量过渡到机械力量，从有秩序和有目的的活动过渡到盲目活动，从沉思过渡到生存需要。

我们正是通过这些特点来展示我们卓越的能力，展示大自然在人和兽之间设置的巨大差异。人是一种有理性的生灵，动物则是一种无理性的生灵。在有理性的生物和无理性的生物之间不存在中间动物；在肯定和否定之间也无第三条道路可走。很明显，人和动物的天性完全不同，二者只是具有相似的外部，如果根据这种表面的相似来判断人和物，那就是听任自己为表面的现象所欺骗。

人力改造自然

> 大自然指挥一切造物，在生物之间设立了一种有序的隶属和和谐的关系，他指挥人类去美化大自然，耕种土地，扩展土地，修剪荆棘，大量种植葡萄和玫瑰。

地球上的所有生灵是如此幸运。首先，大自然以其雄伟的气魄为生灵提供了许多辉煌的成果。一道纯净的光芒从东方蔓延至西方，接连不断地给这个美丽的星球镀上一层金色，这束透明、清盈的光线滋润着万物，并以一种柔和的光和热使万物生机勃勃，使各种生命得以绽放；其次，大自然也提供了大量鲜活、纯净的水作为生灵们成长的保障；再次，大自然所塑造的陆地，其上突起的山丘挡住天空中的雾霭，使这里的空气始终清新，凹陷的洼地天生就是聚集涌泉的工具；最后，大自然还为生灵在地球上划分出海洋，这些海洋与陆地一样，幅员辽阔。然而这个巨大的海洋自身并不活跃，因为大自然用手划定了它的边缘，它只是跟随着天体的运行而作有规律的涨落，与月亮同时升落，并在月亮和太阳同时升落时涨得更高。

大自然为生灵们塑造了以上这些神奇雄伟的外部宝座，同时也在这个宝座内部塑造了更为奇妙的产品，所以大自然注定要被崇拜。他指挥一切造物，他在生物之间设立了一种有序的隶属与和谐的关系，他指挥人类美化大自然，耕种土地，扩展土地，修剪荆棘，大量种植葡萄和玫瑰。

然而，生灵们，尤其是人类，他们对自然的崇拜

□ 旧石器时代的农具

从出土的文物来看，人类至少在10 000年前就已经开始进行农业生产。他们利用石头和木头等材质制成类似后来的锄头的挖土工具来翻土。图为距今17 000至11 000年前的马格德林文化时期的农具。

□ 耕种

耕种是一种古老的生产文化现象，是一种人类利用田地等各种自然条件进行耕作的农业生产方式和重要的谋生手段。这种让土地和植物巧妙结合的生产方式，体现了人类利用和改造大自然的智慧和能力。然而，随着时代的进步、生产工具的改良，许多落后的耕种文化已逐渐被淘汰。

不应该是盲目的，因为人类的力量也能影响大自然。让我们看看那些未经改造的大自然吧。这些荒凉的地区，曾经没有人生活，只有大量浓密而幽暗的大树，其中的某些大树没有树皮或者树顶，它们弯曲着、倾斜着，仿佛要倒下来，而另一些大树已经腐烂，这些腐烂的树木掩埋着那些新生的树芽。大自然在别处闪烁出年轻的光辉，在这里却显露着自己老朽的状态。大地承受着残存废料的侵袭，到处充塞着长满寄生植物的老树枯枝；所有的低洼地区都充斥着一潭死水，由于缺乏疏导而变得浑浊发臭，同时还有许多既非固体也非流质的淤泥地带，陆上和水上动物根本不敢接近；那些生长在这里的恶臭植物，只会滋养一些害虫，充当肮脏动物的乐园。在这些腐臭的沼泽和衰朽的树木之间，延伸着一片荒野，不过它完全迥异于大草原，在这里生长的都是一些害草，它们窒息了良草。这些草不是斑斓的细草，而是各种多刺的、坚硬的草，它们互相缠绕，厚达好几尺，蛮横地一茬接一茬地生长。在这片蛮荒之地，既没有道路，也没有智慧的痕迹，如果人们想要通过这片地区，就必须沿着凶残野兽经常出没的小径前进，并时刻提防这些野兽，以免成为它们的猎物。

人们惧怕这些野兽的嚎叫，又被凄凉的静谧吓坏，于是掉头返回来，说道："荒凉的大自然是多么死寂啊！为了使它富有生机，让我们疏通这些沼泽，让它们形成小溪、沟渠吧！现在，我们只有靠烧荒或铁器等工具来改变这片荒地。也许不用太久，我们在这里就不会再发现灯心草或者形成蟾蜍毒液的荷叶，而是布满了三叶草等味甘而有益于健康的牧草，成群的牲畜生活在这片以前难以穿越的土地上。这里有充足的水源，茂郁的草地，畜群也会逐渐增多。让我们利用这些助手来继续我们的工作吧！让牛套上轭下田耕地，让土地因耕种而充满活力！不久，新的自然面貌就将出自我们手中。"

这个人力改造过的大自然是多么美丽啊！由于人的劳作，它开始变得灿烂、绚丽。它是人类最高尚工艺的体现，人类以自己的能力和技巧使大自然重现其美丽的姿态。大自然提供的那些以前不为人知的宝藏和财富，现在都被人类发现了。人的力量使花、果实、精选的种子日益增多；那些能帮助人们的动物被引进推广，现在的数目已经非常巨大；那些有害物种已经被人类抑制或消灭；金矿和铁矿已被人从大地的腹中发掘出来；被控制的激流、被疏导的江河奔腾在地球上；阻断两个半球交往的大海被驯服；土地被耕种得既丰饶又鲜活；在山谷里、平原上、丰厚的草场或富饶的良田上，都长满了葡萄树和果树；曾经光秃的山顶现已被有用的树木所覆盖；荒凉的沙漠变成有人类居住的城市，人们之间的往来也更为频繁和便利；道路被开辟，常常有人走动，形成人来人往的场景。这些都是人类社会力量与团结的象征，还有另外一些体现人类威力与荣誉的光荣成绩，它们共同证明着主宰大地的人类，已经刷新了整个大地的面貌。不过这些东西也能从反面证明，自古以来，人类在改造大自然的同时，几乎一直在与造物主进行分庭抗礼。

但人之所以能够主宰大地，只是因为他的征服。他享受着这些改造的成果，然而却不能一劳永逸地占有着，只有通过不懈的努力才能保存这些成果。只要他一停止努力，则一切都将重新萎靡下去，一切都要变质，一切都将重回到造物主

□ 梯田

今日，在世界上的许多地区都有梯田分布，它们沿着陡峭的山坡层层向上，远看很像台阶。梯田是切入山坡的平地，用以涵养水源，使在丘陵地带大面积种植庄稼成为可能。它是人类改造自然最令人惊叹的方式之一。据考证，梯田最早出现在史前时期，当时人们用它来种植粮食作物或防御工事。

的手里；只要停止努力，造物主就要收回它的权力，扫灭人类的成绩，在人类最辉煌的建筑上散布灰尘与苔藓，然后慢慢摧毁它们，只留给人们一个惨痛的回忆，这时的人们能做的只有悔恨——悔恨由于自己的过失而把祖宗艰难缔造的成果完全丧失。

  人类只有团结起来才具有力量，和平时期才能拥有幸福。而人类偏偏具有一种疯狂的无理性，偏偏要武装自己造成自己的不幸，偏偏要用自己制造的战争使自己衰落。他们被无尽的贪婪激发着，被野心蒙蔽着，从而放弃理性，动用一切力量来对付自己，想尽一切办法来互相摧毁，其结果只能毁灭自己。而只有等到这些血腥的岁月过去，等到所谓"光荣"的过眼云烟消散后，他们才怅然地发现，大地已经破败不堪；文明已经葬送；许多人流离失所、精疲力竭；人类自身的幸福已经消失；人类真正的威力也已殆尽。

NATURAL
HISTORY

附： 布封的进化观

布封一直致力于研究宇宙和物种的起源，他主张物种是可变的，并由此提出生物转变论和"生物的变异基于环境的影响"的理论，即物种会因环境、气候和营养的影响而发生变异。他的理论，对后来的进化论有直接的影响，因此达尔文称他"是现代以科学眼光对待这个问题的第一人"。

物种演变

> 物种本身的变化，是出现在动物的每个科甚至每个属中的更久远的蜕变，这样我们才能理解相近物种之间的细微差别。当人类从一个地方迁移到另一个地方时，他的本性会发生变化。

当人类从一个地方迁移到另一个地方时，他的本性会出现变化，他迁徙的地方离自己起源地越远，他的本性所产生的变化就会越大。在过往的几个世纪里，人类已经穿越了几个大陆，因此人类的后代已经发生了巨大变化。然而，如果我们的思维中不存在大自然只创造出一个人类的观念，我们就有可能认为黑人、拉普兰人和白人分别属于不同的人类。这三个人种之间，虽然在皮肤和生活习性上差别较大，却能和平共处，共同促进人类大家庭的发展。因此，他们的肤色最初并不是不同，这种迥异只是外在的，本性的退化也只是表面的现象。无论是生活在赤道地区、非洲丛林的黑人，还是生活在北极寒冷地区的棕褐色小矮人，他们都属于同一个人类。

大约在250年以前，黑人被贩卖到美洲，不过我们并没有意识到，那些纯种的黑人与他们最初的状态相比，肤色已经发生了变化。南美洲地区气候炎热，骄阳似火，就连生活在这个地区的原有居民的肤色都变成褐色，当然，居住在那里的黑人的肤色仍是黑色的，这并不让人奇怪。要想对人种的肤色进行试验，就应该将几个生活在塞内加尔的黑人运到丹麦去，因为丹麦人普遍是白皮肤、金头发、蓝眼睛。这样，血缘的区别和肤色的反差才能明显看出。要了解需要多长时间才能恢复人的本来面貌，我们唯一能采用的方法，就是将黑人和他们的女人关在一起，精心地保存他们的人种，不让他们出现与其他人种混杂的情况。

在家畜中，牛是受食物影响最大的动物。在土地肥沃、草木茂盛的牧场地带，牛的体积非常硕大。古人把生活在埃塞俄比亚和亚洲地区的牛称为"牛象"，因为在那里，牛的身躯已接近象的身躯，这是营养充足所致。在欧洲，这种情况也同样存在，放牧在瑞士或萨瓦省山间牧场的牛群，它们的体积比法国的牛大两倍。虽然瑞士的牛和法国的牛一样，一年中的大部分时间都被关在牛棚里吃草料，但在瑞士，一到冰雪融化的时节，人们就将牛群赶到牧场上，不像法国某些省份，必须等到收割完给马吃的草料后，才准许牛群进入牧场草地。因此，这些牛群从未获得过充足的食料。我认为我们国家必须注意这一点，制定出一项法规，禁止草场闲置。气候对牛的外形也会产生影响，在寒冷的北方，牛全身长满了像羊毛一样细长而柔软的毛，肩部还有一块厚厚的皮脂。这种身体的变形在亚洲、非洲、美洲的牛身上也曾出现，只有生活在欧洲的牛没有这种"驼峰"，而这种没有"驼峰"的牛类就是最原始的种属。那些有

□ 始祖鸟化石

从始祖鸟的化石来看，它们的翅膀上长有现代鸟类没有的爪子。由于鸟类的前爪很少使用，在漫长的发展中便逐渐退化，所以今天的鸟已经没有前爪了。

"驼峰"的牛则是经过第一代或第二代的杂交产生出来的，这证明它们只是原始种类的变异。除此之外，牛类还会有体积方面的变异，如阿拉伯半岛的瘤牛，其体积只有埃塞俄比亚"牛象"的十分之一左右。

总之，对于那些以草或水果为生的动物来说，食物对它本性的影响极大，效果也非常明显；相反，肉食动物受食物的影响比较小，受气候的影响却较大。比如狗，它受食物的影响很小，它的退化只与气候的变化有着紧密联系。生活在热带地区的狗全身光秃秃的，而北部寒冷地区的狗则披着又粗又厚的毛皮；在西班牙，狗的毛皮犹如柔软光滑的地毯；在叙利亚，狗的毛皮像丝绸一般。除了气候因素以外，狗的生存环境状况、被豢养程度，甚至与人类的关系等等都是引发它们发生变异的因素。狗的身材通常取决于人为因素，其尾巴、嘴巴、耳朵的改变，也同样受到人类的影响，那些被人们剪短耳朵和尾巴的狗，会将这些缺陷遗传到下一代。我见过刚出生时就没有尾巴的狗，开始我以为它是狗类的奇特物种，后来我才知道这个种类是存在的，并且是世代相传的。

□ 大象的退化

大象在距今5 500万年至3 600万年前就已经存在，最早的始祖象体积较小，生活在水中。随后的铲齿象和猛犸象具有庞大的体积，弯成钩状或形如铲状的牙齿，在逐渐演变中，它的一些功能也在逐渐退化。今天的大象不能长期待在水中，也没有灭绝的铲齿象和猛犸象那样长而宽的牙齿。

是不是所有的狗都有垂着耳朵表示驯服的模样呢？答案是否定的，因为在组合的30个不同品种的狗里，依然有两三种还保留着最原始的耳朵姿态——竖立着耳朵，牧羊犬、狼狗和生活在北方的狗都具有竖立的耳朵。还有，现在的狗，其声音变化也非常大，它已经变得像所有长舌头的动物一样，喜欢对人乱吠，最大限度地发挥舌头的功能，而事实上，原始状态中的狗，几乎都是哑巴，只有在异常情况下才会吠叫，因此它们是在与人类的交往中，才学会吠叫的。如果人们将狗运到气候奇特的地区，让它们与当地的土著居民一起生活，譬如与拉普兰人或黑人相伴，它们就会丧失狂吠的能力，重新恢复到原始模样，有时甚至会变得哑口无声。耳朵竖立的狗，尤其是牧羊犬，是所有狗中蜕变最小的，也通常是最沉默的，因为它们孤独地生活在原野上，只与羊和少数牧人交往，因此也像牧人一样，保持着严肃安静的状态，尽管它们有时也会显得颇为聪明和活跃。牧羊犬受到人类的驯化最少，它们是最具自然特质的一种狗，也是服从命令、守护畜群的好手。因此，我们需要增加和扩展的是这个品种，而不是那些宠物狗。宠物狗的数量已大得惊人，在很多城市，它们消耗的食物资源，甚至可以养活不少贫困家庭。

家庭喂养也能使动物的颜色发生变化。动物的最初颜色，通常是浅黄褐色或黑色，而现在，这些动物的颜色发生了巨大变化，就连猪的颜色也由黑色变为白色。通体纯白和没有任何斑点，是动物终极退化的标志，这样的动物具有不少缺陷。如那些比正常人更白的白人，若头发、眉毛和胡须都是天生白色，他们通常会有耳聋、红眼、弱视等缺陷；在黑人中，毛发花白的黑人，比正常状态下的黑人更虚弱更有缺陷。

在考察了每个物种由于特殊变化而引起的变种之后，我们还应看到另一个更为重要的因素，那就是物种本身的变化。这种变化，是出现在动物的每个科甚至每个属中的更久远的蜕变。在陆地动物中，只有少数几种动物像人类一样既是种也是属，大象、犀牛、河马和长颈鹿就只有直系繁殖，而没有其他任何旁系的单纯独立的属与种；其他的动物则通常有一个主要的共同主干的科，再由这些主干派生出许多分支，分支越多，这个物种的个体就越小、越具有繁殖力。

根据这种观点，马、斑马和驴是同一科中的三种动物。如果马是主干，那么斑马和驴就是分支。这三者之间的相似之处，远远超过它们之间的差异之处。因此，我们可以把它们看成是同一属。它们之间有着明显的共同特征，是唯一的奇蹄动物，只有一个蹄，没有其他任何脚趾和趾甲。尽管这三者形成了三个不同的物种，但它们之间还是有关系的，因为公驴可以同母马进行交配繁殖，公马也同样可以与母驴进行交配繁殖。假如我们能驯服斑马，使它变得温顺，它也能同马或驴进行交配繁殖。

我们一直把骡子看成是劣等的杂交产品，是两个个体混合的产物，它自身不能繁殖，因此不能形成系统。事实上，骡子并非人们认为的是因为受到严重损害而丧失生育能力，它不能生育只是一些外在的和特别的因素造成的。我们知道，骡子通常生活在气候炎热的国家或地区，也能在气候温和的地区生养。但是，我们不知道，它们的生养繁殖是否只是公骡和母骡之间简单的结合，或者是公骡与母马之间的结合，甚至也可能是公驴与母骡的结合。有两种公骡，一种是大公骡，或叫作马骡，它是公驴与母马交配后的产物；另一种是小骡子，是公马与母驴的产物，为了区分它们，我们把后者称为驴骡。古人早就知道这两种骡子，并且用不同的称呼加以区分，他们认为母骡很容易受孕，但很难保住胎儿。尽管存在着母骡生育的例子，但人们仍然认为这种生育是个奇迹。然而，在自然界中，这到底是个奇迹还是个别现象呢？在怎样的情况下，公骡才具有生殖能力，母骡才能受孕和生子呢？面对这些疑问，我们应该进行一些实验，以便知道具体的情况，获得新的依据，从而对通过杂交引起的退化，以及每个属的单一性和多样性有进一步的认识。要想获得实验的成功，就必须让马骡分别和母

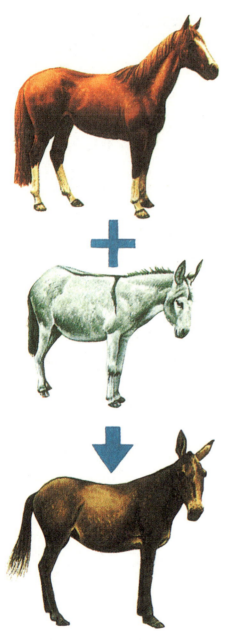

□ 骡子的由来

骡子有两种，一种是母马和公驴交配后的产物，另一种是公马和母驴交配后的产物。布封认为，马与驴交配后生下的骡是科和属种中的蜕变。

骡、母马、母驴之间进行结合，再用驴骡进行同样的实验，看看这些不同的动物之间进行交配后的结果；另外还必须让公马、公驴分别和母骡、母马骡、母驴骡进行结合。这些实验虽然很简单，但人们从来就没有尝试过。我推测，在以上的实验中，公马骡与母驴骡、公驴骡与母马骡的交配肯定会失败；公马骡与母马骡、公驴骡与母驴骡的交配则有可能获得成功。同时，我推断，公马骡与母马交配成功的可能性比公驴骡与母驴交配成功的可能性更高，而公马骡与母驴交配成功的可能性又比公马骡与母马交配成功的可能性更高。最后，公马和公驴都可能与母骡交配，但公驴的成功性比公马的更大。以上这些实验必须在气候比较炎热的地区进行，至少是在普罗旺斯省的东部，还必须选用7岁的公骡、5岁的马和4岁的公驴，这是根据它们青春期的差别来选择的。

总之，我们举的这些例子可以证明，骡子并不像人们认为的那样没有生殖能力，只有少数个别的骡子才没有生殖力。但是，公山羊和母绵羊的杂交品种就具有繁殖能力；大部分杂交的鸟类也同样具有繁殖能力。所以，马和驴是个特例。

由马和驴繁殖产下的骡子，像

其他动物一样具有完整的生殖器官，它们什么都不缺。公骡体内蓄积着大量的精液，因为人们不常让它们交配，它们就经常躺在地上，当两只蹄子屈在胸前摩擦时，抑制不住地射出精液。可见，这类动物具有交配的一切必要条件。它们对母骡、母驴和母马都有性欲，而且经常饥不择食，因此它们的交配没有什么障碍。如果人们希望获得有繁衍能力的交配，就必须给予其特别的照料。过于强烈的性欲，尤其是对雌性而言，经常会造成不孕，母骡与母驴都性欲过强，所以容易不孕。我们知道，母驴经常拒绝公驴的精液，要使它受孕，就必须打它几下或朝它屁股上泼水，使它能平息交配后的痉挛，因为这种痉挛正是它排斥精液的原因所在。公驴和母驴不育还另有原因，那是因为它们最初生活在气候炎热的地区，当来到寒冷的地区时就会妨碍生殖。基于此，人们经常在夏季时才让它们交配。如果让它们在别的季节交配，尤其是在冬天，即使反复好几次，也不能成功受孕。时间的选择不仅对受孕很必要，对生育也很重要，小驴驹必须在天气热的时候出生，否则就会死亡或变得十分衰弱。母驴的孕期为一年，所以它生育的季节也是受孕的季节，这证明了气候条件对动物的生殖和生存是多么的重要。由于雄性过于冲动，人们总是在雌性生下小驴驹之后就马上让它与雄性交配，这样在生育和交配之间，它只有七八天的休息时间。但是，由于生育，母驴变得十分虚弱，生殖器官没有时间恢复，反而会造成性欲不强。无论以什么方式，只有在母驴体力充沛、精力旺盛时，它受孕的可能性才最大。有人认为，这种动物和猫类一样，雌性的欲望比雄性更强，但是，雄性驴子却是个例外，它可以与雌性连续几天或一天几次交配，它的无法熄灭的欲望，总是令它变得更急切。但是，这就造成有的雄性驴子最后因为精疲力竭而无法再次兴奋起来；有的则在半天之内不停地反复交配，只靠喝水补充，最后因急剧的消耗而累死。另外，气候炎热也会使种驴大量消耗体力，很快败下阵来。基于此，有人推测雌性比雄性更健壮，活得更长。雌性驴可以活30年，每年都可以生育；而雄性，如果我们不对它的交配进行限制，它就会在短短几年里耗尽气力，从而丧失生殖能力。

飞虫社会

> 在飞虫的群体中，有着持久不变的管理基础，每一个体对于自己的岗位都怀着深深的敬意。它们坚定不移地热爱自己的集体，对工作兢兢业业，忘我无私，彼此之间亲密和谐。

在对人的个体和动物的个体进行比较之后，我再来比较一下社会中的人和成群的动物。通过这些比较，我们会发现那些最多的、最低等的动物具有某些技巧的原因。由于某些飞虫的许多事情我们都还没谈到，下面我就来谈一下为什么一些观察家会如此异口同声地赞美蜜蜂的智慧和天才。

一些观察家通过精心观察，发现蜜蜂有一种特殊才能，而这种才能也是蜜蜂独具的艺术。一个蜂群就如一个王国，它们的一切劳动，都以一种令人惊叹的、公正和严谨的方式来进行安排和分配，每个个体也只为它存在的集体工作。这种分配甚至连一些真正的人类国家都无法相比。我们观察这个飞虫的群体时间越多，就越能发现一些奇妙的事情。在这个群体中，有着持久不变的管理基础，每一个体对于自己的岗位都怀着深深的尊敬。最让我们惊叹的，还有它们对集体坚定不移的热爱和对自己工作的兢兢业业、忘我无私与亲密和谐，以及它们所掌握的用于最典雅建筑的最精确的几何学，等等。我只需稍稍浏览一下记载这个"共和国"的编年史就会发现，从这些昆虫经历上得到的、博得历史学家赞叹的特点数不胜数。

然而，我们对这些昆虫的赞美似乎过于夸大，甚至可以毫不夸张地说，没有什么比人类对飞虫的赞叹更过分的了！也没有什么比我们给予这些飞虫的精神关注，承认它们对公共财产的热情和它们具有最伟大建筑本领更没有道理的了！因为事实上，蜜蜂仅仅是靠本能最快地解决"在最小的空间，用最完美的布局，完成最坚固的建筑"这一问题。为什么我们会给这些飞虫偏激的赞美呢？在博物学家心中，一只蜜蜂所以占据的位置，不应该比它在自然界中应占的位置大；而在一些理性的人眼中，这个奇妙的王国，永远只是一群除了为我们提供蜡和蜜之外，并不与我们发生任何关系的昆虫罢了。

我在这里并非对好奇心进行指责，而是指责某些推理和惊叹。我可以接受一个博物学家在闲暇之时留心观察它们的活动，或仔细考察它们的工作过程，并准确地向我描绘它们的生育、繁殖和变化，等等；但我无法接受一些人提出的昆虫拥有伦理学和神学的说法，这些只是那些观察家们假设出的奇迹。不过这些观察家也承认，孤单的飞

□ 蜂巢

蜜蜂是一种"集体意识"很强的昆虫，它们分工劳作，公平分配。它们是大自然中最优秀的建筑师之一。蜜蜂的蜂巢多呈六角形，这种六角形排列而成的结构叫作蜂窝结构。由于这种结构非常坚固，在现代已被应用于飞机的羽翼以及人造卫星的机壁。

虫与集体生活的飞虫存在的差别是无法相比的。因为前者形成的小群体在群体数量上比大量飞虫形成的要少得多。在昆虫中，蜜蜂也许是所有飞虫中形成群体数目最多、最有才能的，这些事实难道不足以证明人类所谓的昆虫的精神或才能，仅仅是纯机械的结果？仅仅是与数量相对应的运动结合？其实，从对表象的假设到在智慧上的假设只有一步，人们为何只喜欢赞叹而不愿作进一步的深入调查呢？

因此，人们最好是将飞虫一只一只分开进行观察，这样就会发现，它们的才能实际上比狗、猴子和大多数动物都要少得多。同时我们也发现，它们并不是人们想象中的那样温顺、勤奋、有感情。总之，它们的优点相比人类要少得多。这样我们就可以很容易得出结论——它们的智慧只是来自于汇集在一起的数量，而这种汇集并不以任何智慧为前提。因为这种聚集完全不是来自精神意识，也并非意愿一致的表现。所以说，这个群体的形成仅仅是由大自然安排的，与前面所有的观点、认识和推理无关。就如一只母蜂同时同地繁殖出一万个个体，就算这一万个个体是比我假设的还要笨一千倍的个体，然而它们要生存就必须以某种形式相互调节以达成共识，因为它们拥有相同的力量且都活动着。或许一开始它们会自相残杀，但由于伤亡惨重，它们很快就会选择避免相互伤害的方式，从而转

向相互帮助。接下来，它们有了相处和睦的气氛，有了共同的目标，并为此而努力着。但是我们的观察家们，却很快赋予这些飞虫其本身所没有的观点和思想，使它们的每个活动有了理由，每个运动有了动机，于是就出现了昆虫的"奇迹"。这一万个个体，它们是一同出生、生活和变化的，因此不可能都做不同的事情，它们自身是没有感情和共同习惯的，也不可能彼此协调、照顾。所以，当观察家们把这些归结为"共和国"、建筑学、几何学、秩序、预见、对集体的热情时，是多么的荒谬，这些事实上都是他们主观赞赏所引申出来的无稽之谈。

大自然本身就已经够让人类叹为观止的了，再加上这些本不存在却又被我们炒作出来的奇迹，岂不是被我们愚蠢地炒作得更伟大吗？如果答案是肯定的，那就是对大自然的贬低。那么究竟是谁从上帝那儿看到最伟大的观念呢？是那个看着上帝创造宇宙和生命、按照永恒不变的法则建立自然界的人？还是那个寻找上帝、认为上帝能认真地统领一个拥挤不堪的昆虫王国的人？

在自然界中，某些动物会理智地选择集体，这种集体比只是因为生理必需

□ 昆虫的类属

大多数昆虫在生命发育成长过程中的某个阶段会长有翅膀，而衣鱼、蠹鱼、小灶衣鱼就没有。跳蚤也是没有翅膀的，它们的翅膀在进化中消失了。昆虫大约有20种主要族群。各种各样的甲虫构成了最大的单一昆虫族群，据昆虫学家统计，目前该族群中的昆虫已超过30万种。

原则组成的蜜蜂社会，具有更大的智慧和更远的目标。如大象、海狸、猴子以及另外一些动物，它们内部之间会相互寻找并聚集在一起，然后步调一致地成群出没，在遇到危险时互相救援、保护和提醒。如果我们留心观察这些群体，像观察昆虫社会一样观察他们，便会看到其他很多类似于蜜蜂世界的奇迹。如果我们主观地将大量的同种动物聚集在同一地点，也必然会出现很科学合理的安排秩序以及许多共同习惯（这些我们将在鹿和兔子等的动物史中谈到）。因为所有的共同习惯都只是以盲目模仿为前提，而不是智慧因素所决定的。

在人类中，社会对精神关系的依赖远远大于在生理上的默契。人类首先明确的是自己的力量和弱点以及无知。当他感到独自一人无法满足自己的多种需要时，就会意识到要放弃个人不能满足的意愿，因为这样可以获得支配别人意愿的权利。他借助造物主赋予他的智慧思考善恶，并牢记心底。同时他也看到，孤独对他来说是一种充满了冲突和危险的状态，因此他要在社会中寻找安全与和平，把自己的智慧和力量与其他人结合在一起，从而使之变得更加强大。事实上，这种结合也是人类区别于动物界最好的作品，当然也是对个人智慧最理性的应用。人忧心忡忡，因为他不够强壮高大，但由于他会控制自己、克制自己、使自己服从于法律，所以他能统治宇宙。正因如此，他才知道，一个真正意义上的人是懂得与他人团结的。

毫无疑问，所有的一切都有利于人类交际的社会化。因为不论集体多大，它是否文明，都取决于人类对其运用是否理性。如果出现滥用现象，那么这个社会肯定只是依赖自然的小团体发展而来的。比如，一个家庭其实就是一个团体，当这个团体趋向稳定的时候，相互间的需求和依赖就会变得更多，这点相对动物来说是不同的。人在刚出生时赤裸、虚弱，难以生存，他忍受痛苦，不能做任何动作，更没有行为能力。他生命的存在与否，都取决于他人给予的照顾。这种虚弱无力的童年状态要持续很长时间，这也正是使父母和孩子之间产生依赖的重要原因。当孩子逐渐长大，他在生理上需要的帮助减少，在完全没有救助的情况下也可以轻易生存。相反地，如果在这种情况下，父母继续对孩子照顾，远远超出孩子对他们的照顾（父母对孩子的爱，总是远远超出孩子对父母的爱），他们的宠爱就变得过分、盲目和狂热。而对于孩子来说，只有在理智的发展产生了感激的萌芽时，他们对父母的爱才会强烈。

所以，在社会中，即使是一个家庭团体，也是建立在人类理性能力为前提

□ 昆虫产卵　水粉画　当代

昆虫的生命从卵开始，在成长中多次改变形状，即蜕变。昆虫蜕壳或蜕去其硬质护膜，下层的新壳才能胀大和变硬。比如蝴蝶，就是由卵孵出幼虫。这些形态上的重大改变，叫完全变态。而另一些昆虫，如草蜢，当它们孵化出来时，已像其父母，此后，当它们每蜕皮一次，就长得更像成虫，这叫不完全变态。

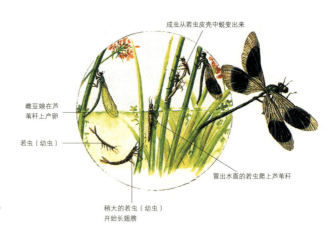

的基础之上。而默契地自由聚集的动物社会，则是建立在以感觉经验为前提的基础之上。

在野兽的社会里，就如蜜蜂的群体，是毫无原因、毫无前提地聚在一起的。无论结果怎样，这种聚集显然并不是由捕杀它们的人类预先考虑、安排或计划的，它们只是取决于一种普遍存在的机械结构和造物主建立的运动法则之上的。如果我们将一万个由同一力量控制的自动木偶长时间放在同一地点，它们内在和外在形状的完全相似，它们的运动完全一致——在同一地方做着同样的事情，必然会导致它们形成有规律的活动，并出现平等的、相似状况的关系，因为它们的运动是以我们设定了相等性和一致性为前提的。当然，也是因为我们为此设定了有限的空间，并列、体积和形状的关系才会在这些条件下产生。如果我们最小限度地赋予这些自动木偶感情，只让它们感受到本身的存在，便于它们维持自身、避免有害事物、接近适宜的事物等等，那么这个实验的结果就是这些自动木偶的运动不仅变得有规律、成比例、位置固定、相似、匀称，同时还会表现出对称、坚固、合适等迹象，甚至会达到高度的完美。因为当它们运动时，它们中的每一个都已经开始寻找最适合自己的方式了，同时这种运动和定位对其他木偶的影响也是最小的。

特别说明

因客观原因，书中部分图文作品无法联系到权利人，烦请权利人知悉后与我单位联系以获取稿酬。

地球形成阶段一览表

宙	代	纪	世	时间	特点
冥古宙	隐生代			开始于地球形成之初，结束于38亿年前	地球岩浆活动剧烈，火山爆发频繁，表面覆盖着熔化的岩浆海洋。之后，随着地球温度的缓慢下降和冷却，同时由于上述的分异作用，一开始就可能使气体逸出，蒸发的气体不断上升，在空中又凝聚成雨落回地面。随着不间断的雨水的侵入，原始大气圈和海洋诞生了
	原生代				
	酒神代				
	早雨海代				
太古宙	始太古代			开始于同位素年龄[1]38亿年，结束于25亿年前	从生物界看，这是原始生命出现及生物演化的初级阶段，此时只有数量不多的原核生物，如细菌和低等蓝藻，它们只留下了极少的化石记录。从非生物界看，这又是一个地壳薄、地热梯度陡、火山—岩浆活动强烈而频繁、岩层普遍遭受变形与变质、大气圈与水圈都缺少自由氧、形成一系列特殊沉积物的时期；也是一个硅铝质地壳形成并不断增长的时期；还是一个重要的成矿时期
	古太古代				
	中太古代				
	新太古代				
元古宙	古元古代	成铁纪		同位素年龄从25亿年~6（或5.7）亿年，共经历19亿年	是一个重要成矿期，岩石变质程度较浅，并有一部分未经变质的沉积岩。主要有板岩、大理岩、白云岩、石灰岩、页岩、砂岩和千枚岩等。这一时期的藻类和细菌也开始繁盛，是由原核生物向真核生物演化、从单细胞原生动物到多细胞后生动物演化的重要阶段
		层侵纪			
		造山纪			
		固结纪			

---

[1]同位素年龄：同位素地质年龄的简称，有人也把它称作绝对年龄，是指利用放射性同位素衰变定律，测定矿物或岩石在某次地质事件中，从岩浆熔体、流体中结晶或重结晶后，到现在所经历的时间。

续表

宙	代	纪	世	时间	特点
元古宙	中元古代	盖层纪		同位素年龄从25亿年~6（或5.7）亿年，共经历19亿年	是一个重要成矿期，岩石变质程度较浅，并有一部分未经变质的沉积岩。主要有板岩、大理岩、白云岩、石灰岩、页岩、砂岩和千枚岩等。这一时期的藻类和细菌也开始繁盛，是由原核生物向真核生物演化、从单细胞原生动物到多细胞后生动物演化的重要阶段
元古宙	中元古代	延展纪			
元古宙	中元古代	狭带纪			
元古宙	新元古代	拉伸纪			
元古宙	新元古代	成冰纪			
元古宙	新元古代	埃迪卡拉纪			
显生宙	古生代	寒武纪		从大约5.7亿年前延续至今	动物群以海生无脊椎动物中的三叶虫、软体动物和棘皮动物最繁盛，并相继出现低等鱼类、古两栖类和古爬行类动物，鱼类在泥盆纪达到全盛，石炭纪和二叠纪昆虫和两栖类繁盛，古植物以海生藻类为主
显生宙	古生代	奥陶纪			
显生宙	古生代	志留纪			
显生宙	古生代	泥盆纪			
显生宙	古生代	石炭纪			
显生宙	古生代	二叠纪			
显生宙	中生代	侏罗纪	早侏罗世		中生代早、中期在陆地上是爬行动物的天下，但这时原始哺乳动物和原始的鸟类已经出现，繁盛的被子植物也在这时发展起来。在侏罗纪中晚期，大量带羽毛的恐龙、早期鸟类、现代昆虫的祖先类群和被子植物的出现，表明这个时期是一个重要的变革时期
显生宙	中生代	侏罗纪	中侏罗世		
显生宙	中生代	侏罗纪	晚侏罗世		
显生宙	中生代	白垩纪	早白垩世		
显生宙	中生代	白垩纪	晚白垩世		
显生宙	中生代	三叠纪	早三叠世		
显生宙	中生代	三叠纪	中三叠世		
显生宙	中生代	三叠纪	晚三叠世		
显生宙	新生代	古近纪	古新世		从新生代开始，地表各个陆块此升彼降，不断分裂，缓慢漂移，相撞接合，逐渐形成今天的海陆分布。这一时期是哺乳动物和被子植物高度繁盛的时期
显生宙	新生代	古近纪	始新世		
显生宙	新生代	古近纪	渐新世		
显生宙	新生代	新近纪	中新世		
显生宙	新生代	新近纪	上新世		
显生宙	新生代	第四纪	更新世		
显生宙	新生代	第四纪	全新世		

本书中涉及的英制单位换算公式如下：

1英寸=2.54厘米；1英尺=12英寸=0.304 8米；1平方英尺=0.092 903 04平方米；

1英里=1.609 3千米；1平方英里=2.589 99平方千米

文化伟人代表作图释书系全系列

第一辑

《自然史》
〔法〕乔治·布封 / 著

《草原帝国》
〔法〕勒内·格鲁塞 / 著

《几何原本》
〔古希腊〕欧几里得 / 著

《物种起源》
〔英〕查尔斯·达尔文 / 著

《相对论》
〔美〕阿尔伯特·爱因斯坦 / 著

《资本论》
〔德〕卡尔·马克思 / 著

第二辑

《源氏物语》
〔日〕紫式部 / 著

《国富论》
〔英〕亚当·斯密 / 著

《自然哲学的数学原理》
〔英〕艾萨克·牛顿 / 著

《九章算术》
〔汉〕张 苍 等 / 辑撰

《美学》
〔德〕弗里德里希·黑格尔 / 著

《西方哲学史》
〔英〕伯特兰·罗素 / 著

第三辑

《金枝》
〔英〕J. G. 弗雷泽 / 著

《名人传》
〔法〕罗曼·罗兰 / 著

《天演论》
〔英〕托马斯·赫胥黎 / 著

《艺术哲学》
〔法〕丹 纳 / 著

《性心理学》
〔英〕哈夫洛克·霭理士 / 著

《战争论》
〔德〕卡尔·冯·克劳塞维茨 / 著

第四辑

《天体运行论》
〔波兰〕尼古拉·哥白尼 / 著

《远大前程》
〔英〕查尔斯·狄更斯 / 著

《形而上学》
〔古希腊〕亚里士多德 / 著

《工具论》
〔古希腊〕亚里士多德 / 著

《柏拉图对话录》
〔古希腊〕柏拉图 / 著

《算术研究》
〔德〕卡尔·弗里德里希·高斯 / 著

第五辑

《菊与刀》
〔美〕鲁思·本尼迪克特 / 著

《沙乡年鉴》
〔美〕奥尔多·利奥波德 / 著

《东方的文明》
〔法〕勒内·格鲁塞 / 著

《悲剧的诞生》
〔德〕弗里德里希·尼采 / 著

《政府论》
〔英〕约翰·洛克 / 著

《货币论》
〔英〕凯恩斯 / 著

第六辑

《数书九章》
〔宋〕秦九韶 / 著

《利维坦》
〔英〕霍布斯 / 著

《动物志》
〔古希腊〕亚里士多德 / 著

《柳如是别传》
陈寅恪 / 著

《基因论》
〔美〕托马斯·亨特·摩尔根 / 著

《笛卡尔几何》
〔法〕勒内·笛卡尔 / 著

第七辑

《蜜蜂的寓言》
〔荷〕伯纳德·曼德维尔/著

《宇宙体系》
〔英〕艾萨克·牛顿/著

《周髀算经》
〔汉〕佚 名/著 赵 爽/注

《化学基础论》
〔法〕安托万-洛朗·拉瓦锡/著

《控制论》
〔美〕诺伯特·维纳/著

《福利经济学》
〔英〕A.C.庇古/著

中国古代物质文化丛书

《长物志》
〔明〕文震亨/撰

《园冶》
〔明〕计 成/撰

《香典》
〔明〕周嘉冑/撰
〔宋〕洪 刍 陈 敬/撰

《雪宦绣谱》
〔清〕沈 寿/口述
〔清〕张 謇/整理

《营造法式》
〔宋〕李 诫/撰

《海错图》
〔清〕聂 璜/著

《天工开物》
〔明〕宋应星/著

《髹饰录》
〔明〕黄 成/著 扬 明/注

《工程做法则例》
〔清〕工 部/颁布

《清式营造则例》
梁思成/著

《中国建筑史》
梁思成/著

《文房》
〔宋〕苏易简 〔清〕唐秉钧/撰

《鲁班经》
〔明〕午 荣/编

"锦瑟"书系

《浮生六记》
〔清〕沈 复/著 刘太亨/译注

《老残游记》
〔清〕刘 鹗/著 李海洲/注

《影梅庵忆语》
〔清〕冒 襄/著 龚静染/译注

《生命是什么?》
〔奥〕薛定谔/著 何 滟/译

《对称》
〔德〕赫尔曼·外尔/著 曾 怡/译

《智慧树》
〔瑞〕荣 格/著 乌 蒙/译

《蒙田随笔》
〔法〕蒙 田/著 霍文智/译

《叔本华随笔》
〔德〕叔本华/著 衣巫虞/译

《尼采随笔》
〔德〕尼 采/著 梵 君/译

《乌合之众》
〔法〕古斯塔夫·勒庞/著 范 雅/译

《自卑与超越》
〔奥〕阿尔弗雷德·阿德勒/著 刘思慧/译